Références sciences

Introduction à la Résonance Magnétique Nucléaire

Avec 204 illustrations en couleurs

Serge Akoka

ellipses

Collection Références sciences

dirigée par Paul de Laboulaye
paul.delaboulaye@editions-ellipses.fr

Retrouvez tous les livres de la collection et des extraits sur www.editions-ellipses.fr

ISBN 9782340-073265

8/10 rue la Quintinie 75015 Paris

www.editions-ellipses.fr

A mes enfants

A tous mes professeurs, y compris Nimbus

Avant-propos

La Résonance Magnétique Nucléaire (RMN) connaît des applications dans de multiples domaines : Chimie, Biologie, Pharmacie, Médecine, Sciences des aliments, Sciences de l'ingénieur, Contrôle non destructif des matériaux, … et cette liste est loin d'être exhaustive. Les scientifiques non spécialistes de cette méthode sont donc nombreux à devoir la mettre en œuvre et par voie de conséquence, le nombre des étudiants concernés est également très important, leurs profils étant par ailleurs très variés. Beaucoup de livres spécialisés ont été publiés sur la RMN, mais ils ne sont pas toujours d'un abord très facile pour le néophyte ; soit parce qu'ils abordent des aspects très pointus de la technique, soit parce qu'ils utilisent un formalisme mathématique qui rebute bon nombre d'utilisateurs potentiels.

Ce livre propose une approche phénoménologique des principes de la RMN. Le model vectoriel est le formalisme le plus simple à appréhender pour un étudiant de licence, il est donc privilégié. Lorsque des équations sont données, elles ne sont là que pour une lecture à un second niveau et ne sont donc jamais indispensables à la compréhension. Par ailleurs, les explications s'appuient sur de nombreuses illustrations (204 en tout). Chaque chapitre se termine par une liste de lectures qui permettent d'aller plus loin dans le domaine traité. Le contenu de ce livre est ainsi accessible à un lecteur n'ayant aucune connaissance préalable en RMN. Et en même temps, il comporte des développements qui en font un ouvrage dans lequel un utilisateur trouvera les informations dont il a besoin pour profiter pleinement des potentialités de ce formidable outil qu'est la Résonance Magnétique Nucléaire. Les références bibliographiques incluent à la fois des ouvrages récents de synthèse mais aussi les articles originaux des principales avancées. Il est en effet essentiel de « rendre à Caesar ce qui est à Caesar » et de plus, la lecture de ces documents est toujours très intéressante.

Le public visé est avant tout constitué des étudiants scientifiques au niveau licence ou master (Chimie et Biologie notamment) et des étudiants de médecine et de pharmacie. Mais ce livre sera également utile aux chercheurs qui doivent utiliser cette technique sans en être des spécialistes et qui pourront ainsi mieux la comprendre et la mettre en œuvre au-delà d'une simple pratique « presse bouton ». Enfin, il propose une approche de la RMN qui pourra être reprise par les enseignants des disciplines concernées.

La section « premier contact » est tout particulièrement conçue pour l'étudiant n'ayant jamais entendu parler de la RMN. Elle introduit succinctement les notions essentielles de manière très simple et sans illustration, afin de permettre au lecteur de construire ses propres représentations, sans *a priori*. Les chapitres 1, 3, 6, 7, 8 et 9 présentent progressivement les notions sur le fonctionnement de la technique : des principes de base à la RMN multi-dimensionnelle, en passant par les séquences d'impulsions les plus utilisées. Le chapitre 4 est consacré à la description d'un spectromètre RMN. Les chapitres 2, 5, 10, 11 s'intéressent aux applications de la RMN pour lesquelles j'ai une certaine expérience : élucidation structurale, RMN quantitative et Imagerie par Résonance Magnétique. Enfin le chapitre 12 est une introduction au formalisme de l'opérateur densité, afin de permettre au lecteur qui le souhaite de s'attaquer par la suite à des ouvrages plus spécialisés. L'ordre des chapitres a été choisi de manière à ce que les applications arrivent dès que les notions indispensables ont été traitées.

Le contenu de ce livre a été élaboré tout au long de ma carrière ; il a donc été façonné par les interactions que j'ai pu avoir avec mes collègues, chercheurs et enseignants, mais surtout avec mes étudiants, quel que soit leur niveau. Je ne peux en faire la liste tant ils sont nombreux mais ils se reconnaîtront sans aucun doute et je tiens à les remercier tous ici.

Table des matières

Premier contact

Ce chapitre est destiné aux lecteurs n'ayant aucune notion de RMN. Contrairement aux chapitres suivants il ne comporte pas d'illustration afin de permettre au lecteur de se forger ses propres représentations des phénomènes évoqués.

1. Nucléaire

La matière est constituée d'atomes. Un atome comporte un noyau, qui peut être considéré comme une sphère portant une charge électrique positive, et des électrons chargés négativement qui gravitent autour du noyau. La RMN utilise certaines des propriétés du noyau.

2. Magnétique

Le noyau de l'atome se comporte donc comme une sphère chargée positivement. Cette sphère tourne sur elle-même, la charge du noyau est alors en rotation, ce qui génère un courant électrique. Ce courant produit un champ magnétique et le noyau peut alors être assimilé à un petit aimant ayant un pôle nord et un pôle sud. Le champ magnétique produit par le noyau est appelé moment magnétique.

Dans une expérience de RMN, l'échantillon est plongé dans un champ magnétique intense (plusieurs dizaines de milliers de fois le champ magnétique terrestre). Sous l'effet de ce champ intense, les moments magnétiques des noyaux ont tendance à s'aligner dans la direction du champ magnétique externe ; comme l'aiguille d'une boussole s'aligne sur la direction du champ magnétique terrestre.

Cependant, à l'intérieur de l'échantillon les atomes sont animés d'un mouvement désordonné (l'agitation thermique) qui contrarie l'alignement des moments magnétiques par rapport au champ externe. Sous l'effet de ces deux phénomènes antagonistes (alignement par le champ magnétique et dispersion par l'agitation thermique), l'orientation des moments magnétiques n'est donc pas parfaite. Malgré l'agitation thermique, tous les noyaux ont une partie de leur moment magnétique qui est dans la direction du champ magnétique externe. La somme des moments magnétiques de tous les noyaux constitue l'aimantation de l'échantillon, qui est en quelque sorte la quantité de champ magnétique emmagasinée dans l'échantillon et qui est dirigée dans la direction du champ magnétique externe. C'est la valeur de cette aimantation que la RMN mesure.

Les moments magnétiques des noyaux (champs magnétiques crées par les noyaux eux-mêmes) sont donc globalement orientés dans le sens du champ magnétique externe mais sont légèrement inclinés par rapport à lui. Un phénomène supplémentaire va alors intervenir. Les moments magnétiques vont se comporter comme le fait une toupie en rotation. L'observation d'une toupie montre que dans un premier temps elle tourne sur elle-même à grande vitesse et reste bien verticale. Puis, lorsque la vitesse de rotation diminue, elle s'incline légèrement et il apparait un nouveau mouvement de l'axe de la toupie autour de la verticale, ce mouvement est appelé mouvement de précession. Dans le cas des moments magnétiques, il existe également un mouvement de précession autour du champ magnétique externe. La vitesse de ce mouvement est de plusieurs dizaines de millions de tours par seconde et est égale à l'intensité du champ magnétique externe multipliée par un nombre (appelé rapport gyromagnétique) qui est caractéristique du noyau.

3. Résonance

Le but d'une expérience de RMN est de mesurer l'aimantation de l'échantillon, cependant cela est impossible tant que l'aimantation a la même direction que le champ magnétique externe. En effet, l'aimantation n'est pas autre chose qu'un petit champ magnétique mais des millions de fois plus petit que le champ externe ;

mesurer la variation du champ magnétique en présence de l'échantillon revient alors à tenter de mesurer une variation d'un millimètre sur une distance de plusieurs millions de kilomètres.

Pour mesurer l'aimantation il est donc indispensable de modifier préalablement son orientation. Après avoir placé les noyaux dans un champ magnétique intense, l'aimantation qu'a acquise l'échantillon sera basculée à angle droit par rapport au champ magnétique externe. Il sera alors possible de mesurer uniquement l'aimantation à l'aide d'un détecteur sensible et sans être gêné par le champ externe.

Pour modifier l'orientation de l'aimantation il faut faire basculer les moments magnétiques. Comme nous l'avons déjà vu, ceux-ci sont animés d'un mouvement de précession autour de tout champ magnétique présent. Si un second champ est appliqué, pendant un bref intervalle de temps et perpendiculairement au premier, il provoquera une rotation d'un quart de tour des moments magnétiques. Toutefois, ce second champ magnétique doit, pour être efficace, tourner autour du premier à la vitesse de précession des moments magnétiques. Cette condition peut être illustrée de la manière suivante. Imaginons un enfant sur un manège et son père à côté désirant l'aider à descendre. Si le manège est à l'arrêt cela ne pose bien entendu aucun problème, mais l'opération devient plus délicate si le manège est en marche. En fait le père doit alors courir autour du manège à la même vitesse que celui-ci de manière à avoir le même mouvement que l'enfant. Le père peut alors rester en face de l'enfant le temps nécessaire pour l'aider à descendre. Il en va de même pour le second champ magnétique qui doit être fixe par rapport aux moments magnétiques pour pouvoir les basculer.

Un tel champ peut être obtenu à partir d'une onde radio dont la fréquence est égale à la vitesse de précession exprimée en tours par seconde (appelée fréquence de Larmor). Il s'agit d'un phénomène de résonance car le basculement de l'aimantation n'est possible qu'avec une onde radio ayant une fréquence très précise, toute autre fréquence sera totalement inefficace quelle que soit l'énergie apportée.

4. Détection

Après l'émission d'une onde radio de fréquence appropriée, l'aimantation fait donc un angle droit avec le champ magnétique externe. Rappelons que cette aimantation est en fait la somme des moments magnétiques de tous les noyaux.

Comme nous l'avons vu précédemment, en présence d'un champ magnétique, les moments magnétiques sont animés d'un mouvement de précession autour de la direction de ce champ. Le champ magnétique externe étant présent en permanence lors d'une expérience de RMN, les moments magnétiques ne cessent jamais de tourner autour de lui. En conséquence, l'aimantation tourne également autour du champ magnétique externe à raison de plusieurs dizaines de millions de tours par seconde.

Nous avons vu dans la section « Résonance » qu'une onde radio contient un champ magnétique tournant. Il est également possible de montrer qu'un champ magnétique tournant produit une onde radio et que la fréquence de cette onde est égale à la vitesse de rotation. L'aimantation en rotation produit donc une onde radio dont la fréquence est égale à sa vitesse de rotation, c'est à dire à la fréquence de Larmor.

L'intensité de cette onde est directement reliée à la valeur de l'aimantation et c'est donc cette onde qui sera détectée et mesurée à l'aide d'une antenne de réception. L'antenne transforme l'onde radio en signal électrique qui pourra être analysé par un ordinateur.

5. Relaxation

Après que l'aimantation ait été basculée, les moments magnétiques sont toujours soumis au champ magnétique externe et ils vont donc avoir naturellement tendance à se réaligner dans la direction de ce champ. Ce retour à la position initiale est appelé relaxation. Ce phénomène n'est pas instantané et conduit à un retour progressif de l'aimantation vers la position où elle est parallèle au champ magnétique externe et donc inobservable. L'intensité du signal recueilli diminue alors régulièrement et le temps qu'il met à disparaître est relié à une caractéristique de l'échantillon appelée temps de relaxation.

6. Analyse du signal

L'onde radio produit par la rotation de l'aimantation est captée par l'antenne de réception. Le signal est ainsi enregistré jusqu'à ce qu'il ait complètement disparu sous l'effet de la relaxation. Cet enregistrement est ensuite analysé par un ordinateur qui va déterminer par calcul : l'amplitude du signal (c'est à dire la grandeur de l'aimantation), la fréquence de l'onde radio recueillie (c'est à dire la vitesse de précession des moments magnétiques) et le temps de relaxation (c'est à dire la vitesse à laquelle le signal a disparu).

7. Amplitude du signal

Par la mesure de ce paramètre, c'est la valeur de l'aimantation qui est déterminée. Or, cette aimantation est obtenue par addition de tous les moments magnétiques de l'échantillon. La valeur du moment magnétique d'un noyau étant fixe, l'aimantation est donc directement fonction du nombre de noyaux présents dans l'échantillon (et donc du nombre d'atomes ou de molécules).

8. Fréquences

Notons qu'un échantillon est toujours composé d'une grande variété d'atomes (hydrogène, carbone, oxygène, etc ...) et l'aimantation totale est due à la somme des moments magnétiques de tous ces types de noyaux. Toutefois, les noyaux de deux atomes différents, carbone et hydrogène par exemple, ont des rapports gyromagnétiques différents. C'est à dire que soumis au même champ magnétique externe, le mouvement de précession des moments magnétiques de ces deux noyaux se fera à des vitesses différentes. Par exemple, les moments magnétiques des noyaux de carbone tournent quatre fois moins vite que ceux des noyaux d'hydrogène.

Les ondes radio, utilisées pour la bascule de l'aimantation et recueillies par l'antenne de réception, ont donc des fréquences très différentes pour le carbone et pour l'hydrogène. La fréquence est quatre fois plus petite pour le carbone que pour l'hydrogène. Il est ainsi possible, en sélectionnant une gamme limitée d'ondes radio, de n'observer que l'aimantation provenant d'un seul type de noyaux (hydrogène par exemple). Cette sélection s'opère de manière électronique de la même façon qu'un poste de télévision sélectionne une fréquence pour permettre le visionnage d'une chaine donnée.

L'enregistrement du signal RMN dans une bande de fréquences limitée permet donc de mesurer l'aimantation produite par les noyaux d'un seul type d'atomes. Cependant, le signal recueilli contient encore très souvent plusieurs fréquences qui ne diffèrent les unes des autres que de quelques millionièmes. Ces fréquences correspondent donc à des noyaux de même nature dont les vitesses de précession autour du champ magnétique externe sont légèrement différentes.

Ce phénomène est dû à la présence des électrons. En effet, en gravitant autour du noyau, ils forment ce que l'on appelle un nuage électronique qui, comme le noyau, peut être assimilé à une sphère chargée mais négativement cette fois. Sous l'effet du champ magnétique externe, le nuage électronique se met à tourner sur lui-même, il y a donc circulation d'une charge négative, ce qui est équivalent à un courant électrique. Ce courant produit un petit champ magnétique dirigé dans le sens opposé au champ magnétique externe. Le noyau situé à l'intérieur du nuage électronique est donc soumis à deux champs magnétiques, le champ externe et le champ produit par les électrons qui est nettement plus petit et vient se soustraire au champ magnétique externe puisqu'il est dirigé dans l'autre sens. Le noyau voit donc globalement un champ magnétique légèrement plus petit que le champ externe.

La vitesse de précession (et donc la fréquence du signal recueilli) dépend directement de la valeur du champ magnétique subi par le noyau. Les électrons sont donc responsables d'une légère diminution de la fréquence observée. Ce décalage de la fréquence varie en fonction de la quantité d'électrons dans le nuage électronique ainsi que de la forme de celui-ci. Ces deux caractéristiques constituent ce que l'on appelle l'environnement électronique du noyau et sont déterminées par la nature chimique de la molécule (ou de la partie de la molécule) à laquelle appartient le noyau considéré. Ainsi, un échantillon contenant généralement plusieurs types de molécules et donc plusieurs environnements chimiques, le signal obtenu comportera plusieurs fréquences, proches les unes des autres. Le décalage en fréquence créé par le nuage électronique est appelé déplacement chimique. Il est caractéristique de la nature chimique de la molécule (ou d'une partie de la molécule). Cette propriété fait de la RMN l'une des techniques les plus utilisées par les chimistes pour déterminer et caractériser les molécules qu'ils synthétisent.

Chapitre 1 - Principes de base

1.1. Le moment magnétique

1.1.1. Définition

Le noyau d'un atome peut être considéré, en première approximation, comme une sphère chargée positivement et tournant sur elle-même. La charge du noyau en rotation, équivalente à un courant électrique, produit un champ magnétique. Le noyau peut donc être assimilé à un petit aimant ayant un pôle nord et un pôle sud. Le champ magnétique produit par le noyau est appelé moment magnétique et noté $\vec{\mu}$ (figure 1-1). [1,2]

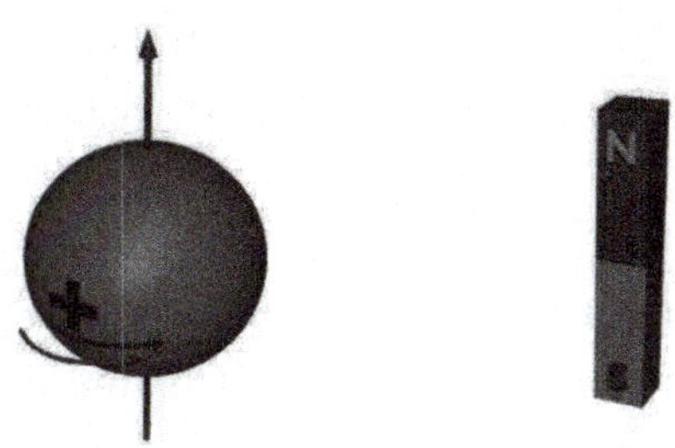

Figure-1-1 Le noyau possède un moment magnétique qui peut être assimilé en première approximation à un petit aimant.

Dans un échantillon macroscopique, un grand nombre de noyaux coexistent. En absence d'un champ magnétique externe, ils sont orientés de manière totalement statistique (figure 1-2a) et sont animés d'un mouvement aléatoire par l'agitation thermique.

A un instant *t*, pour tout moment magnétique, il est donc toujours possible de trouver un autre moment ayant même orientation et sens opposé. La résultante globale, pour l'ensemble de l'échantillon, est donc nulle.

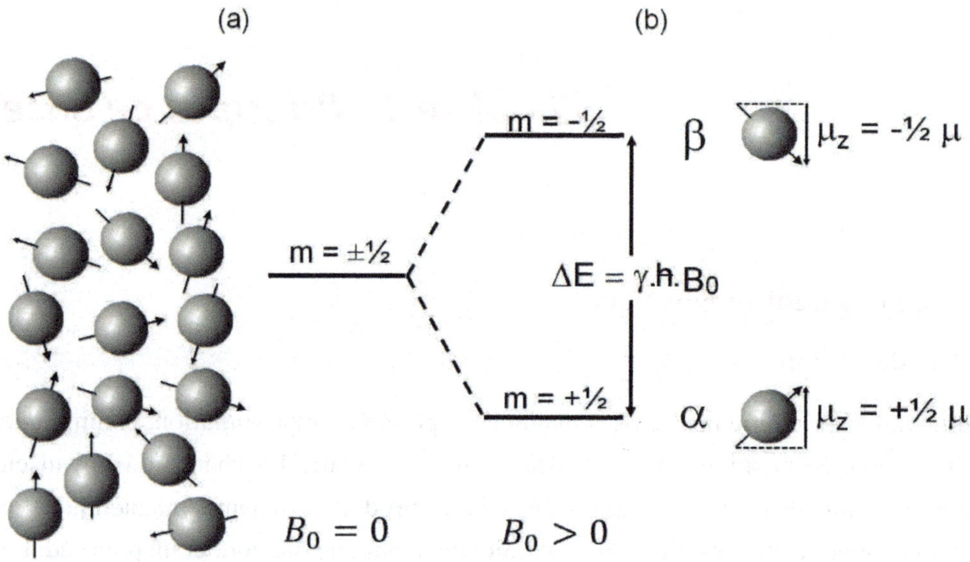

Figure 1-2 Orientations et énergies des noyaux de ^1H (protons) en fonction du module du champ magnétique externe $\vec{B}_0$. (a) Pour $B_0 = 0$, les noyaux sont orientés de manière aléatoire et ont tous la même énergie. (b) Pour $B_0 > 0$, m peut prendre les valeurs +½ (état α) ou -½ (état β) ; les orientations, et donc les énergies, de ces deux états sont différentes.

En revanche, en présence d'un champ magnétique externe, que nous appellerons $\vec{B}_0$, les moments magnétiques vont s'orienter. [1, 2] Comme il s'agit de particules, cette orientation se fera en respectant les lois de la mécanique quantique. Pour un proton, le noyau de l'atome d'hydrogène, le moment magnétique ne peut prendre que deux orientations, l'une correspondant à $\mu_z = +\frac{\mu}{2}$, que nous appellerons l'état α, ou état parallèle, et l'autre, correspondant à $\mu_z = -\frac{\mu}{2}$, que nous appellerons l'état β, ou état anti-parallèle (figure 1-2b). Ici, μ_z est la composante de $\vec{\mu}$ dans la direction de $\vec{B}_0$. [1] Le champ magnétique conditionne uniquement la composante μ_z et n'a aucune influence sur les composantes perpendiculaires à $\vec{B}_0$.

1.1.2. Aspect énergétique

En absence de champ magnétique extérieur, toutes les orientations possèdent la même énergie. En revanche, en présence du champ magnétique $\vec{B}_0$, une interaction existe entre $\vec{B}_0$ et le moment nucléaire $\vec{\mu}$. L'énergie de cette interaction est égale à :

$$E_m = -\vec{\mu}.\vec{B}_0 = -\mu_z.B_0$$

Cette énergie dépend donc de l'orientation de $\vec{\mu}$ par rapport à $\vec{B}_0$. Elle vaut : [3]

$$E_m = -m.\gamma.\hbar.B_0 = -m.h.\nu_0 \qquad (1\text{-}1)$$

avec m = +½ pour l'état α, m = -½ pour l'état β et $\nu_0 = \frac{\gamma.B_0}{2.\pi}$.

Ainsi, en présence de $\vec{B}_0$, il existe une différence d'énergie $\Delta E = h.\nu_0$ entre les deux niveaux d'énergie (figure 1-2b).

L'état de plus faible énergie, et donc le plus stable, correspond aux noyaux orientés dans la direction du champ magnétique. Le niveau de plus haute énergie correspond aux noyaux orientés dans la direction opposée. En présence d'un champ magnétique externe, les noyaux devraient donc tous être sur le premier niveau. Toutefois, l'agitation thermique contrarie cette organisation en fournissant à certains noyaux l'énergie nécessaire pour passer sur les niveaux supérieurs.

L'équation de Boltzmann gouverne alors les populations sur les différents niveaux d'énergie : [3]

$$\frac{n_\alpha}{n_\beta} = e^{\frac{\Delta E}{k.T}} \quad (\text{avec : } \Delta E = \gamma.\hbar.B_0 = h.\nu_0) \qquad (1\text{-}2)$$

Compte tenu des énergies mises en jeu en RMN, $\Delta E \ll k.T$ et l'approximation suivante est parfaitement justifiée : [1]

$$\frac{\Delta}{N} = \frac{\Delta E}{4.k.T} = \frac{\gamma.\hbar.B_0}{4.k.T}$$

Dans cette expression, N est le nombre total de spins détectés, $n_\alpha = \frac{N}{2} + \Delta$ est la population du niveau α et $n_\beta = \frac{N}{2} - \Delta$ est la population du niveau β.

Le rapport $\frac{\Delta}{N}$ est par conséquent proportionnel à B_0 et au rapport gyromagnétique γ. Il est également inversement proportionnel à la température. Compte tenu des valeurs de B_0 utilisées pour les appareils de RMN, ce rapport est de l'ordre de 10^{-5}. A l'équilibre, la population du niveau α est donc légèrement plus élevée que celle du niveau β.

1.2. Le modèle vectoriel

1.2.1. L'aimantation

Comme nous l'avons vu dans la section précédente, les moments magnétiques des noyaux des atomes d'hydrogène ne peuvent adopter que deux orientations en présence d'un champ magnétique externe : l'une sensiblement parallèle à $\vec{B}_0$ et l'autre sensiblement anti-parallèle (figure 1-3a). Le nombre de noyaux parallèles étant légèrement supérieur à celui des noyaux antiparallèles, la somme vectorielle de tous les moments magnétiques nucléaires est alors non-nulle et dirigée dans la direction du champ $\vec{B}_0$.

Cette somme est l'aimantation nucléaire et notée $\vec{M}$ (figure 1-3b). Le module de l'aimantation peut être calculé à partir de l'expression du moment magnétique $\vec{\mu}$ ainsi que de la différence de population entre les niveaux α et β.

$$M_0 = n_\alpha.\left(\frac{1}{2}\right).\mu + n_\beta.\left(-\frac{1}{2}\right).\mu = \Delta.\gamma.\hbar$$

Et en tenant compte de l'expression de Δ : [1]

$$M_0 = N.\frac{\gamma^2.\hbar^2.B_0}{4.k.T} \qquad (1\text{-}3)$$

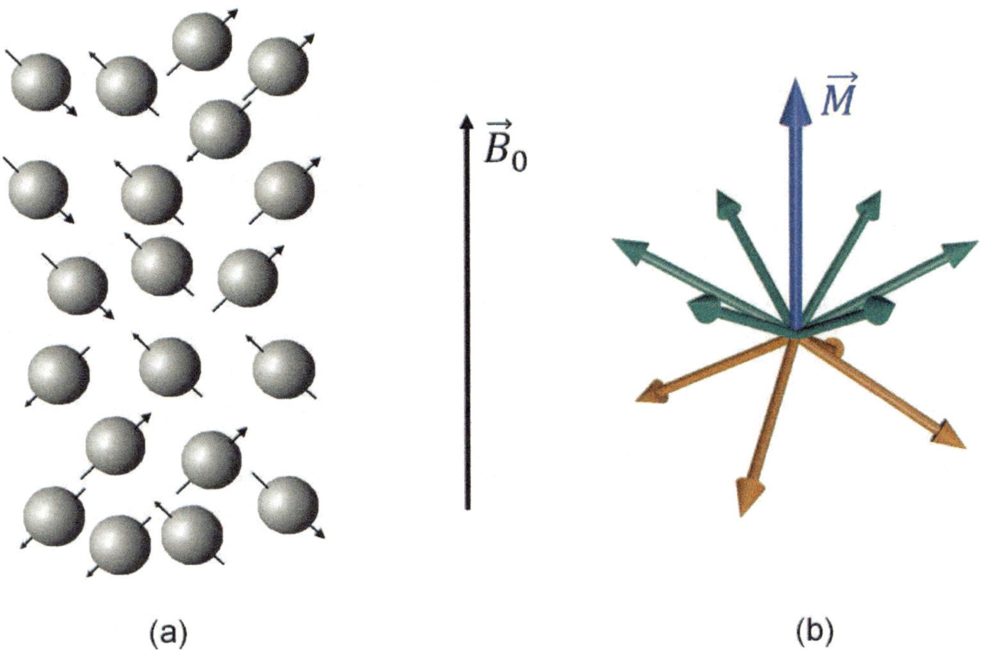

Figure 1-3 Orientation des moments magnétiques nucléaires en présence d'un champ magnétique externe (a). $\vec{M}$ est la somme vectorielle des moments magnétiques. En présence d'un champ magnétique, $\vec{M}$ est non nulle et dirigée dans la direction de ce champ (b).

1.2.2. La précession de Larmor

De plus, lorsqu'un champ magnétique tel que $\vec{\mu}$ est plongé dans un champ magnétique intense tel que $\vec{B}_0$ il est possible de montrer que $\vec{\mu}$ est animé d'un mouvement de précession, autour de $\vec{B}_0$, analogue au mouvement de l'axe d'une toupie autour de la verticale (figure 1-4).

La vitesse à laquelle ce mouvement de précession s'effectue est donnée par la relation de Larmor : [2]

$$\omega_0 = \gamma.B_0 \qquad (1\text{-}4)$$

Ce mouvement de précession se faisant autour de $\vec{B}_0$, il ne change donc rien à l'orientation ou au module de l'aimantation $\vec{M}$.

Figure 1-4 Mouvement de précession : (a) d'une toupie autour de la verticale, (b) d'un moment magnétique autour du champ $\vec{B}_0$.

L'origine de ce mouvement de précession réside dans le fait que, plongé dans un champ magnétique $\vec{B}$, un moment magnétique $\vec{\mu}$ subit un couple : [1,2]

$$\vec{\Gamma} = \vec{\mu} \wedge \vec{B} \text{ (où } \wedge \text{ est un produit vectoriel).} \quad (1\text{-}5)$$

En appliquant le théorème du moment cinétique :

$$\frac{d\vec{L}}{dt} = \vec{\mu} \wedge \vec{B} \text{ ou } \frac{d\vec{\mu}}{dt} = \gamma.\vec{\mu} \wedge \vec{B} \text{ (en tenant compte de : } \vec{\mu} = \gamma.\vec{L})$$

Cette relation vectorielle peut être écrite sous forme de trois équations différentielles (une pour chaque composante) :

$$\frac{d\mu_x}{dt} = \gamma.B.\mu_y \quad (1\text{-}6)$$

$$\frac{d\mu_y}{dt} = -\gamma.B.\mu_x \quad (1\text{-}7)$$

$$\frac{d\mu_z}{dt} = 0 \quad (1\text{-}8)$$

Rappel :

$$(U \wedge V)_x = U_y.V_z - U_z.V_y$$

$$(U \wedge V)_y = U_z.V_x - U_x.V_z$$

$$(U \wedge V)_z = U_x.V_y - U_y.V_x$$

La solution de ces équations est de la forme :

$$\mu_x = \mu_x^{\text{à } t=0}.sin(\omega.t)$$

$$\mu_y = \mu_y^{\text{à } t=0}.cos(\omega.t) \qquad \text{avec } \vec{\omega} = -\gamma.\vec{B}$$

$$\mu_z = \mu_z^{\text{à } t=0}$$

μ_z est constant et μ_{xy} tourne autour de $\vec{B}$. Le vecteur $\vec{\mu}$ est donc bien animé d'un mouvement de précession autour de $\vec{B}$.

1.3. La résonance

1.3.1. Modèle vectoriel

Comme nous l'avons vu, l'aimantation est proportionnelle au nombre de noyaux, et c'est elle qui est mesurée en RMN. Toutefois, $\vec{M}$ n'est pas observable lorsqu'elle est parallèle à $\vec{B}_0$ (figure 1-5a), il faut donc la basculer de 90°. [4,5]

Pour faire tourner $\vec{M}$, il suffit d'appliquer transitoirement un autre champ magnétique $\vec{B}_1$ dirigé à 90° de $\vec{B}_0$. Les moments magnétiques sont alors animés d'un mouvement de précession autour de $\vec{B}_1$. Dès qu'une rotation de 90° a été obtenue, le champ $\vec{B}_1$ est coupé (figure 1-5b). [6]

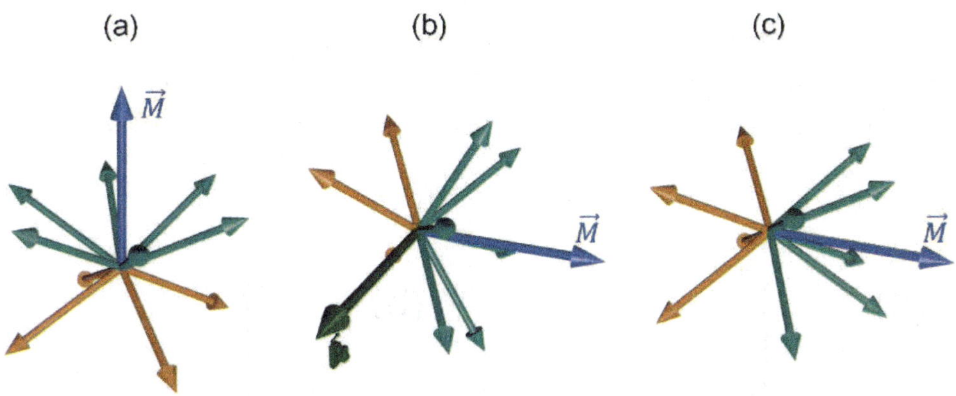

Figure 1-5 $\vec{M}$ est la somme vectorielle des moments magnétiques. En présence de $\vec{B}_0$ (dirigé suivant z), $\vec{M}$ est non nulle et dirigée suivant z (a). L'application d'un champ $\vec{B}_1$ perpendiculaire à $\vec{B}_0$ provoque la rotation de 90° de tous les moments magnétiques (b). Dès que $\vec{B}_1$ n'est plus appliqué, les moments magnétiques reprennent une polarisation et une précession uniquement gouvernées par $\vec{B}_0$ mais $\vec{M}$ est alors dans le plan transversal (c).

La figure 1-5c montre qu'après l'application du champ $\vec{B}_1$, les populations des états α et β sont identiques. Ce qui explique la disparition d'une aimantation suivant z.

Par ailleurs, les composantes des moments magnétiques perpendiculaires à $\vec{B}_0$ sont distribuées de manière parfaitement statistique avant l'application de $\vec{B}_1$

(figure 1-5a). En revanche, après l'application du champ $\vec{B}_1$ (figure 1-5c), un léger excès est observé dans la direction perpendiculaire à $\vec{B}_1$ et à $\vec{B}_0$. Une « cohérence » est apparue entre les composantes transversales (perpendiculaires $\vec{B}_0$) des moments magnétiques. [6]

L'aimantation $\vec{M}$ étant la somme de tous les moments magnétiques nucléaires, elle est alors orientée à 90° de $\vec{B}_0$ et peut être mesurée.

Toutefois, le champ magnétique $\vec{B}_0$ est présent en permanence au cours d'une expérience de RMN. Pendant l'application de $\vec{B}_1$ l'aimantation est donc animée d'un mouvement complexe qui est la composition de la précession autour de $\vec{B}_0$ à la vitesse $\omega_0 = \gamma . B_0$ et de la précession autour de $\vec{B}_1$ à la vitesse $\omega_1 = \gamma . B_1$. Ce mouvement est en fait une précession autour du champ $\vec{B} = \vec{B}_0 + \vec{B}_1$.

Par ailleurs, $\vec{B}_1$ doit pouvoir être activé et supprimé rapidement afin de provoquer une bascule contrôlée de l'aimantation. De ce fait, $\vec{B}_1$ est beaucoup moins intense que $\vec{B}_0$, qui est un champ statique (en pratique $\vec{B}_1$ est environ mille fois moins intense que $\vec{B}_0$.

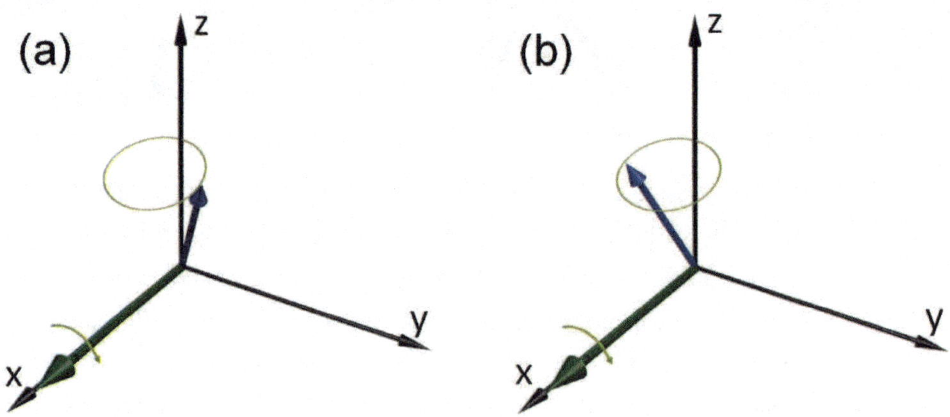

Figure 1-6 Action sur l'aimantation $\vec{M}$ d'un champ $\vec{B}_1$ fixe en présence de $\vec{B}_0$. Les flèches indiquent le sens de précession autour de $\vec{B}_1$. Au début de l'application de $\vec{B}_1$, la précession écarte effectivement l'aimantation $\vec{M}$ de la direction de $\vec{B}_0$ (a). Mais dès que la précession autour de $\vec{B}_0$ a provoqué une rotation de plus d'un quart de tour, l'action de $\vec{B}_1$ ramène l'aimantation suivant $\vec{B}_0$ (b).

Si $\vec{B}_1$ est fixe pendant la durée de son application, le mouvement de $\vec{M}$ autour de $\vec{B}$ (représenté sur la figure 1-6), ne permet pas d'amener $\vec{M}$ à 90° de $\vec{B}_0$. Au début de l'application de $\vec{B}_1$, la précession autour de ce champ écarte effectivement l'aimantation $\vec{M}$ de la direction de $\vec{B}_0$ (Fig. 1-6a). Mais dès que la précession autour de $\vec{B}_0$ a provoqué une rotation de plus d'un quart de tour, l'action de $\vec{B}_1$ ramène l'aimantation suivant $\vec{B}_0$ (Fig. 1-6b). Sur cette figure, le référentiel utilisé, dit référentiel du laboratoire, est constitué de trois axes (x, y et z) orthogonaux et fixes par rapport au laboratoire. Par convention, l'axe z est parallèle à $\vec{B}_0$.

Pour que son action éloigne continument $\vec{M}$ de $\vec{B}_0$, il faut que $\vec{B}_1$ tourne lui-même autour de $\vec{B}_0$ à la vitesse ω_0, c'est-à-dire à la même vitesse que $\vec{M}$. Ainsi, à tout instant, $\vec{B}_1$ est placé de telle manière que la précession autour de ce champ éloigne $\vec{M}$ de $\vec{B}_0$ (Fig. 1-7).

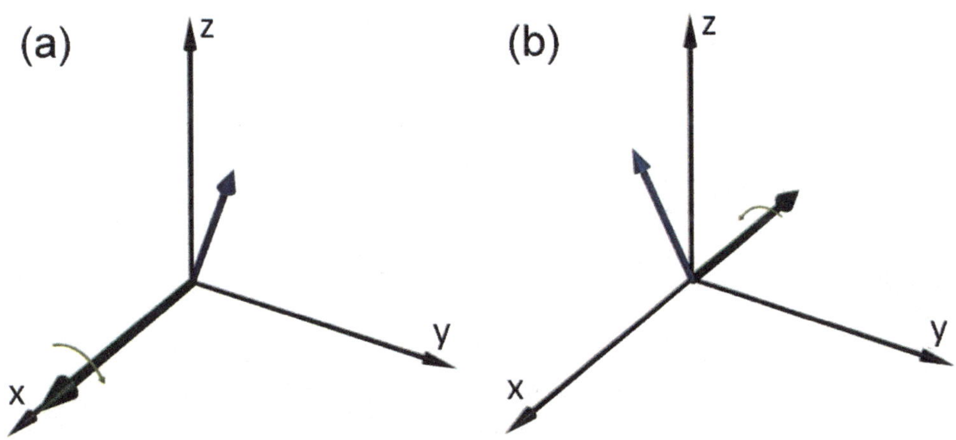

Figure 1-7 Action sur l'aimantation $\vec{M}$ d'un champ $\vec{B}_1$ tournant autour de $\vec{B}_0$ à la vitesse ω_0. Les flèches jaunes indiquent le sens de précession autour de $\vec{B}_1$. A tout instant, la précession autour de $\vec{B}_1$ écarte l'aimantation $\vec{M}$ de la direction de $\vec{B}_0$.

Cette condition peut être illustrée de la manière suivante. Imaginons un enfant sur un manège et son père à côté désirant l'aider à descendre. Si le manège est à l'arrêt cela ne pose bien entendu aucun problème, mais l'opération devient plus délicate si le manège est en marche. En fait le père doit alors courir autour du manège à la même vitesse que celui-ci de manière à avoir le même mouvement que l'enfant. Le père peut alors rester en face de l'enfant le temps nécessaire pour l'aider à descendre.

La trajectoire de l'aimantation durant l'application d'un champ $\vec{B}_1$ tournant est représentée sur la figure 1-8 ; d'une part, dans le référentiel du laboratoire (figure 1-8a), et d'autre part, dans le référentiel tournant (Fig. 1-8b). Ce dernier est constitué de trois axes (x', y' et z') orthogonaux, mais x' et y' tournent autour de z' à la même vitesse angulaire que le champ radiofréquence $\vec{B}_1$. Celui-ci est donc immobile dans le référentiel tournant. Par ailleurs, z' est confondu avec z et est donc parallèle à $\vec{B}_0$.

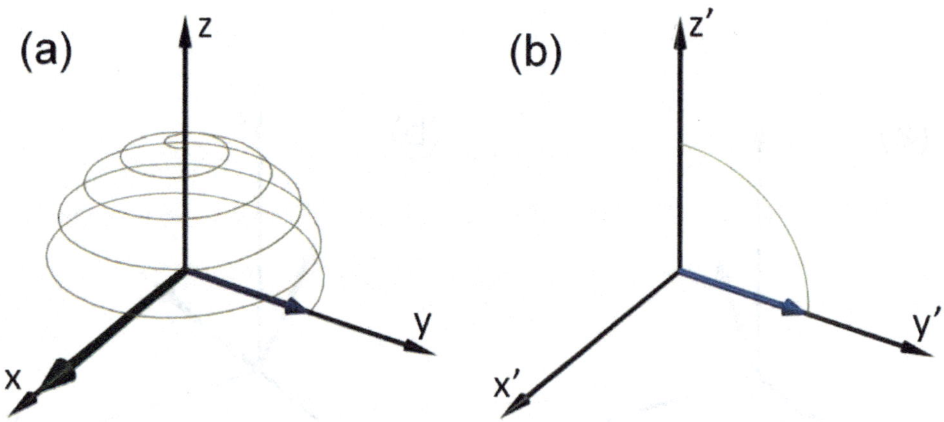

Figure 1-8 Trajectoire de l'aimantation $\vec{M}$ durant l'application de $\vec{B}_1$; (a) dans le référentiel du laboratoire (trois axes (x, y et z) orthogonaux et fixes par rapport au laboratoire ; z est parallèle à $\vec{B}_0$) et (b) dans le référentiel tournant (trois axes (x', y' et z') ; x' et y' tournent autour de z' à la même vitesse angulaire que $\vec{B}_1$ et z' est confondu avec z).

L'axe z (ou z') est appelé axe longitudinal et le plan (xy) ou (x'y') est appelé plan transversal. A un instant quelconque d'une expérience de RMN, l'aimantation a une composante parallèle à $\vec{B}_0$ dite aimantation longitudinale (notée M_z) et une composante perpendiculaire $\vec{B}_0$ dite aimantation transversale (notée M_{xy}).

En pratique le champ B_1 est la composante magnétique d'une onde électromagnétique qui doit avoir la fréquence $\nu_0 = \omega_0/2\pi = \gamma\!\!\!/ . B_0$ (où $\gamma\!\!\!/ = \gamma/2\pi$). La fréquence ν_0 se situe dans la gamme des ondes radio (quelques centaines de MHz) compte tenu des valeurs de B_0 utilisées (de l'ordre de 10 Tesla).

1.3.2. Aspect énergétique

Des photons de fréquence ν_0 ont une énergie $h.\nu_0 = \Delta E$. Lorsqu'un ensemble de noyaux à l'équilibre (figure 1-9a) est irradié avec cette fréquence, l'absorption des photons permet le passage de quelques noyaux de l'état α à l'état β, ce qui modifie les populations des différents niveaux d'énergie du système (figure 1-9b).

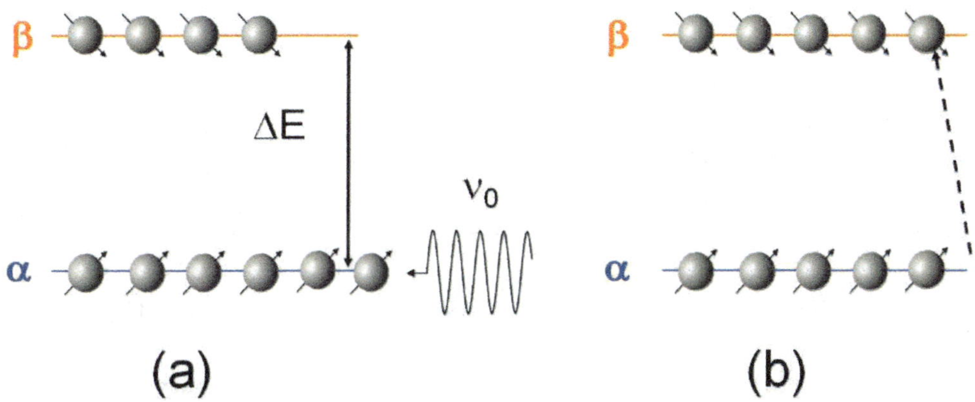

Figure 1-9 Aspect énergétique de la résonance. Les noyaux sont irradiés avec une onde radio de fréquence ν_0 telle que $h\nu_0 = \Delta E$ (a). Ceci permet le passage de quelques noyaux de l'état α à l'état β (b).

1.4. Relations entre les deux modèles

Les deux modèles utilisés dans ce chapitre, vectoriel et énergétique, décrivent la même réalité physique et il est essentiel, à ce stade, de les mettre en correspondance.

En présence du champ magnétique $\vec{B}_0$, les noyaux sont polarisés suivant l'axe longitudinal (axe z, parallèle à $\vec{B}_0$) et la composante de l'aimantation nucléaire suivant cet axe est la somme des composantes μ_z des moments magnétiques. A l'équilibre, la population du niveau α est légèrement plus élevée que celle du niveau β, ce qui conduit à une composante longitudinale dans le même sens que $\vec{B}_0$.

Par ailleurs, la somme des composantes transversales des moments magnétiques est nulle car il n'y a aucune polarisation suivant les axes perpendiculaires à $\vec{B}_0$. L'aimantation est donc de même direction et de même sens que $\vec{B}_0$ (figure 1-10a).

Après une impulsion RF correctement calibrée, les populations des deux niveaux sont égalisées, l'aimantation longitudinale est donc nulle. En revanche, la somme des composantes transversales des moments magnétiques ne l'est plus, l'aimantation transversale a alors une amplitude égale à celle de l'aimantation longitudinale à l'équilibre. L'aimantation est alors perpendiculaire à $\vec{B}_0$ (figure 1-10b).

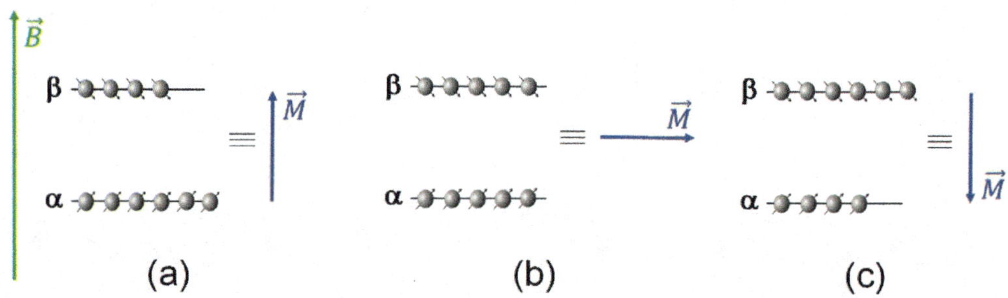

Figure 1-10 Comparaison du modèle vectoriel et du modèle énergétique. (a) A l'équilibre, la population du niveau α est légèrement plus élevée que celle du niveau β ; cela conduit à une aimantation nucléaire de même direction et de même sens que $\vec{B}_0$. (b) Après une impulsion RF correctement calibrée, les populations des deux niveaux sont égalisées, l'aimantation est alors perpendiculaire à $\vec{B}_0$, la composante de cette aimantation suivant $\vec{B}_0$ est donc nulle. (c) Si la quantité d'énergie (fournie au système par l'impulsion RF) est doublée, les populations sont inversées par rapport à l'état d'équilibre et l'aimantation a la même direction mais un sens opposé à celui de $\vec{B}_0$.

Si l'impulsion RF utilisée est deux fois plus longue que la précédente (ou de même durée mais deux fois plus intense), deux fois plus de photons d'énergie $h\nu_0$ sont absorbés par le système. Les populations des états α et β sont alors inversées par rapport à l'état d'équilibre. La population du niveau β est légèrement plus élevée que celle du niveau α, ce qui conduit à une composante longitudinale de sens opposé à celui de $\vec{B}_0$. La somme des composantes transversales des moments magnétiques est nulle puisqu'il n'y a pas de polarisation suivant les axes perpendiculaires à $\vec{B}_0$. L'aimantation est donc de même direction et de sens opposé à celui de $\vec{B}_0$ (figure 1-10c).

1.5. La Relaxation

Après avoir été basculée dans le plan transversal, l'aimantation va progressivement retourner à sa position d'équilibre, parallèle à $\vec{B}_0$. Les composantes longitudinale et transversale sont affectées différemment par ce phénomène de relaxation. [7]

Comme nous le verrons dans le chapitre 6, les mécanismes de relaxation sont liés aux fluctuations des champs magnétiques locaux et donc à la dynamique moléculaire.

1.5.1. La relaxation longitudinale

Le retour de l'aimantation longitudinale (M_z) vers sa valeur d'équilibre se passe, en règle générale, selon un processus monoexponentiel.

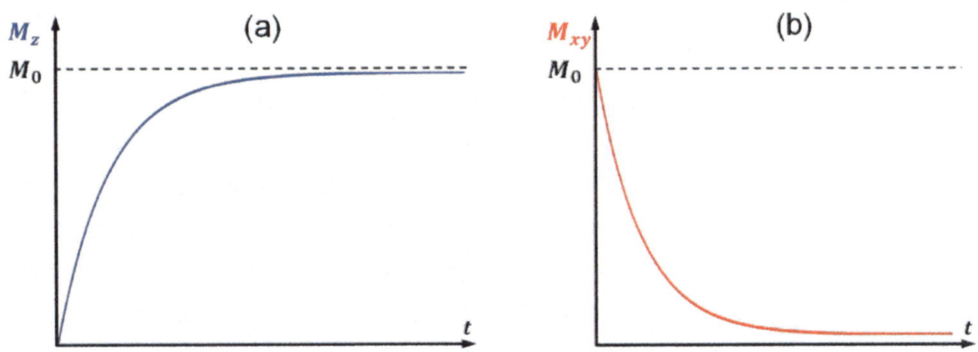

Figure 1-11 Relaxation. Après avoir été basculée dans le plan transversal, l'aimantation va progressivement retourner à sa position d'équilibre, parallèle à $\vec{B}_0$. (a) L'aimantation longitudinale M_z retourne exponentiellement vers la valeur d'équilibre (M_0). (b) L'aimantation transversale M_{xy} retourne exponentiellement vers 0.

La constante de temps caractéristique de la croissance de l'aimantation longitudinale est le « *temps de relaxation longitudinale* », noté « T_1 ». Dans les liquides, les temps de relaxation longitudinale T_1 des protons sont typiquement de l'ordre de quelques centaines de millisecondes à quelques secondes.

1.5.2. La relaxation transversale

Le plus souvent, l'aimantation transversale décroît mono-exponentiellement. La constante de temps caractéristique de la décroissance mono-exponentielle est le « temps de relaxation transversale », noté « T_2 ».

Les temps de relaxation transversale T_2 couvrent une gamme de valeurs extrêmement large. Dans les solides, ils peuvent être plus courts que la milliseconde, alors que, dans les liquides, ils sont proches des T_1 et sont donc de l'ordre de quelques centaines de millisecondes à quelques secondes.

1.5.3. Influence de l'inhomogénéité de $\vec{B}_0$

En réalité, dans le cas des noyaux caractérisés par un temps de relaxation transversale long (par exemple dans les liquides), la décroissance de M_{xy} est rarement uniquement due à la relaxation transversale. Elle a généralement une double origine, l'une liée à la relaxation transversale, l'autre liée à l'inhomogénéité du champ magnétique statique sur le volume observé. [8] L'inhomogénéité du champ magnétique cause en effet une dispersion des fréquences de résonance. La fréquence de précession varie alors un peu d'un point à l'autre de l'échantillon et il apparaît très rapidement un décalage entre les moments magnétiques. Ils tournent dans le plan (xoy) en pointant des directions de plus en plus différentes, les plus rapides prennent de l'avance sur les plus lents. L'aimantation, qui est la somme vectorielle des moments magnétiques, est donc réduite. Par similitude avec le concept de temps de relaxation transversale T_2, un temps de relaxation T_2^* a été introduit qui décrit la vitesse de la décroissance du signal RMN en présence d'inhomogénéité du champ magnétique :

$$\frac{1}{T_2^*} = \frac{1}{T_2} + \frac{\gamma.\Delta B_0}{2} \qquad (1\text{-}9)$$

Ici, ΔB_o caractérise l'inhomogénéité du champ magnétique statique.

Il y a une distinction importante entre ces deux contributions à la décroissance du signal de précession libre. La relaxation transversale, liée aux fluctuations du champ magnétique local (*Cf.* chapitre 6), est un phénomène irréversible. En revanche, l'effet de l'inhomogénéité de $\vec{B}_0$ est en principe réversible, les noyaux restant soumis au même champ magnétique statique tout au long d'une expérience, pour autant qu'il n'y ait pas de déplacement significatif des noyaux pendant le temps équivalent au temps de relaxation T_2 (par exemple suite à la diffusion moléculaire).

1.6. L'expérience de RMN

Compte tenu des principes énoncés précédemment, l'expérience RMN de base peut être décomposée comme suit (figure – 1-12) : [6]

- Une période d'excitation constituée par une impulsion radiofréquence dont la fréquence ν_r est proche des fréquences de résonance de l'échantillon et dont l'amplitude et la durée (PW) sont calibrées (*Cf.* section 9.1.1) de manière à produire une bascule de l'aimantation dans le plan transversal (rotation de 90° de l'aimantation).
- Une période de détection du signal RMN.

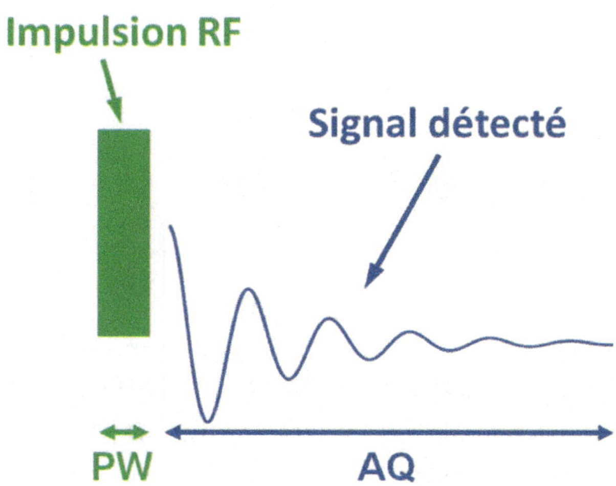

Figure 1-12 Séquence de base pour la spectroscopie RMN ; après une impulsion RF de durée PW, le signal est détecté pendant la durée AQ.

L'origine du signal RMN peut être appréhendée soit à partir du modèle énergétique, soit à partir du modèle vectoriel.

1.6.1. Le signal RMN dans le modèle énergétique

L'impulsion RF perturbe le système, et lorsque l'irradiation cesse, le système retourne vers son état d'équilibre (par la relaxation). Pour cela, des noyaux repassent de l'état β à l'état α, et ce faisant, émettent des photons d'énergie ΔE et donc de fréquence ν_0 qui sont détectés (figure 1-13a). Le nombre de photons émis est égal au nombre de noyaux qui retournent de β vers α, il est donc égal à ΔN. L'amplitude du signal est donc directement proportionnelle à ΔN, et donc à M.

1.6.2. Le signal RMN dans le modèle vectoriel

Après avoir été basculée à 90° de $\vec{B}_0$, l'aimantation tourne autour de celui-ci à la vitesse ω_0 (car B_0 est toujours présent). Afin de mesurer la valeur de M il suffit alors de placer, perpendiculairement à l'un des axes du plan transversal, une bobine conductrice.

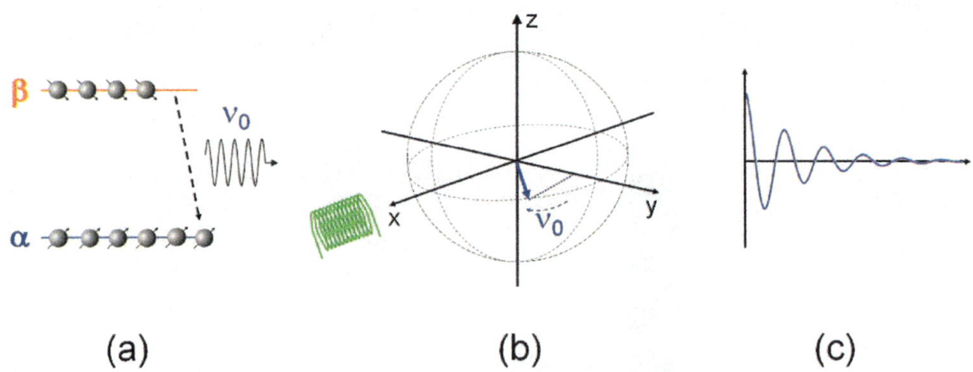

Figure 1-13 Détection du signal RMN. Dans le modèle énergétique, lors du phénomène de relaxation des noyaux repassent de l'état β à l'état α, et ce faisant, émettent des photons d'énergie ΔE (et donc de fréquence ν_0) qui sont détectés (a). Dans le modèle vectoriel, le flux magnétique à travers la bobine (proportionnel à la composante de $\vec{M}$ suivant l'axe de la bobine) varie périodiquement (b), ce qui induit dans la bobine un signal électrique de fréquence ν_0 (c).

Les principes de base de l'électromagnétisme permettent de montrer que la tension aux bornes de la bobine est alors proportionnelle à la variation du flux de $\vec{M}$ à travers cette même bobine. Le flux est lui-même proportionnel à la projection de $\vec{M}$ sur l'axe de la bobine.

Si au début de la détection du signal ($t = 0$), l'axe de la bobine est perpendiculaire à l'aimantation $\vec{M}$ (figure 1-13b), la projection de $\vec{M}$ sur cet axe évoluera de manière sinusoïdale. Le flux suivra la même loi et sa variation évoluera comme la dérivée d'un sinus, c'est-à-dire en cosinus. La rotation de $\vec{M}$ fait donc naître dans la bobine un signal électrique de fréquence ν_0 et dont l'amplitude initiale est directement proportionnelle à M, et donc à ΔN.

On appelle ce signal le « signal de précession libre » ou FID pour « Free Induction Decay ». Il décroît dans le temps (figure 1-13c) car $\vec{M}$ retourne progressivement vers sa position d'équilibre parallèle à $\vec{B}_0$ (*Cf.* section 1.5).

Ce signal est démodulé avant d'être numérisé par l'informatique du spectromètre. La démodulation consiste à mélanger au signal détecté la fréquence du référentiel tournant (ν_r) afin d'obtenir un nouveau signal dont la pulsation est $\Omega_0 = \omega_0 - \omega_r$ (qui correspond en fait à la pulsation apparente dans le référentiel tournant).

1.6.3. Du signal au spectre RMN

Comme nous le verrons au chapitre 2, le signal RMN ne contient que très rarement une seule fréquence. En pratique, il est constitué d'un grand nombre de fréquences différentes toutes détectées simultanément.

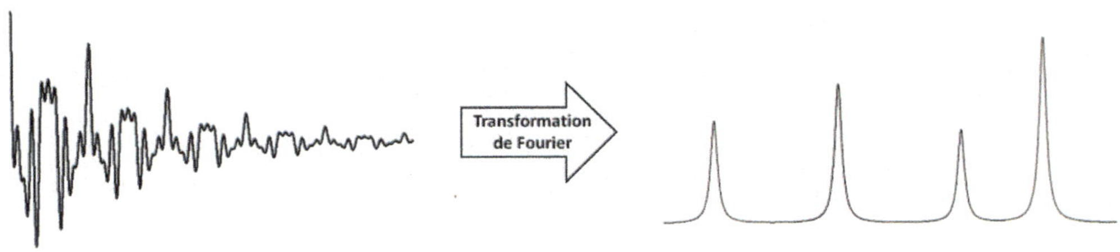

Figure 1-14 Le signal RMN détecté (a) et le spectre obtenu après transformation de Fourier (b).

Pour la plupart des applications de la RMN, il est indispensable de séparer ces fréquences afin de déterminer leurs intensités respectives, c'est ce que réalise la transformation de Fourier (Figure 1-14). [6] Cette opération sera explicitée plus en détail dans le chapitre 3.

1.7. Pour aller plus loin

- *La RMN : concepts, méthodes et applications*. Daniel Canet, Jean-Claude Boudel et Emmanuelle Canet Soulas. Dunod, Paris, 2002. Chapitre 2.
- *SpinChoreography: Basic steps in high resolution NMR*. Ray Freeman. Oxford University Press, Oxford, 1998. Chapitres 1 et 2.
- *Spin dynamics: basic of nuclear magnetic resonance*. Malcolm H. Levitt. Wiley-Blackwell, Chichester, 2008. Chapitre 2.

Chapitre 2 - Interprétation d'un spectre RMN

Jusqu'à présent, nous avons considéré le noyau isolé, sans prendre en compte l'influence du nuage électronique ou des autres noyaux de la molécule. Dans ce chapitre, nous allons décrire comment cet environnement conditionne le spectre en RMN haute résolution des noyaux d'hydrogène (protons) pour des échantillons liquides.

2.1. Le déplacement chimique

Lors d'une expérience RMN réalisée avec un champ B_0 de 9,4 Tesla, la fréquence de résonance attendue (ν_0) pour les protons est d'environ 400 MHz. En pratique, plusieurs fréquences sont observées avec des valeurs ν_0 - $\Delta\nu$ où $\Delta\nu$ est de l'ordre de quelques kHz. [9] Ce phénomène est également valable pour tous les autres noyaux et constitue la base de la spectroscopie RMN telle qu'elle est utilisée pour la détermination de structures en chimie organique.

Le déplacement des raies de résonance est provoqué, en premier lieu, par les électrons. [10] Placés dans le champ $\vec{B}_0$, les électrons induisent au niveau du noyau un champ magnétique additionnel. Celui-ci est de direction opposée à $\vec{B}_0$, le champ subi localement par le noyau n'est donc pas B_0 mais plutôt :

$$B_{local} = (1 - \sigma). B_0 \tag{2-1}$$

σ est la constante d'écran. [10] Sa valeur est déterminée par la densité électronique de l'orbitale 1s (pour l'hydrogène) et $\sigma.B_0$ est la valeur du champ induit près du noyau.

La fréquence de résonance est proportionnelle à la valeur du champ magnétique :

$$\nu = (1 - \sigma).\nu_0$$

La constante d'écran σ peut donc être obtenue à partir des méthodes de la chimie quantique mais nous nous bornerons ici à une description qualitative. σ peut être décomposée comme suit :

$$\sigma = \sigma_d + \sigma_p$$

Dans cette expression, σ_d est la contribution diamagnétique ; elle ne dépend que de l'état fondamental du système électronique et peut être reliée à la charge portée par l'atome considéré. σ_p est la contribution paramagnétique ; elle dépend des états excités et surtout de la symétrie des orbitales de valence. [10]

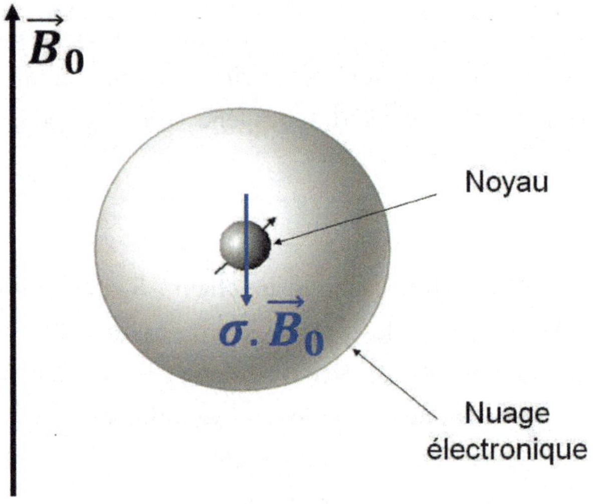

Figure 2-1 Le nuage électronique induit un champ $\sigma.\vec{B}_0$ qui s'oppose à $\vec{B}_0$. Le champ local effectivement perçu par le noyau est alors $(1 - \sigma).\vec{B}_0$.

Pour les orbitales s, à symétrie sphérique, σ_p est proche de zéro et intervient donc très peu dans les déplacements chimiques du proton. En revanche, c'est le terme prépondérant pour des noyaux tels que le ^{13}C, le ^{19}F ou le ^{15}N. [10] Comme nous le verrons par la suite, cela explique la différence de gamme de déplacements chimiques entre les isotopes de l'hydrogène et tous les autres noyaux (*Cf.* Chapitre 5).

2.1.1. L'unité de mesure des déplacements chimiques

Le déplacement chimique correspond à une valeur déterminée de fréquence de résonance à champ magnétique fixe. Il serait alors facile, en principe, d'exprimer les déplacements chimiques en termes de Tesla ou de MHz. Cependant, en pratique les champs utilisés dans les spectromètres sont très divers. Il n'est donc pas possible d'exprimer universellement les déplacements chimiques en termes de fréquence. Une mesure relative de la fréquence de résonance par rapport à celle d'une référence est donc préférable. De façon très courante en RMN du proton, c'est le tétraméthylsilane (TMS) qui est utilisé comme référence. Ce composé relativement inerte dans de nombreux milieux possède 12 protons qui sont identiques et un déplacement chimique qui se superpose très rarement avec ceux des composés étudiés.

Le déplacement chimique (déplacement relatif de la raie de résonance par rapport à celle de la référence) est donné par : [10]

$$\delta = \frac{\nu - \nu_{ref}}{\nu_{ref}} . 10^6 \text{ (en ppm)} \qquad (2\text{-}2)$$

Le déplacement chimique est un rapport entre un numérateur et un dénominateur de mêmes dimensions, ce terme n'a donc pas de dimension. Cependant, δ est exprimé en ppm (en tenant compte du facteur 10^6), afin d'utiliser des nombres le plus souvent compris entre 0 et 12.

Pour le calcul de δ, il est possible de remplacer ν_{ref} par ν_0 au dénominateur. Compte tenu des écarts de fréquence observés en RMN, cela constitue une très bonne approximation. L'expression de δ devient alors :

$$\delta = \frac{\nu - \nu_{ref}}{\nu_0} . 10^6 \text{ (en ppm)}$$

2.1.2. Influence de l'électro-attractivité des groupements voisins

Comme nous venons de le voir, la constante d'écran et le déplacement chimique sont déterminés par la densité du nuage électronique autour du noyau considéré. Dans une molécule, cette densité est très dépendante de la nature des groupements chimiques voisins, et en particulier de leur électro-attractivité (caractère donneur ou attracteur d'électrons). [10] L'exemple des halogénures de méthyle est très significatif. Le tableau 2-1 illustre cette situation.

Tableau 2-1 Déplacements chimiques pour les halogénures de méthyle.

	CH_3F	CH_3Cl	CH_3Br	CH_3I	CH_3H
$\delta_{(CH3)}$	4,13	2,84	2,45	1,98	0,13

Comme cela est facilement prévisible, le déplacement chimique suit l'électronégativité de l'halogéne présent. Il faut également mentionner que pour des molécules comportant un atome métallique, le déplacement chimique diminue en fonction du caractère ionique du métal présent. [10] Ainsi, pour le lithium par exemple, un déplacement chimique négatif ($\delta = -2$ ppm) est observé.

Lorsque des chaînes carbonées plus longues sont considérées, l'évolution des effets inductifs en fonction de la distance des éléments attracteurs peut être observée. Considérons par exemple le nitropropane, la valeur du déplacement chimique diminue à mesure que l'on s'éloigne du groupement NO_2.

$$O_2N\text{-}CH_2\text{-}CH_2\text{-}CH_3$$

Mais d'autres facteurs peuvent également jouer un rôle très important dans la détermination du déplacement chimique.

2.1.3. Effets des courants électroniques

Il arrive qu'il ne soit pas possible d'expliquer le déplacement chimique uniquement à partir de l'électro-attractivité des groupements voisins. Les mouvements des électrons dans le reste de la molécule peuvent également perturber le champ local. [10-12]

Considérons la molécule de benzène, qui contient six protons qui sont liés à des atomes de carbone. Bien qu'il n'y ait que des carbones et des protons dans la molécule, le déplacement chimique observé se situe dans la même région que le chloroforme ($CHCl_3$). Les alcènes, alcynes et aldéhydes montrent également de tels comportements qui sont incompatibles avec une simple question d'électro-attractivité des groupements voisins.

Dans la plupart des cas, ces molécules comportent un système insaturé, c'est-à-dire sur lequel se trouvent des électrons π au voisinage du proton étudié. Dans le cas du benzène par exemple, les électrons π placés dans un champ magnétique sont amenés à circuler autour du cycle aromatique tel qu'illustré à la figure 2-2.

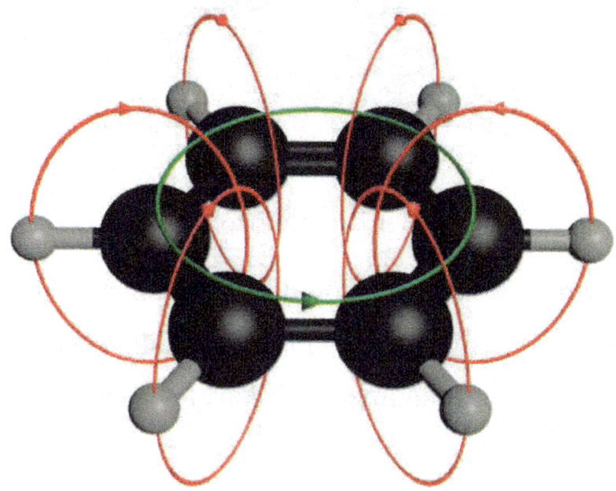

Figure 2-2 Courant de cycle dans le benzène. La circulation des électrons π (en vert) induit un champ de réaction (en rouge).

Cette circulation d'électrons est appelée courant circulaire et génère un champ magnétique comme le ferait un courant électrique circulant dans une boucle de fil conducteur. Le champ magnétique généré occupe un volume spatial assez grand pour contribuer au champ perçu par les protons du cycle. [11] Pour ces protons, situés à l'extérieur du cycle, le champ induit par le courant circulaire a le même sens que $\vec{B}_0$. Le déplacement chimique observé est alors plus grand qu'envisagé sur la base de l'électro-attractivité. Les zones propices à une augmentation ou à une diminution du déplacement chimique peuvent être visualisées par des cônes tels que représentés sur la figure 2-3.

Globalement, le champ magnétique local (et donc le déplacement chimique) est alors conditionné par trois composantes majeures : le champ externe, le champ provenant des électrons autour du noyau et le champ généré par la circulation des électrons π.

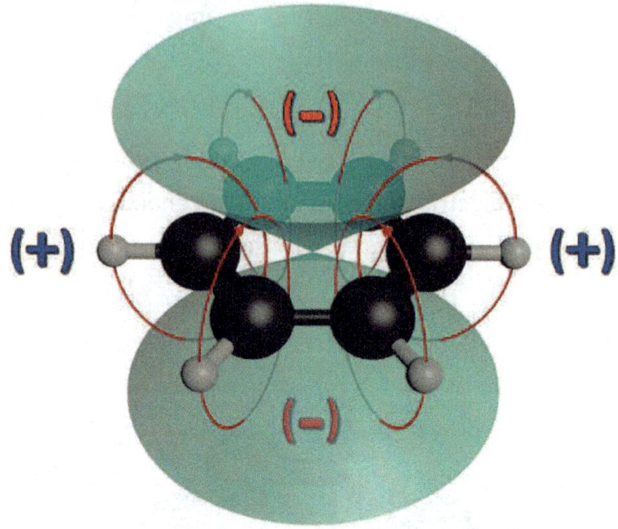

Figure 2-3 Influence de la circulation des électrons π d'un cycle aromatique sur les déplacements chimiques des protons voisins. Dans les zones (+) le déplacement chimique est augmenté et dans les zones (–) le déplacement chimique est diminué.

De manière générale, tous les groupements qui possèdent des électrons π au voisinage du proton étudié vont générer des courants électroniques circulaires. La figure 2-4 illustre cela pour les molécules comportant une liaison multiple.

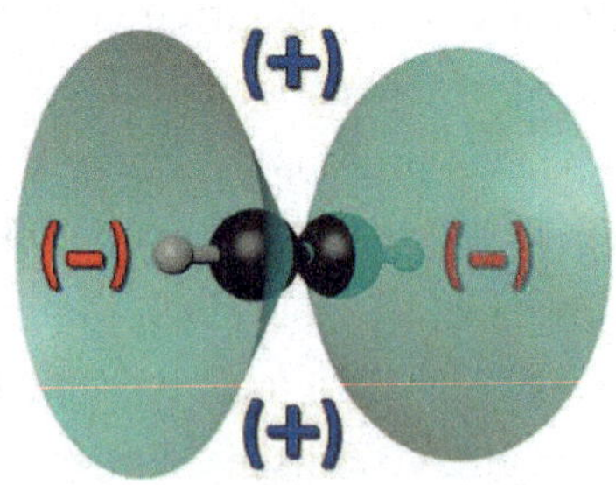

Figure 2-4 Influence de la circulation des électrons π d'une triple liaison C≡C sur les déplacements chimiques des protons voisins. Dans les zones (+) le déplacement chimique est augmenté et dans les zones (–) le déplacement chimique est diminué.

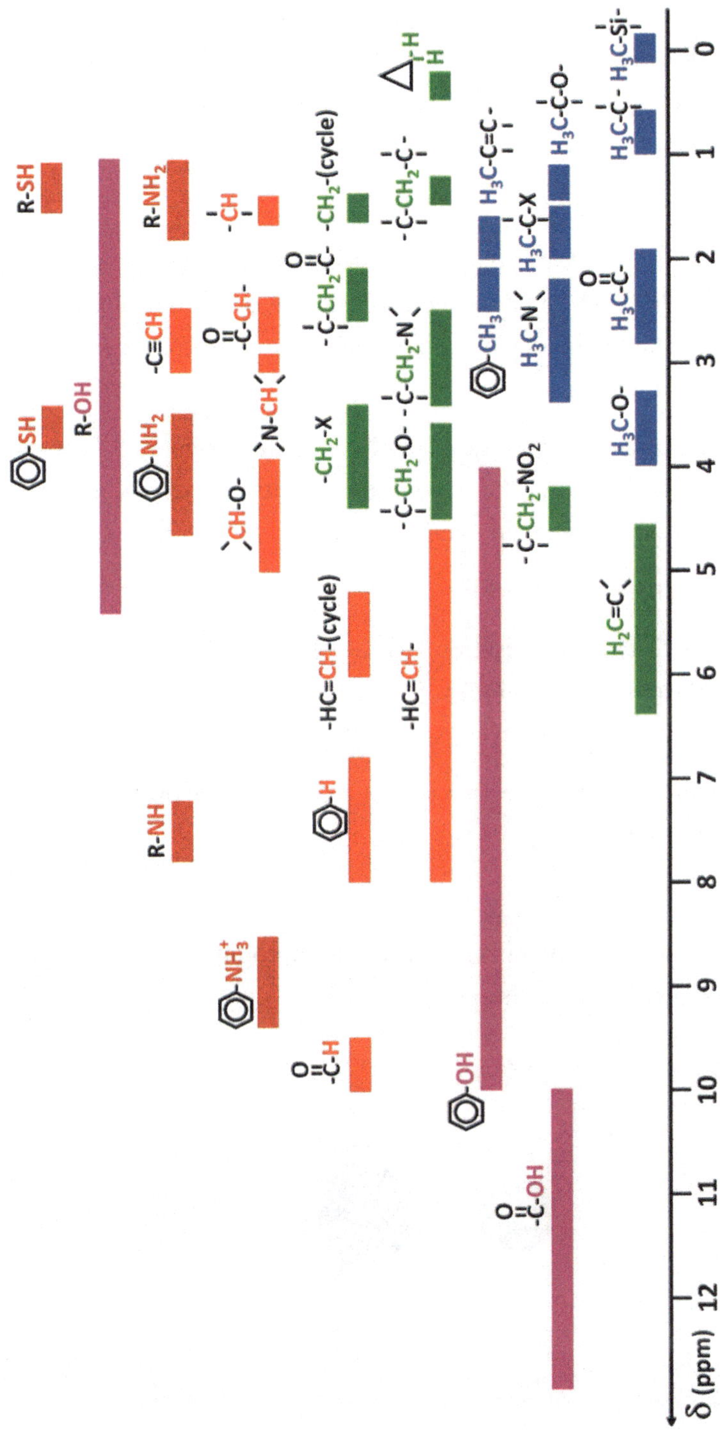

Figure 2-5 Table de déplacements chimiques proton (à partir de données tirées de [10] et [12]).

Ces effets s'atténuent bien entendu lorsqu'un proton est plus éloigné des liaisons multiples. Ainsi, les protons qui se trouvent sur des ramifications liées à un cycle aromatique seront de moins en moins influencés par le courant de cycle, à mesure que la chaîne carbonée s'allonge.

2.1.4. Tables de déplacements chimiques

Le déplacement chimique exprimé en ppm est indépendant du champ B_0 appliqué, il ne dépend que de la fonction chimique étudiée et de son environnement. [10, 12] La figure 2-5 est une table de déplacements chimiques proton pour les fonctions chimiques les plus courantes.

Par exemple, le déplacement chimique d'un hydrogène sur un cycle benzénique est compris entre 6,8 et 8,4 ppm. La valeur exacte de son déplacement chimique dépendra des autres substituants du cycle, du solvant, de la température …

2.1.5. Equivalence et non-équivalence de déplacement chimique

Il est possible, à partir de l'organisation spatiale d'une molécule, de prédire si deux sites ont des déplacements chimiques différents. Pour cela, il faut considérer la symétrie locale du site moléculaire considéré. [10, 13]

Trois types de situation se présentent en termes d'équivalence ou de non-équivalence de déplacement chimique.

** Homotopie*

Des noyaux (ou groupes de noyaux) sont dits homotopiques (ou homotopes) s'ils sont interchangeables par une rotation.

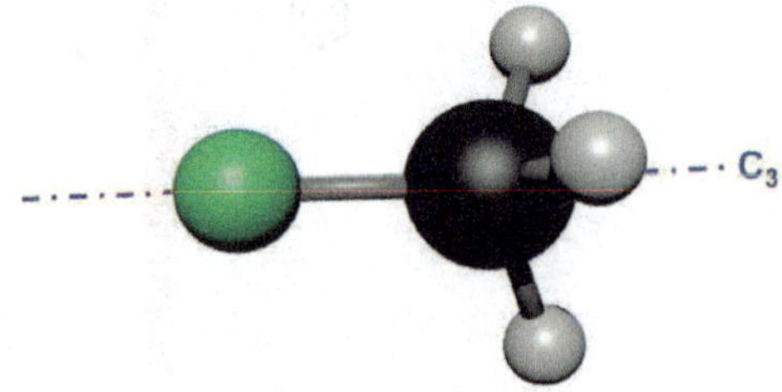

Figure 2-6 Protons homotopes. Les trois protons du groupement méthyle sont échangeables par une rotation de 120°.

Dans ce cas, les déplacements chimiques sont identiques et le couplage entre les deux sites, s'il existe, est invisible sur le spectre (*Cf.* section 2.2.6). Par exemple, les trois protons d'un groupement méthyle auront toujours le même déplacement chimique (figure 2-6).

** Enantiotopie*

Des noyaux (ou groupes de noyaux) sont dits énantiotopiques (ou énantiotopes) s'ils sont interchangeables par une opération de rotation suivie d'une réflexion. C'est par exemple le cas des protons Ha et Hb sur la figure 2-7.

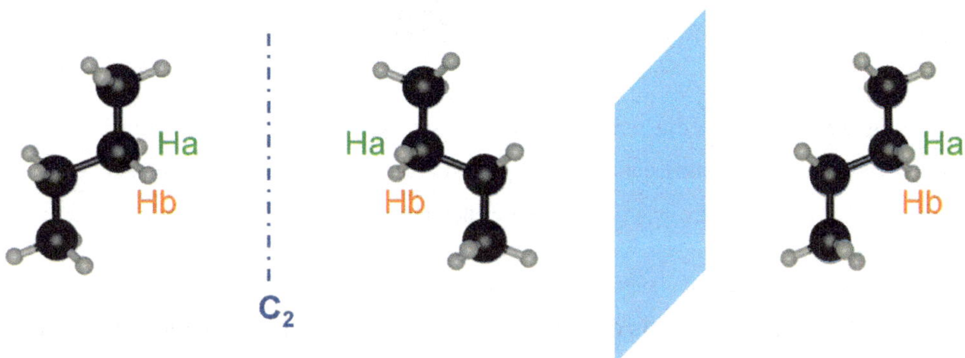

Figure 2-7 Protons énantiotopes. Les deux protons Ha et Hb sont interchangeables par la succession de deux opérations de symétrie : une rotation de 180° et une réflexion.

Dans ce cas, les déplacements chimiques sont identiques (sauf préparation particulière de l'échantillon) et le couplage entre les deux sites, s'il existe, est invisible sur le spectre (*Cf.* section 2.2.6.).

Une manière d'identifier simplement cette situation consiste à remplacer virtuellement et successivement chacun des groupes de noyaux par un autre groupe monovalent (par exemple remplacer un hydrogène par un fluor). Si les deux isomères obtenus sont énantiomères, les deux groupes de noyaux sont énantiotopes et leurs déplacements chimiques sont identiques.

** Diastéréotopie*

Des noyaux (ou groupes de noyaux) sont dits diastéréotopiques (ou diastéréotopes) s'ils ne sont pas interchangeables par une succession d'opérations de symétrie, comme c'est le cas des protons Ha et Hb de la figure 2-8.

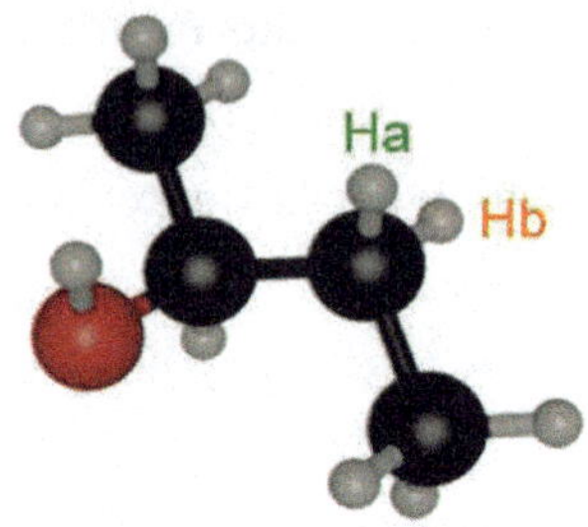

Figure 2-8 Protons diastéréotopes. Il n'existe aucune succession d'opérations de symétrie qui puisse échanger les protons Ha et Hb en laissant le reste de la molécule inchangé.

Dans ce cas, les déplacements chimiques sont différents et le couplage entre les deux sites, s'il existe, est visible sur le spectre.

Là encore, la substitution virtuelle par un autre groupement monovalent permet d'identifier facilement cette situation. Si les deux isomères obtenus sont diastéréoisomères, les deux groupes de noyaux sont diastéréotopes et leurs déplacements chimiques sont différents. Il faut toutefois garder à l'esprit que la différence de déplacement chimique entre deux groupes portés par le même atome sera toujours faible.

2.2. Le Couplage spin-spin

Considérons une molécule du type A_2HC–CHX_2. Si A et X ne sont pas identiques, une différence de déplacement chimique entre les protons H_A et H_X est observée. [14, 15] De plus, il est intéressant de constater que le spectre RMN ne montre pas uniquement deux pics mais quatre, formés de deux paires de pics ayant la même intensité et séparées en déplacement chimique (figure 2-9). Les deux pics (attendus sur la base du déplacement chimique) se présentent donc sous la forme de doublets.

La même distance J, mesurée en Hz, sépare les composantes de ces deux doublets et elle est indépendante du champ magnétique appliqué. La multiplicité des signaux obtenus en RMN peut être beaucoup plus complexe et il est courant d'observer la présence de doublets, triplets, quadruplets, etc (*Cf.* 2.2.2.). [10, 12, 13]

Cette démultiplication des pics provient du couplage spin-spin. Il s'agit d'interactions magnétiques entre les protons qui sont transmises par les électrons à travers les liaisons chimiques. [16] Nous étudierons plus loin la quantification des énergies correspondant à ces effets de couplage.

2.2.1. Le Phénomène de couplage

Ce phénomène peut être interprété de la manière suivante : le proton H_X peut être considéré comme un petit aimant qui induit un champ local $\Delta\vec{B}$ au niveau du proton H_A. Si ce champ local s'ajoute au champ $\vec{B}_0$ lorsque H_X est antiparallèle à $\vec{B}_0$, en revanche il se retranche de $\vec{B}_0$ lorsque H_X est parallèle à $\vec{B}_0$. Le proton H_A est donc soumis, suivant l'orientation de H_X, aux champs $B_0 + \Delta B$ ou $B_0 - \Delta B$ et il va résonner à deux fréquences différentes séparées par la constante J (figure 2-9). L'écart entre ces deux raies est noté J_{AX}. L'une de ces raies est le signal RMN des protons A qui ont un voisin X dans l'état β et l'autre est le signal des protons A qui ont un voisin X dans l'état α. Le champ ΔB étant indépendant de B_0, la constante J est également indépendante de B_0 et elle est mesurée en Hz.

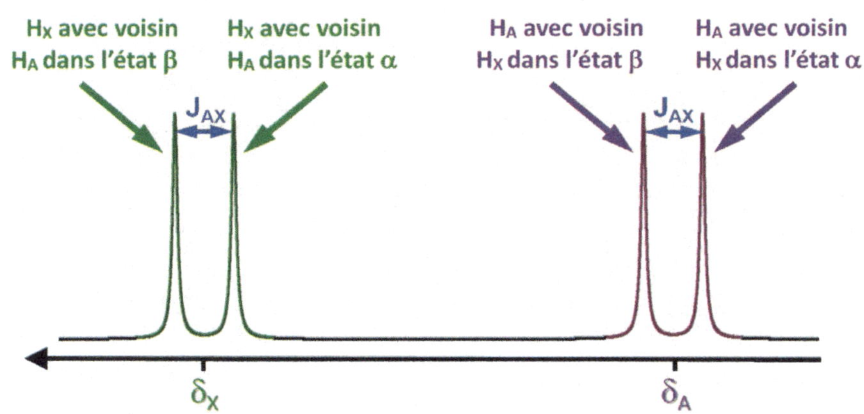

Figure 2-9 Spectre résultant de deux noyaux A et X ayant des déplacements chimiques différents et couplés entre eux avec la constante J_{AX}.

En pratique, à l'état liquide l'interaction directe entre les moments magnétiques nucléaires est annulée par effet de moyenne dû aux mouvements intramoléculaires. [1, 2] Le couplage qui est observé sur les spectres est le résultat d'une interaction relayée par les électrons de liaison. [16] Le moment magnétique du noyau X induit une légère polarisation des électrons (qui sont également dotés d'un moment magnétique). Compte tenu du recouvrement orbitalaire et du principe de Pauli, cette polarisation est transmise aux électrons du noyau A impliqués dans la liaison AX. Ceux-ci influencent à leur tour le noyau A.

La transmission du couplage par les électrons de liaison explique la relation entre la constante J et le nombre, la nature et la géométrie des liaisons entre les noyaux couplés (*Cf.* section 2.2.4.).

2.2.2. Couplages multiples

Considérons maintenant un proton H_A couplé à un proton H_X avec la constante J_{AX} et à un proton H_Y avec la constante J_{AY}.

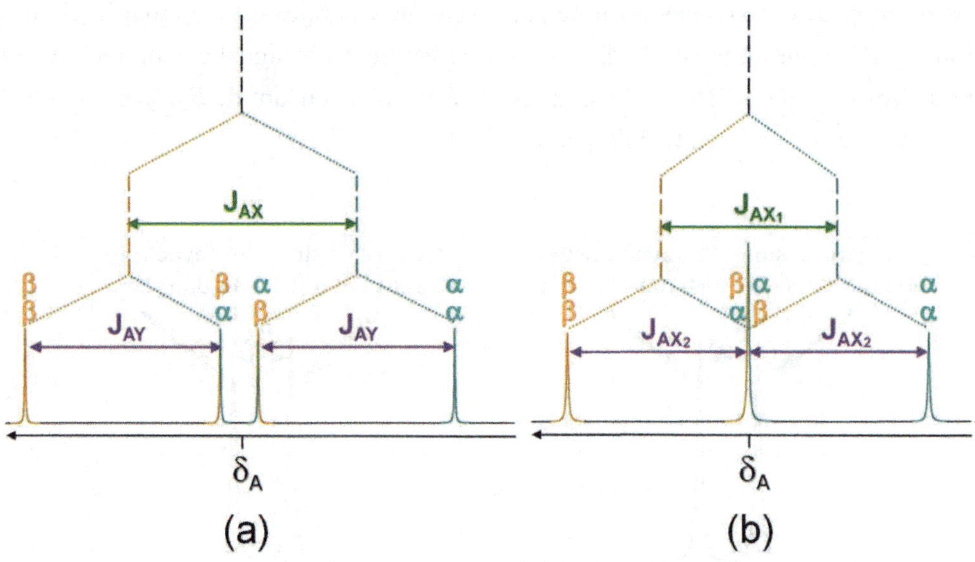

Figure 2-10 Massif d'un proton A en interaction avec deux autres protons. (a) Les constantes de couplage avec les deux protons X et Y sont différentes ; le massif est un doublet de doublets. (b) Les constantes de couplage avec les deux protons X_1 et X_2 sont identiques ; le massif est un triplet.

Afin de prévoir l'allure du massif A, nous devons commencer par nous intéresser à l'allure de ce massif si A n'était couplé qu'avec X ; compte tenu de ce que nous venons de voir, ce serait un doublet, avec deux raies identiques.

Considérons maintenant les protons correspondant à l'une de ces deux raies (disons les protons A qui ont un voisin X dans l'état α). Une partie de ces protons a un voisin Y dans l'état α et une autre a un voisin Y dans l'état β. Ceci conduit donc à dédoubler une nouvelle fois, mais la constante de couplage est maintenant J_{AY} puisque ce second dédoublement résulte de l'interaction du proton A avec le proton Y (figure 2-10a). Le massif du proton A est donc un doublet de doublets.

Lorsque les deux protons couplés à A (que nous appellerons maintenant X_1 et X_2) ont la même constante de couplage : $J_{AX} = J_{AX_1} = J_{AX_2}$, les deux raies centrales se superposent ce qui conduit à un triplet dont les intensités relatives sont de la forme 1-2-1 (figure 2-10b). C'est généralement le massif observé lors du couplage aux deux protons d'un CH_2.

Lorsque trois protons sont couplés au noyau A le massif est un doublet de doublets de doublets, soit huit raies au total. Mais si les trois constantes de couplage sont identiques (couplage à un CH_3 par exemple), alors de nombreuses superpositions se produisent et le massif observé est un quadruplet : quatre raies dont les intensités relatives sont 1-3-3-1.

Tableau 2-2 Dans le cas du couplage à *n* protons avec la même constante de couplage les hauteurs relatives des raies des multiplets sont données par le triangle de Pascal

Nb de H voisins identiques (*n*)	Intensités relatives	Multiplet
0	1	singulet
1	1 1	doublet
2	1 2 1	triplet
3	1 3 3 1	quadruplet
4	1 4 6 4 1	quintuplet

De façon générale, couplage à n protons avec la même constante de couplage, le massif observé est un multiplet de $n + 1$ raies dont les intensités relatives sont données par le triangle de Pascal (Tableau 2-2) ou les coefficients du développement du binôme $(a + b)^n = \sum_{k=0}^{n} \binom{n}{k} a^k b^{n-k}$. De plus, ces raies sont séparées d'un même facteur J, appelé constante de couplage, exprimée en Hz, et indépendant du champ B_0. [12, 13]

2.2.3. Allure des multiplets pour deux groupes de noyaux couplés

Prenons l'exemple de la molécule $(CH_3\text{-}CH_2)_2O$ étudiée par RMN du ^1H. S'il n'y avait pas de couplage, seuls deux pics seraient observés, correspondant aux CH_3 et aux CH_2 (la molécule étant symétrique les deux groupes CH_3 sont homotopes, ils ont donc le même déplacement chimique et il en va de même pour les deux CH_2). En fait, comme le montre la figure 2-11, quatre raies équidistantes sont observées pour le groupement CH_2 (c'est un quadruplet) et trois raies équidistantes pour le groupe CH_3 (triplet).

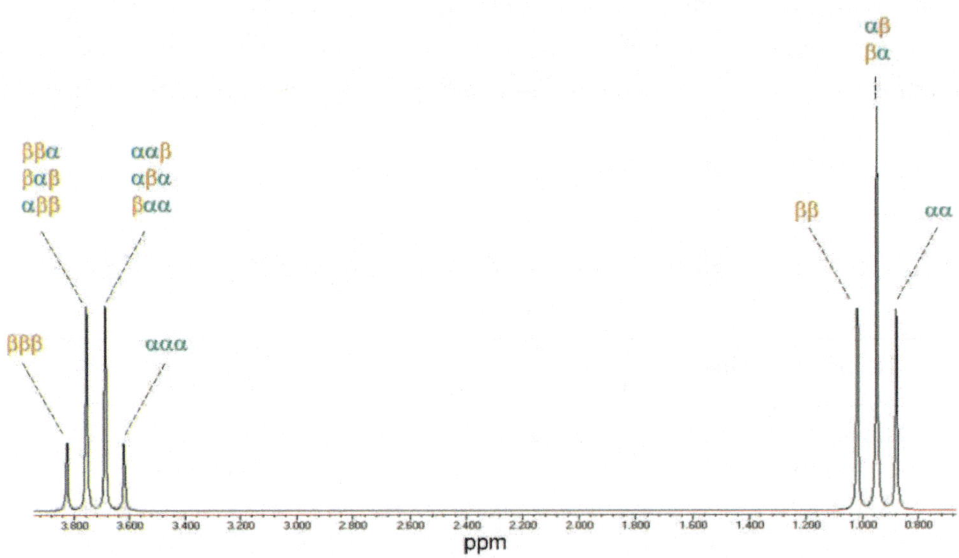

Figure 2-11 Spectre RMN proton de $(CH_3\text{-}CH_2)_2O$. Pour chaque raie, les lettres grecques indiquent les combinaisons possibles pour les états des protons du groupement voisin (responsable de la démultiplication du massif)

Les protons du CH_3 sont couplés aux protons du CH_2. Dans le groupe CH_2, il y a trois combinaisons possibles d'orientation des moments magnétiques : tous parallèles à $\vec{B}_0$, un parallèle et l'autre anti-parallèle (deux possibilités $\alpha\beta$ ou $\beta\alpha$), ou les deux antiparallèles. Les probabilités qu'un moment magnétique soit parallèle ou antiparallèle au champ $\vec{B}_0$ sont quasi-identiques (la différence est très faible, nous la négligerons dans le cas présent). Les probabilités relatives entre les trois combinaisons citées plus haut sont donc 1-2-1 et les trois pics observés pour le groupe CH_3 correspondent aux trois combinaisons d'orientations possibles pour les protons du CH_2.

En ce qui concerne les protons du CH_2, ils sont couplés aux protons du CH_3. Dans le groupe CH_3, il y a quatre combinaisons possibles d'orientation des moments magnétiques : tous parallèles à $\vec{B}_0$, un parallèle et deux antiparallèles (trois possibilités), un antiparallèle et deux parallèles (trois possibilités) ou les trois antiparallèles. Les probabilités relatives entre les quatre combinaisons citées plus haut sont donc 1-3-3-1 et les quatre pics observés pour le groupe CH_2 correspondent aux quatre combinaisons d'orientation possibles pour les protons du CH_3.

2.2.4. Valeur de la constante de couplage *J*

La valeur de la constante de couplage dépend du nombre, de la nature et de la géométrie des liaisons entre les noyaux couplés. [10] De façon générale, plus le nombre de liaisons est grand, plus le couplage est faible.

Le couplage entre deux protons portés par le même carbone (couplage géminal), est transmis par seulement deux liaisons C-H. Il est noté ^2J et sa valeur peut aller de 0 à 30 Hz en fonction de l'angle entre les deux liaisons. [17] Hors contraintes particulières, il est généralement de l'ordre de 15 Hz.

Les couplages entre les protons portés par deux carbones voisins, se font par le biais de 3 liaisons chimiques, ils sont notés ^3J. Sur une molécule sans insaturation, ils ont généralement des valeurs comprises entre 6 et 8 Hz. [17] Dans ce cas, les couplages ^4J sont trop petits pour être observés.

S'il y a des insaturations entre les deux noyaux couplés, les couplages sont un peu plus importants car la densité électronique est plus grande. Les couplages ^4J (et parfois même ^5J) peuvent alors être observés, mais ils restent inférieurs à 3 Hz. [18]

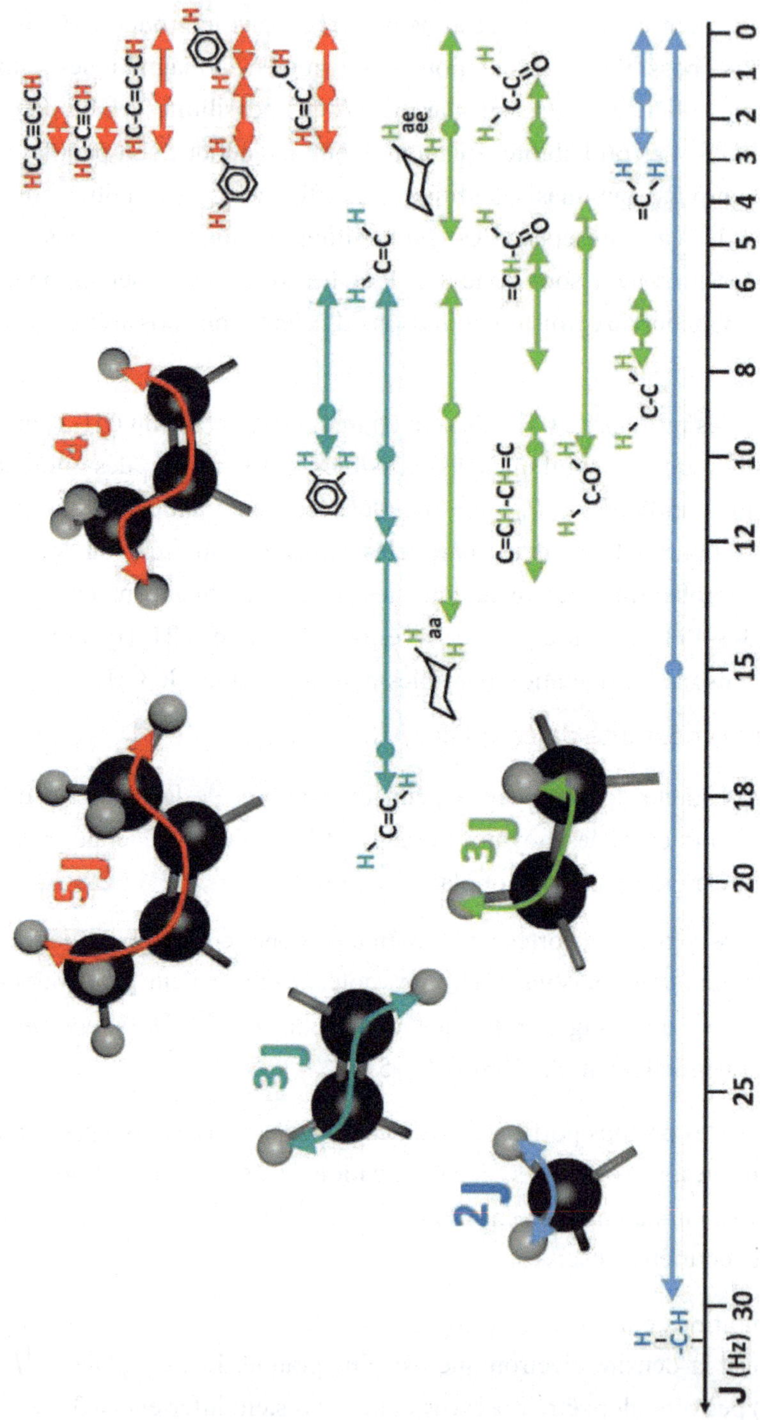

Figure 2-12 Gammes (↔) et valeurs typiques (●) des couplages proton-proton pour différentes situations rencontrées dans les composés organiques (à partir de données tirées de [10] et [12]).

La figure 2-12 rassemble les valeurs de couplages proton-proton couramment rencontrées dans les composés organiques. [10, 12, 13, 17, 18] La valeur de la constante de couplage dépend des recouvrements orbitalaires, et donc de la géométrie de la molécule, [10] d'où leur importance dans l'étude structurale des composés chimiques. A titre d'exemple, il est possible de dire si deux protons sur une double liaison sont en position *cis*, *trans* ou géminée (sur le même carbone) ; les constantes de couplage pour ces trois géométries se situent respectivement dans les zones 6 à 10 Hz, 12 à 18 Hz, et 0 à 3 Hz.

Par ailleurs, dans le cas des ^3J à travers trois liaisons simples, la constante de couplage est reliée à l'angle dièdre ψ (figure 2-13) par la relation semi-empirique (dite de Karplus) : [19]

$$^3J = A.cos^2(\Psi) + B.\cos(\Psi) + C$$

Dans cette relation, les coefficients A, B et C dépendent des noyaux présents entre les deux protons et des autres substituants.

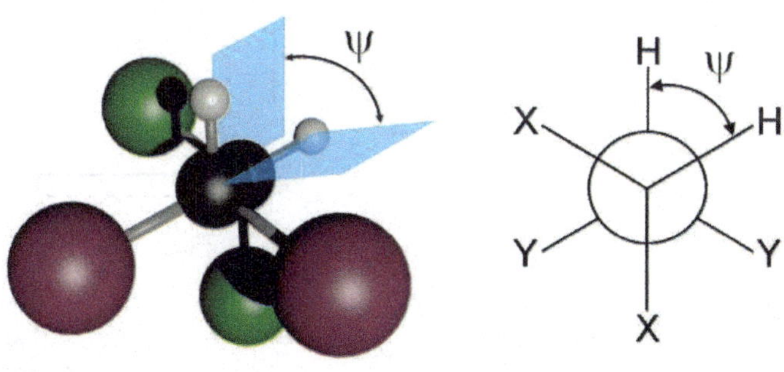

Figure 2-13 Angle dièdre ψ utilisé dans la relation de Karplus.

2.2.5. Quantification des énergies en présence de couplage spin-spin.

Un noyau d'hydrogène soumis à un champ magnétique externe possède deux états énergétiques. Une seule fréquence de résonance est donc possible et elle correspond à la transition entre les niveaux α et β. Dans le cas d'un système à deux noyaux d'hydrogène A et X pouvant interagir ensemble, il y a quatre états possibles :

$$\alpha_A\alpha_X,\ \alpha_A\beta_X,\ \beta_A\alpha_X,\ \beta_A\beta_X.$$

Nous savons que :

$$E = -\gamma.\hbar.(1-\sigma).B_0.m \quad (2\text{-}3)$$

Ainsi l'énergie entre deux noyaux A et X (en négligeant l'énergie d'interaction entre les moments magnétiques nucléaires) sera : [3]

$$E = -\gamma_A.\hbar.(1-\sigma_A).B_0.m_A - \gamma_X.\hbar.(1-\sigma_X).B_0.m_X$$

ou :

$$E = -m_A.h.\nu_A - m_X.h.\nu_X$$

m pouvant adopter les valeurs de ±½, les expressions suivantes sont obtenues :

$$E_{\alpha\alpha} = -½.\mathrm{h}.\nu_A - ½.\mathrm{h}.\nu_X$$

$$E_{\alpha\beta} = -½.\mathrm{h}.\nu_A + ½.\mathrm{h}.\nu_X$$

$$E_{\beta\alpha} = +½.\mathrm{h}.\nu_A - ½.\mathrm{h}.\nu_X$$

$$E_{\beta\beta} = +½.\mathrm{h}.\nu_A + ½.\mathrm{h}.\nu_X$$

qui représentent quatre niveaux d'énergie possibles (figure 2-14a).

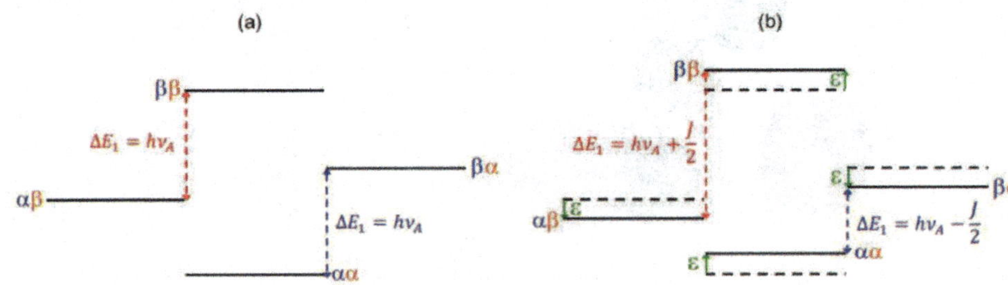

Figure 2-14 Niveaux d'énergie magnétique nucléaire pour un système AX ; (a) $J = 0$ et (b) $J \neq 0$.

Prenons maintenant en compte la contribution des couplages spin-spin, l'énergie de cette interaction est donnée par l'équation 2-4. [3]

$$\varepsilon_{m_A m_X} = h.J.m_A m_X \quad (2\text{-}4)$$

Dans cette égalité, J est la constante de couplage entre les noyaux A et X.

L'énergie d'un état devient :

$$E = -m_A.h.\nu_A - m_X.h.\nu_X + h.J.m_A m_X$$

Les quatre niveaux d'énergie d'un système AX couplé sont donc, en utilisant les valeurs de *m* correspondantes (±½) :

$$E_{\alpha\alpha} = -½.\mathrm{h}.\nu_A - ½.\mathrm{h}.\nu_X + (\mathrm{h}.j)/4$$
$$E_{\alpha\beta} = -½.\mathrm{h}.\nu_A + ½.\mathrm{h}.\nu_X - (\mathrm{h}.j)/4$$
$$E_{\beta\alpha} = +½.\mathrm{h}.\nu_A - ½.\mathrm{h}.\nu_X - (\mathrm{h}.j)/4$$
$$E_{\beta\beta} = +½.\mathrm{h}.\nu_A + ½.\mathrm{h}.\nu_X + (\mathrm{h}.j)/4$$

Il est ainsi possible de schématiser les états d'énergie selon la figure 2-14b.

Nous pouvons constater que, pour une valeur positive de J, les niveaux d'énergie sur lesquels figurent les moments magnétiques antiparallèles sont stabilisés par un couplage spin-spin tandis que les niveaux dont les moments magnétiques sont parallèles sont déstabilisés.

2.2.6. Couplage au second ordre

Lorsque la différence des fréquences de résonance Δν est du même ordre de grandeur que la constante de couplage J, les écarts entre les niveaux d'énergie, et donc les populations, sont significativement affectés par le couplage. Les multiplets apparaissent alors déformés sur le spectre. [20] La figure 2-15 illustre l'évolution du spectre d'un système de deux protons, couplés entre eux, en fonction du paramètre $u = (J/|\Delta\nu|)$. Les intensités des raies « extérieures » sont réduites alors que celles des raies « intérieures » sont exaltées dès que $|\Delta\nu|$ n'est plus grand devant J. C'est ce que l'on appelle l'effet de toit. Les positions des centres des massifs sont également modifiées et l'écart apparent $\Delta\nu'$ est supérieur à la différence des déplacements chimiques exprimée en Hz. Le barycentre des deux massifs est toutefois conservé. Le couplage est qualifié de « fort » ou de couplage au second ordre. En première approximation, ces effets deviennent négligeables lorsque $u \leq 0{,}1$. Le couplage est alors qualifié de « faible » ou de couplage au premier ordre.

Pour deux protons couplés entre eux : [21]

$$I_{ext} = I_0.\left(1 - \frac{u}{\sqrt{1+u^2}}\right) \quad \text{et} \quad I_{int} = I_0.\left(1 + \frac{u}{\sqrt{1+u^2}}\right)$$

et :

$$\Delta\nu' = \sqrt{\Delta\nu^2 + J^2} = \Delta\nu.\sqrt{1+u^2}$$

Dans le cas extrême où $\Delta\nu = 0$ ($u = \infty$), c'est-à-dire lorsque les protons couplés ont le même déplacement chimique, les équations ci-dessus conduisent à :

$$I_{ext} = 0, I_{int} = 2.I_0 \text{ et } \Delta\nu' = J$$

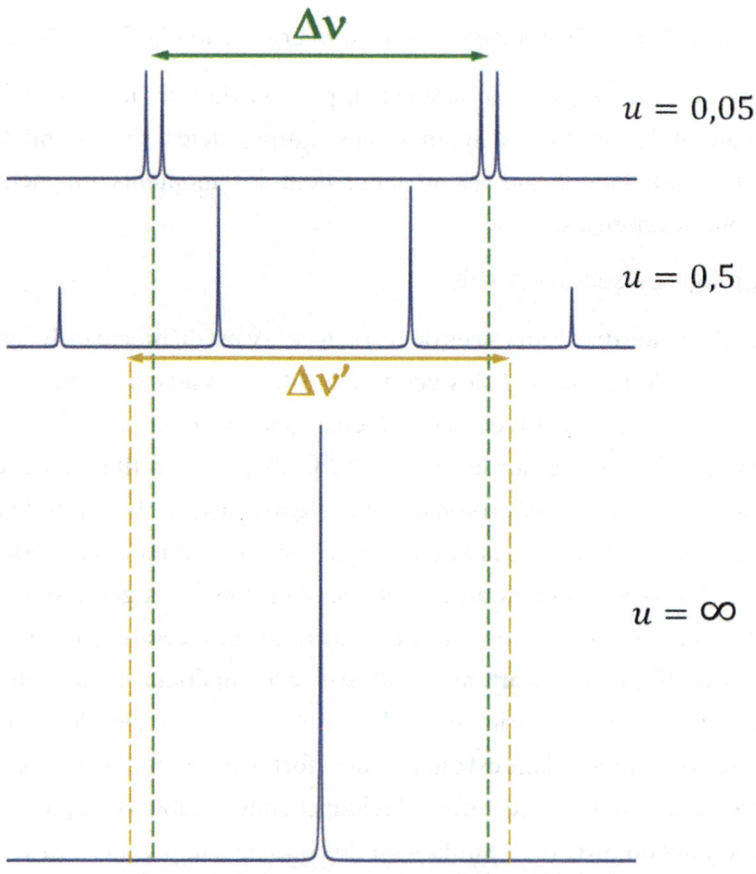

Figure 2-15 Influence du rapport $u = (J/|\Delta\nu|)$ sur l'allure du spectre d'un système de deux protons couplés.

Les deux raies extérieures disparaissent et les deux raies intérieures se superposent. Le couplage n'est donc plus visible sur le spectre. De manière générale, lorsque deux groupes d'hydrogènes ont le même déplacement chimique, le couplage n'apparaît pas. C'est la raison pour laquelle, par exemple, le couplage entre les protons d'un même CH_3 n'est pas visible bien qu'il ait souvent une valeur de l'ordre de 15 Hz.

Les effets que nous venons de décrire sont observés quel que soit le nombre d'hydrogènes équivalents pour chaque déplacement chimique. Dans le cas de systèmes à plus de deux hydrogènes, la déformation des massifs due à un effet de couplage au second ordre est qualitativement similaire à ce que qui vient d'être décrit pour le couplage de deux protons. La figure 2-16 illustre cela pour la région du spectre RMN-^{1}H du glutamate entre 1,9 et 2,5 ppm.

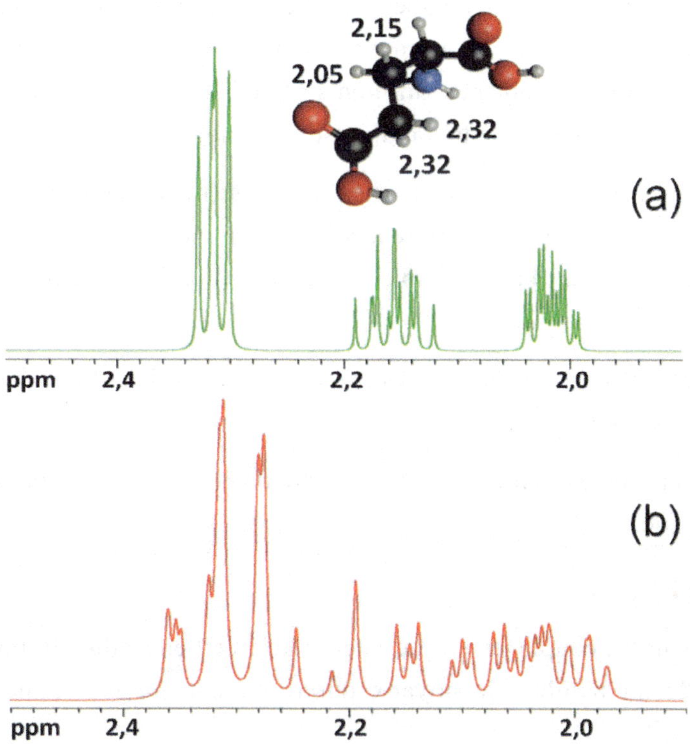

Figure 2-16 Spectre RMN-^{1}H du glutamate entre 1,9 et 2,5 ppm pour une fréquence ν_0 de 400 MHz (a) et 100 MHz (b). Les déplacements chimiques des protons correspondants sont indiqués sur la formule développée.

Les constantes de couplage sont indépendantes de B_0 alors que l'écart entre les massifs est considérablement réduit lorsque B_0 passe de 9,4 T (ν_0 = 400 MHz) à 2,35 Tesla (ν_0= 100 MHz). Le spectre obtenu à 2,35 T présente donc un effet de second ordre beaucoup plus marqué.

2.2.7. Système de spins et notation alphabétique

Nous appellerons système de spins un ensemble de noyaux couplés entre eux (même si chaque noyau du système n'est pas couplé avec tous les autres) et en interaction avec aucun autre noyau. Ce système sera donc caractérisé par k déplacements chimiques (δ_i) et au plus $k.(k-1)/2$ constantes de couplage J_{ij}.

Chaque déplacement chimique est désigné par une lettre majuscule avec, en indice, le nombre de noyaux équivalents. Ainsi, un CH_3 sera noté A_3.

L'écart entre les lettres dans l'alphabet est relié à l'écart de déplacement chimique. Ainsi un système constitué de deux noyaux couplés entre eux sera noté AB si les déplacements chimiques sont peu différents et AX dans le cas contraire. Dans le premier cas, la proximité des lettres indique un couplage au second ordre.

Pour des groupes non magnétiquement équivalents (même déplacement chimique mais constantes de couplage différentes avec au moins un autre noyau), une apostrophe est utilisée. Par exemple, le paradichlorobenzène est un système AA'BB'.

Dans la mesure du possible, les lettres seront attribuées dans l'ordre croissant des déplacements chimiques.

La nomenclature des systèmes de spins décrite dans cette section porte le nom de notation de Pople. [22]

2.3. L'aire des pics

Quels que soient les couplages en présence, l'aire de l'ensemble du multiplet reste proportionnelle au nombre de noyaux qui résonnent au déplacement chimique considéré.

Ainsi, dans une molécule, le spectre ^1H va permettre de retrouver le nombre de ^1H de la molécule qui résonnent par multiplet. Cette information sera importante pour déterminer la structure de la molécule à partir du spectre.

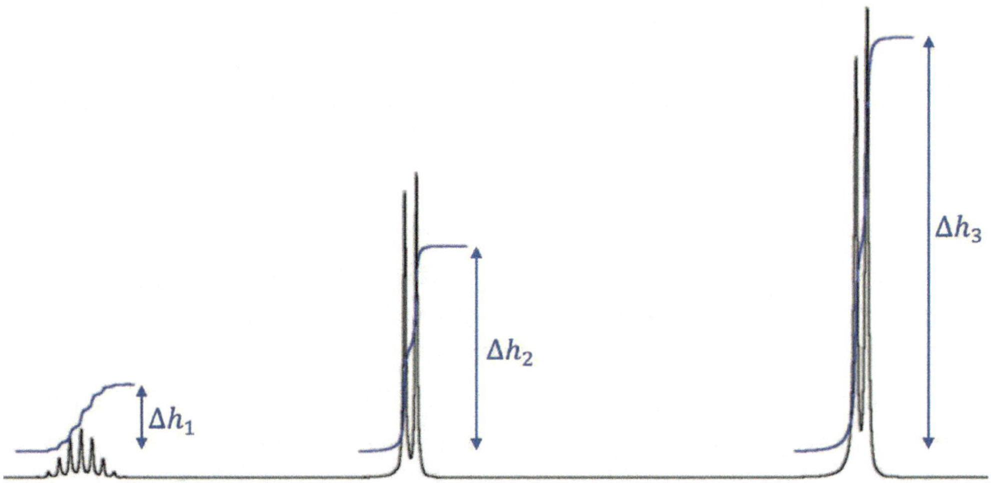

Figure 2-17 Section d'un spectre RMN avec sa courbe intégrale ; les Δh_i sont proportionnels aux aires des massifs correspondants et donc aux nombres de noyaux qui résonnent à chaque déplacement chimique.

En revanche, dans le cas d'un mélange de molécules, l'aire des pics ne sera plus seulement proportionnelle au nombre de noyaux qui résonnent par molécule mais aussi à la concentration. La RMN permet ainsi de caractériser la composition d'un mélange (*Cf.* chapitre 10).

La courbe intégrale, dont la hauteur est proportionnelle à l'aire du pic (figure 2-17), est utilisée afin de mesurer l'aire des pics sur un spectre RMN.

2.4. Influence de la dynamique moléculaire

2.4.1. Influence de la fluidité sur la largeur de raie

Comme nous le verrons dans le chapitre 3, la valeur du T_2^* détermine la largeur de raie. Par ailleurs, le T_2 est lui-même déterminé par le mouvement moléculaire.

A l'état liquide, plus la dynamique moléculaire est rapide et moins la relaxation transversale est efficace. Le T_2 augmente donc avec la mobilité. C'est pourquoi, de manière générale, plus la température est élevée ou plus la viscosité est faible et plus les raies sont fines. [2]

2.4.2. Influence de l'échange chimique sur la forme de raie

Lorsque deux sites moléculaires sont en situation d'échange (changement conformationnel, échange d'un proton labile, etc …), cela induit une variation périodique de la fréquence de résonance des noyaux qui passent d'un site à l'autre.

Pour illustrer l'impact sur la forme de raie, nous allons considérer un système constitué de deux sites A et B dont les fréquences de résonance sont différentes, qui ont le même nombre de protons et qui sont en échange à la fréquence ν_e. Cette situation correspond, par exemple, à l'échange des deux sites méthyles du N,N'-diméthylformamide par rotation autour de la liaison C-N (figure 2-18). Du fait de l'échange, les protons vont prendre alternativement les deux fréquences ν_A et ν_B. La vitesse moyenne à laquelle cette alternance va s'effectuer conditionne la forme du spectre obtenu.

Sur la figure 2-19, nous avons représenté les FIDs correspondant à deux sites moléculaires A et B, ainsi que la somme de ces deux signaux, en fonction de la fréquence d'échange.

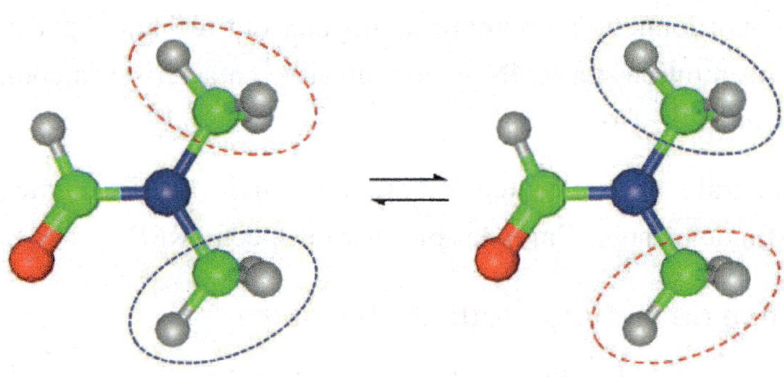

Figure 2-18 N,N'-diméthylformamide : les deux sites méthyles échangent leurs positions du fait de la rotation autour de la liaison C-N.

Dans cet exemple, les fréquences dans le référentiel tournant ont été prises à $\nu_A = 0$ Hz et $\nu_B = 20$ Hz respectivement. Lorsque la fréquence d'échange est inférieure à deux fois l'écart en fréquence entre les deux sites ($\Delta\nu = 20$ Hz), le FID résultant est identique à celui qui est obtenu en absence d'échange ($\nu_e = 0$ Hz). En revanche, lorsque la fréquence d'échange est supérieure à $2\Delta\nu$, le FID résultant correspond à une fréquence moyenne ν_i (ici 10 Hz). Le signal d'un site unique de fréquence 10 Hz est représenté en bas à droite de la figure 2-19 pour comparaison).

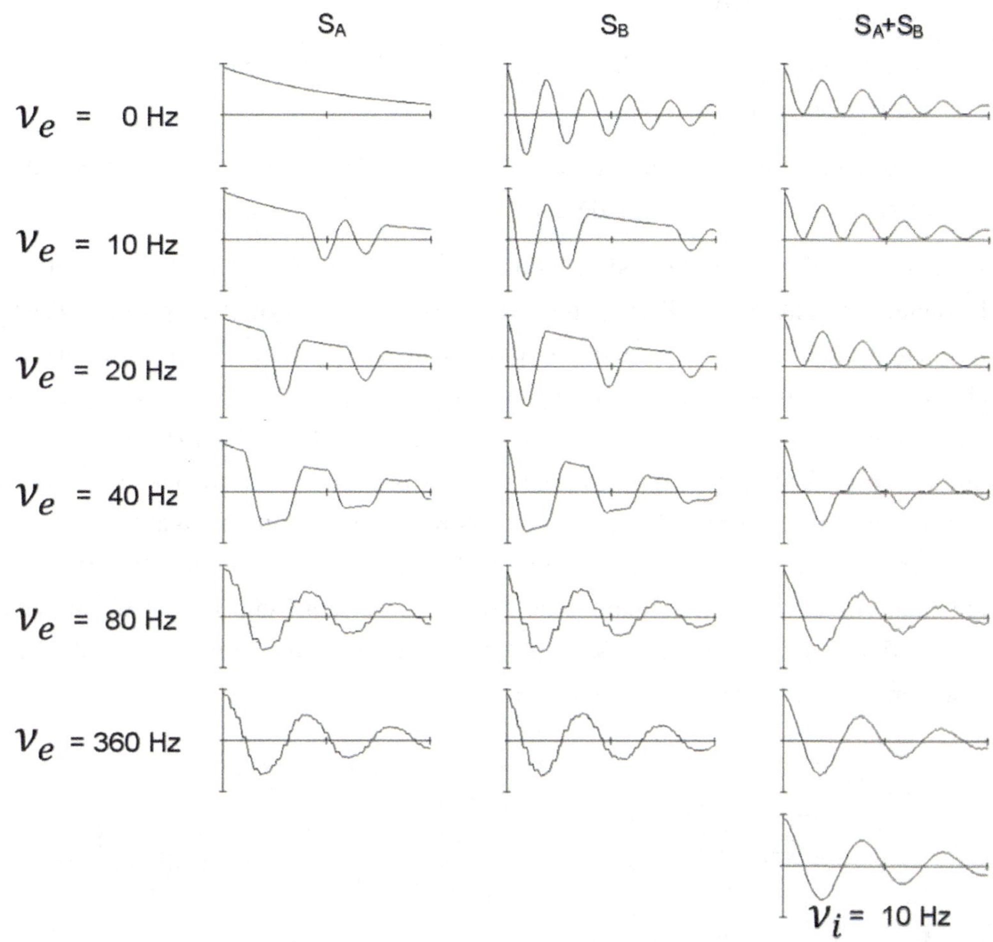

Figure 2-19 Représentation des signaux S_A et S_B (et de leur somme) provenant de deux aimantations (évoluant à 0 Hz et 20 Hz respectivement dans le référentiel tournant) en échange à la fréquence ν_e.

Cet exemple met en évidence un certain nombre de points qualitatifs concernant le comportement d'un spectre RMN en situation d'échange. [2, 23]

- L'échelle de temps est donnée, comme pour les autres spectroscopies, par la différence de fréquence $\Delta\nu$ entre les sites en échange. Le comportement est différent en situation d'échange lent ($\nu_e < 2.\Delta\nu$) et en situation d'échange rapide ($\nu_e > 2.\Delta\nu$).
- Dans le cas d'un échange lent, les signaux des sites en échange sont observés à leur fréquence de résonance.
- Dans le cas d'un échange rapide, un signal unique est observé à une fréquence intermédiaire (moyenne pondérée). [2, 23]

Afin de perfectionner notre modèle, nous allons maintenant tenir compte du fait que le signal provient en fait d'un grand nombre de noyaux et que les « sauts » d'une fréquence à une autre s'effectuent en fait de manière statistique, c'est-à-dire que les changements de fréquence ne s'effectuent pas au même instant pour tous les protons. Ces changements de fréquence induisent des changements de phase (*Cf.* Chapitre 3) qui ne seront donc pas les mêmes pour tous les protons. Les conclusions que nous venons de tirer restent valables, mais la superposition de signaux ayant des phases différentes se traduit par une diminution de l'amplitude résultante (les vecteurs aimantations ne s'additionnent plus de manière cohérente). Ce phénomène s'amplifiant au cours du temps, il induit une décroissance plus rapide du FID résultant et donc un élargissement des raies. [2]

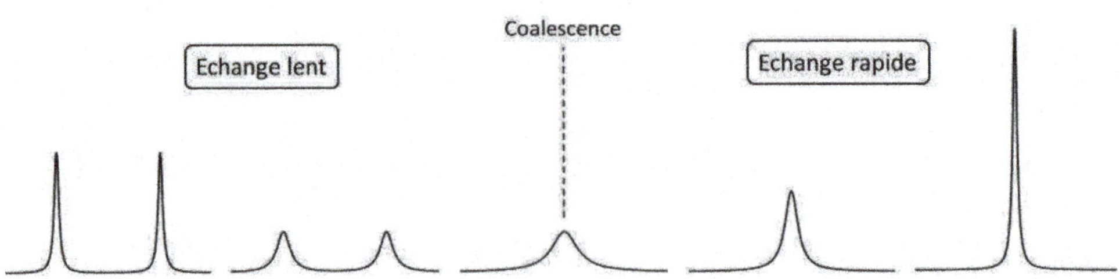

Figure 2-20 Evolution de la forme de raie en fonction de la vitesse d'échange pour un système à deux sites également peuplés.

Toutefois, lorsque le système est en situation d'échange rapide, les sauts entre les différentes fréquences sont très proches et les protons ne restent plus suffisamment longtemps à une fréquence donnée pour que cela induise un déphasage significatif. C'est pourquoi, dans ce cas, plus la fréquence d'échange augmente et plus les raies sont fines.

L'évolution du spectre d'un système à deux sites de même population et en échange est représentée sur la figure 2-20 pour différentes situations d'échange. La zone frontière entre échange rapide et échange lent est souvent appelée point de coalescence car c'est à partir de là que les fréquences des différents sites ne sont plus individualisables sur le spectre.

Bien évidemment, tout ceci peut être calculé de manière formelle à partir des équations de Bloch en incorporant un terme supplémentaire qui prend en compte les flux d'aimantation dus à l'échange. Pour l'équilibre : [2]

$$\mathrm{A} \underset{k'}{\overset{k}{\rightleftharpoons}} \mathrm{B}$$

l'aimantation du site A bénéficie d'une augmentation proportionnelle à $(k'.M_B)$ du fait de l'apport en provenance du site B mais aussi d'une diminution proportionnelle à $(k.M_A)$ compte tenu du départ d'une partie de l'aimantation de A vers B.

Ceci conduit aux équations suivantes pour la forme de raie :

$$S_{(\Omega)} = \frac{1}{2}.\left(1 - \frac{i.k}{R}\right).L_{(\Omega,\bar{\Omega}+\mathrm{R},T_2^*+\mathrm{k})} + \frac{1}{2}.\left(1 + \frac{i.k}{R}\right).L_{(\Omega,\bar{\Omega}-\mathrm{R},T_2^*+\mathrm{k})}$$

pour un échange lent, et :

$$S_{(\Omega)} = \frac{1}{2}.\left(1 - \frac{k}{R}\right).L_{(\Omega,\bar{\Omega},T_2^*+\mathrm{k}+\mathrm{R})} + \frac{1}{2}.\left(1 + \frac{k}{R}\right).L_{(\Omega,\bar{\Omega},T_2^*+\mathrm{k}-\mathrm{R})}$$

pour un échange rapide, avec :

L fonction lorentzienne complexe définie dans la section 3.1.3.

$$\bar{\Omega} = \frac{1}{2}.(\Omega_A + \Omega_B) = \pi.(\nu_A + \nu_B)$$

$$R = \sqrt{|k^2 - \pi^2.\Delta\nu^2|}$$

2.4.3. Influence sur le couplage apparent

En ce qui concerne l'influence sur les couplages apparents, il peut être utile de revenir à l'origine des démultiplications de raies qu'induisent les couplages spin-spin. Reprenons un composé de type $A_2CH–CHX_2$. Comme nous l'avons vu dans la section 2.2., le proton H_A apparaît sous forme d'un doublet car 50% de ces protons ont un voisin H_X dans l'état α et les autres 50% ont un voisin H_X dans l'état β.

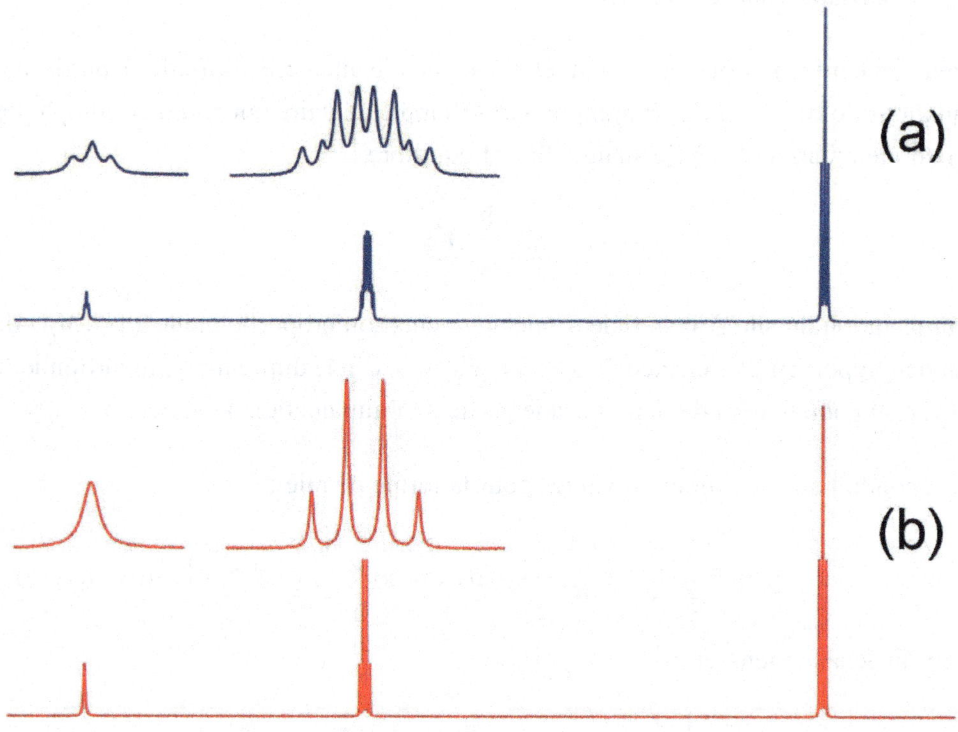

Figure 2-21 Spectres RMN-^{1}H de l'éthanol : (a) pur, OH en échange lent ; et (b) en présence de traces d'eau, OH en échange rapide.

Si le proton H_X est en situation d'échange, cela signifie que, sur une molécule donnée, ce proton va être constamment renouvelé par d'autres dont l'orientation sera totalement aléatoire. Ainsi pour le proton H_A nous avons une situation d'échange entre un H_A qui a un voisin dans l'état α et un H_A qui a un voisin dans l'état β.

Si l'échange est rapide, cela conduit, comme nous l'avons vu dans la section 2.4.2., à l'observation d'une raie unique à la fréquence moyenne et donc à la disparition du couplage. Si l'échange est lent, le couplage restera visible et pour des situations intermédiaires, un couplage résiduel (plus faible) sera observé.

Cette disparition du couplage en situation d'échange rapide explique que les couplages avec les protons labiles (OH ou NH_2 par exemple) ne soient observés que dans des conditions de préparation de l'échantillon où les phénomènes d'échange sont minimisés. Ceci est illustré sur la figure 2-21 où deux spectres proton de l'éthanol sont représentés. Dans le cas du spectre (a), il s'agit d'un échantillon d'éthanol pur pour lequel le proton hydroxyle est en situation d'échange lent. Les raies du massif correspondant sont fines et le couplage entre ce proton et ceux du groupement méthylène est parfaitement visible. En revanche, pour le spectre (b), une petite quantité d'eau a été rajoutée à l'échantillon afin d'accélérer l'échange. La raie du proton hydroxyle est alors élargie et le couplage avec les protons du groupement méthylène n'est plus visible.

2.4.4. Echange entre deux sites différemment peuplés

Cette situation est plus complexe à formaliser que dans le cas de deux sites également peuplés mais qualitativement les conclusions sont les mêmes. En particulier, dans le cas d'un équilibre chimique du type :

$$A \underset{k'}{\overset{k}{\rightleftharpoons}} B$$

Si l'échange est rapide, une seule raie sera observée à une fréquence ν_{obs} moyenne donnée par :

$$\nu_{obs} = \frac{[A]_{eq}.\nu_A + [B]_{eq}.\nu_B}{[A]_{eq} + [B]_{eq}} = \frac{\nu_A + K.\nu_B}{1 + K}$$

où K est la constante d'équilibre.

Dans le cas où l'une des deux espèces est beaucoup plus abondante que l'autre (échange d'un proton labile avec un solvant protique par exemple), cela peut conduire à une raie centrée sur le déplacement de l'espèce abondante et donc à une « disparition » apparente de la raie de l'espèce peu abondante. C'est la raison pour laquelle les protons de type OH ou NH_2 ne sont pas visibles sur un spectre proton dans le cas de solutions aqueuses diluées.

2.5. Méthode d'analyse d'un spectre RMN-^{1}H

L'objet de cette section est de présenter une approche rationnelle pour déterminer la structure développée d'une molécule organique, à partir des informations contenues dans un spectre RMN-^{1}H. Pour cela, le spectre représenté sur la figure 2-22 nous servira d'exemple.

2.5.1. Opérations préliminaires

- En règle générale, un spectre RMN-^{1}H est accompagné de la formule brute du composé (déterminée par une autre méthode, spectrométrie de masse ou analyse élémentaire). Celle-ci va nous permettre de calculer le nombre d'insaturations dans la molécule grâce à l'équation :

$$NI = 1 - \frac{1}{2}n_I + \frac{1}{2}n_{III} + n_{IV} + \frac{3}{2}n_V \qquad (2\text{-}5)$$

où : n_I est le nombre d'éléments monovalents dans la formule brute, n_{III} est le nombre d'éléments trivalents, etc.

Dans le cas du spectre de la figure 2-22, cette équation, appliquée à la formule brute $C_9H_{17}O_3N$, conduit à $NI = 1 - \frac{17}{2} + \frac{1}{2} + 9 = 2$. Il y a donc deux insaturations dans cette molécule, soit : deux doubles liaisons, ou une triple liaison, ou une double liaison et un cycle, ou deux cycles.

- Les intégrales (somme des surfaces de toutes les raies du massif) sont proportionnelles au nombre de noyaux équivalents. La formule brute donnant le nombre total d'hydrogènes présents, il sera alors facile de déterminer le nombre de protons associés à chaque massif.

Le plus simple est de partir de la plus petite intégrale et de faire l'hypothèse de départ qu'elle correspond à un hydrogène. Le nombre d'hydrogènes équivalents correspondant aux autres intégrales est alors obtenu (car l'intégrale est proportionnelle au nombre de noyaux générant le massif). Si la sommes des nombres d'hydrogènes ainsi déterminés est égale au nombre d'hydrogènes de la formule brute, notre hypothèse est exacte. Si cette somme est égale au nombre d'hydrogènes de la formule brute divisé par un entier (*n*), c'est que notre hypothèse de départ n'était pas exacte et qu'il faut multiplier tous les nombres d'hydrogènes trouvés par *n*.

Ainsi, supposons que le massif I corresponde à un hydrogène, les intégrales nous indiquent alors le nombre d'hydrogènes équivalents de chaque massif (Tableau 2-3).

Tableau 2-3 Nombres d'hydrogènes équivalents (n_H) pour chaque massif du spectre RMN-^{1}H représenté sur la figure 2-22.

Massif	A	B	C	D	E	F	G	H	I
n_H	3	2	3	2	3	1	1	1	1

- Une inspection rapide des massifs nous permettra de savoir s'ils proviennent d'un seul ou de plusieurs déplacements chimiques. En effet, les couplages spin-spin responsables de la structure des massifs ne peuvent induire qu'une répartition symétrique des raies par rapport au déplacement chimique. Attention ici ce sont les positions des raies et non leurs intensités qui sont à prendre en compte. Un massif qui ne respecte pas cette symétrie provient donc inévitablement de plusieurs déplacements chimiques.

En ce qui concerne le spectre de la figure 2-22, tous les massifs apparaissent bien comme issus de démultiplications successives à partir de la position du déplacement chimique. Chaque massif provient donc d'un seul déplacement chimique

- Enfin, il y a souvent dans le spectre des massifs qui peuvent être reconnus d'emblée. Par exemple, le massif I de la figure 2-22 est un singulet correspondant à un seul hydrogène et avec un déplacement de l'ordre de 12 ppm. Ces caractéristiques correspondent quasiment toujours à l'hydrogène d'une fonction carboxylique. Par ailleurs, le massif E est un singulet correspondant à trois hydrogènes et avec un déplacement de l'ordre de 3,8 ppm. L'inspection de la table de déplacement chimique montre qu'un groupement avec 3 hydrogènes équivalents, sans couplage et avec un déplacement de cet ordre ne peut être qu'un méthoxy (O-C**H**$_3$).

2.5.2. Début de l'analyse

Un spectre RMN-^{1}H présente de nombreuses informations redondantes. Par exemple, le nombre de noyaux équivalents d'un massif est donné par l'intégrale mais aussi par la nature des multiplets des massifs qui lui sont couplés. Le spectre RMN-^{1}H contient donc beaucoup plus d'informations que le minimum nécessaire à la détermination de la formule développée d'une molécule.

Par ailleurs, l'observation d'une table de déplacements chimiques ^{1}H permet de se rendre compte que les plages sont généralement plus étroites pour les groupements ayant des déplacements chimiques faibles. De ce fait, l'interprétation d'une valeur de déplacement chimique est d'autant moins ambigüe qu'elle est petite.

A partir de ces observations, nous pouvons énoncer deux principes qui nous seront utiles pour l'analyse d'un spectre RMN-^{1}H :

- garder le massif le plus complexe pour la fin (si l'analyse des autres massifs est correctement menée, ce massif n'est généralement pas indispensable pour déterminer la formule développée de la molécule),
- débuter par la droite du spectre (les petits déplacements chimiques sont généralement plus faciles à attribuer sans ambiguïté).

A partir de ces deux principes, l'étape suivante de l'analyse du spectre consistera donc à choisir un massif simple et le plus à droite du spectre.

2.5.3. Progression de l'analyse

Reprenons le spectre de la figure 2-22. Le massif simple et le plus à droite du spectre est le massif A. Il faut maintenant extraire de ce massif toutes les informations qu'il contient : nombre de protons équivalents, déplacement chimique, nature du multiplet, valeur des constantes de couplage. A partir de ces informations, une ou plusieurs hypothèses seront formulées sur la nature du groupement et sur son voisinage.

Le déplacement du massif A est 1,1 ppm et son intégrale correspond à 3 hydrogènes équivalents. Ces deux informations nous indiquent qu'il s'agit d'un CH_3. D'autre part, ce massif est un triplet avec une constante de couplage de 7,3 Hz ; cette valeur est dans la gamme des ^{3}J à travers 3 liaisons sigma. Nous pouvons donc émettre l'hypothèse que le groupement responsable du massif A est un CH_3 voisin d'un CH_2.

Cette hypothèse nous indique de plus comment poursuivre l'analyse. Si elle est exacte, il existe dans le spectre un massif avec des caractéristiques bien précises : deux protons équivalents, un déplacement chimique de CH_2, un massif qui est un multiplet de quadruplets (pour tenir compte du couplage avec le CH_3), et la constante de couplage dans le quadruplet est de 7,3 Hz.

Plutôt que d'analyser tous les massifs du spectre dans l'ordre des déplacements chimiques avant de commencer à réfléchir, nous allons donc chercher dans le spectre le massif ayant les caractéristiques déduites du premier massif.

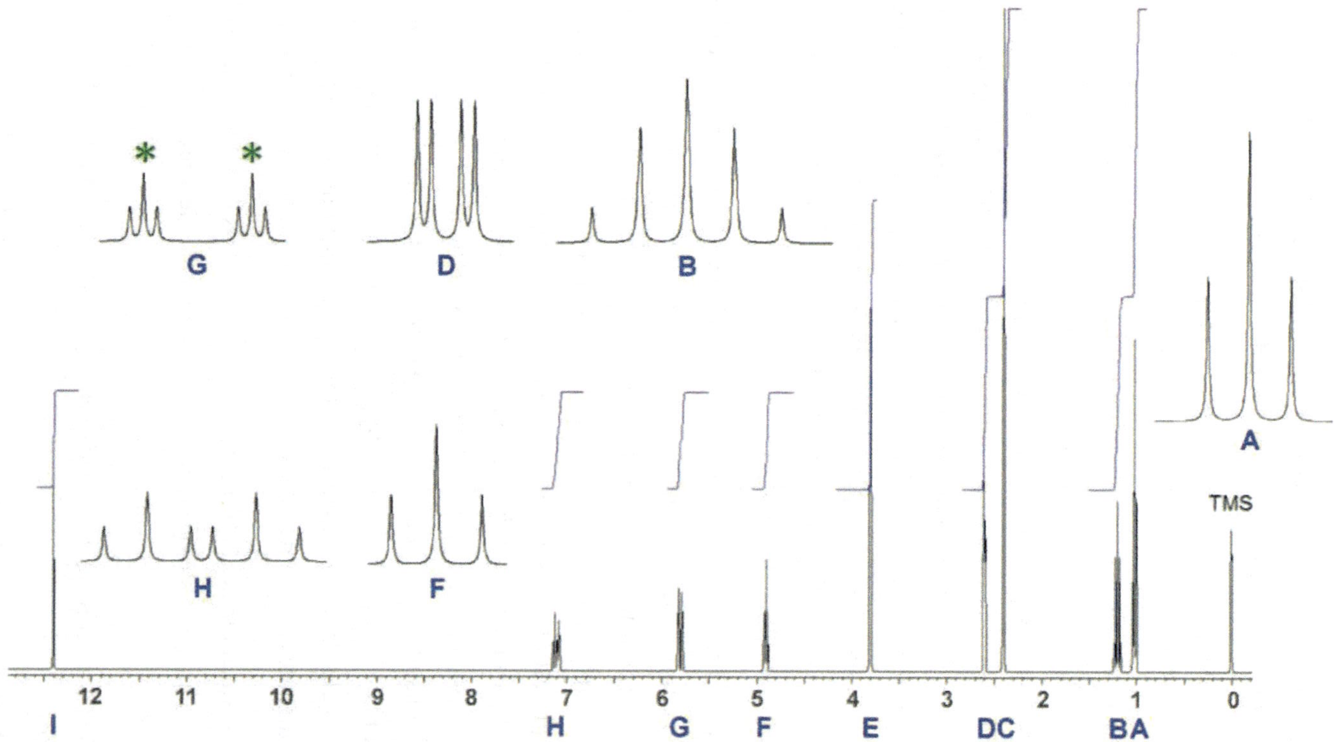

Figure 2-22 Spectre RMN-^{1}H d'un composé organique de formule brute $C_9H_{17}O_3N$. Chaque massif est labellisé avec une lettre par ordre de déplacement chimique croissant. Les courbes intégrales sont également représentées (en bleu) ainsi qu'un agrandissement de chaque massif présentant au-moins un couplage. L'échelle en fréquence est la même pour tous les étalements et l'écart entre les deux raies marquées d'un astérisque est de 16,2 Hz.

Lorsque nous l'aurons identifié, nous pourrons en extraire toutes les informations, compléter notre hypothèse de structure et obtenir des indications sur le prochain massif à analyser. De cette manière, la logique de progression est dictée par la structure de la molécule et non par le spectre.

L'hypothèse faite sur le massif A nous conduit alors au massif B. Son déplacement chimique est 1,2 ppm et l'intégrale correspond à 2 hydrogènes équivalents, ce qui est parfaitement cohérent avec un CH_2. Il s'agit qu'un quintuplet avec une constante de couplage de 7,3 Hz. Un quintuplet n'est autre qu'un doublet de quadruplets avec la même constante de couplage, cela est donc parfaitement compatible avec l'hypothèse faite à partir du massif A. De plus, pour expliquer le dédoublement supplémentaire, il faut maintenant supposer que le groupement responsable du massif B est également voisin d'un groupe CH, et donc imaginer la présence d'un fragment : CH-C**H_2**-CH_3 dans la molécule.

Si cela est exact, il existe dans le spectre un massif avec des caractéristiques suivantes : un proton équivalent, un déplacement chimique de CH, un massif qui est un multiplet de triplets (pour tenir compte du couplage avec le CH_2), et la constante de couplage dans le triplet est de 7,3 Hz. Ce qui nous conduit au massif F. Son déplacement chimique est égal à 4,9 ppm et l'intégrale correspond à un hydrogène équivalent, ce qui est parfaitement cohérent avec un CH (probablement voisin d'un groupe très électro-attracteur, qui pourrait être un oxygène (compte tenu de la formule brute). La constante de couplage n'est pas de 7,3 Hz mais seulement de 7 Hz, toutefois cela reste compatible avec l'hypothèse précédente car, compte tenu des largeurs de raie, cela conduit également à un quintuplet pour le massif B. Par ailleurs, il n'y a aucun autre massif dans le spectre qui corresponde à nos hypothèses.

Nous arrivons avec F sur un massif qui ne contient pas d'autres couplages que celui qui nous y a conduit (fin du système de spins). La poursuite de l'analyse va alors consister à :

- faire un bilan de ce qu'il reste à analyser (en termes de massifs non élucidés et de formule brute),
- choisir un nouveau point de départ (massif le plus simple et de plus faible déplacement chimique parmi les massifs encore non-élucidés),
- et reprendre la progression comme précédemment.

Nous avons expliqué les massifs : A, B, E, F et I en supposant l'existence dans la molécule des fragments suivants : COOH, O-CH_3 et CH-CH_2-CH_3. Il reste donc à expliquer les massifs C, D, G et H avec une formule brute résiduelle C_4H_7N et une seule insaturation (puisque l'une des deux insaturations de la molécule est contenue dans la fonction carboxylique).

Parmi les massifs restant à élucider, le plus simple et le plus à droite du spectre est le massif D. Son déplacement chimique est égal à 2,6 ppm et l'intégrale indique deux hydrogènes équivalents. Nous supposerons donc qu'il s'agit d'un CH_2. Ce massif est un doublet de doublets avec des constantes de couplage égales à 6,3 et 2,1 Hz.

La constante de couplage de 6,3 Hz est compatible avec un ^3J à travers trois liaisons sigma et la constante de 2,1 Hz correspond à un couplage longue distance (^4J à travers une double liaison C=C par exemple). En tenant compte de la formule brute résiduelle et du fait qu'il reste une insaturation à expliquer, nous pouvons donc supposer l'existence d'un fragment : HC=CH-C**H_2**.

Si cette hypothèse est exacte, il existe dans le spectre deux massifs avec les caractéristiques suivantes : un proton équivalent, un déplacement chimique de CH éthylénique, une structure en multiplet de triplets avec la constante de couplage du triplet égale à 2,1 Hz pour l'un et à 6,3 Hz pour l'autre.

Cela correspond aux massifs G et H. Considérons le massif G, la constante de couplage du triplet nous indique qu'il est à quatre liaisons du CH_2 (**H**C=CH-CH_2). Par ailleurs, il présente un dédoublement supplémentaire de 16,2 Hz qui ne peut provenir que du couplage avec H. La valeur de cette constante indique de plus que les deux hydrogènes H et G sont positionnés en *trans* sur la double liaison.

A ce niveau de l'analyse, nous avons expliqué tous les massifs sauf C et il ne nous reste qu'un carbone, trois hydrogènes et un azote pour cela. Ce dernier singulet correspond donc à un N-CH_3 (compatible avec le déplacement observé, 2,4 ppm, et l'absence de couplage). Il faut maintenant assembler les différents fragments, et cela doit se faire en accord avec les déplacements chimiques et sans introduire de couplages supplémentaires.

Comme nous l'avons déjà mentionné, le déplacement chimique du proton F indique la proximité d'un groupe très électro-attracteur, comme un oxygène.

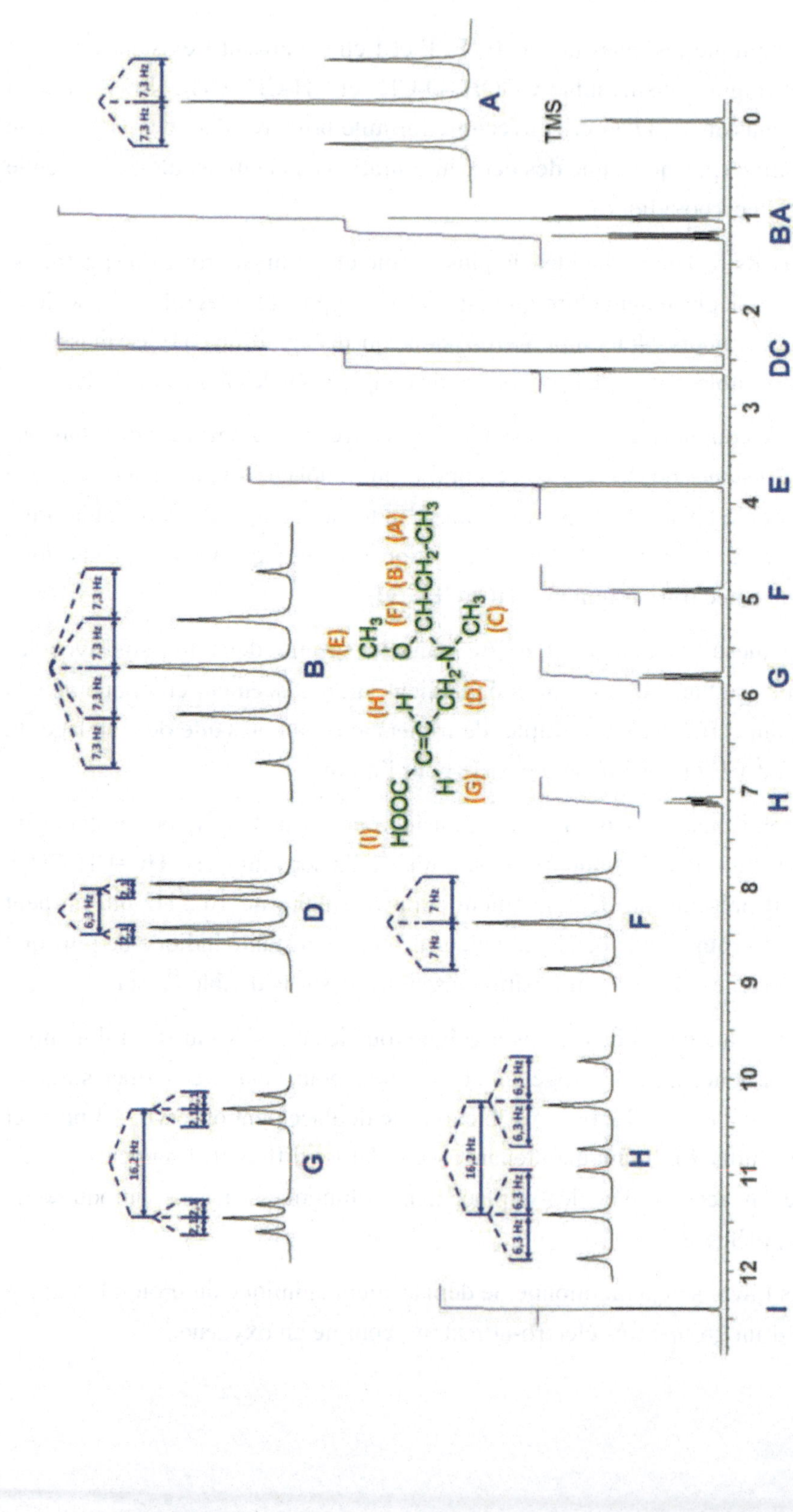

Figure 2-23 Spectre RMN-^{1}H de la figure 2-22. Pour chaque massif, les démultiplications successives sont explicitées. La formule développée du composé est indiquée en vert avec les attributions explicitées dans le texte.

Il est donc naturel de positionner le O-CH_3 sur ce carbone. Afin d'éviter tout couplage entre le fragment ABF et le fragment DGH, nous les relions avec l'azote du fragment N-CH_3. Il ne reste plus qu'à placer la fonction carboxylique sur la double liaison C=C pour obtenir la formule développée indiquée sur la figure 2-23.

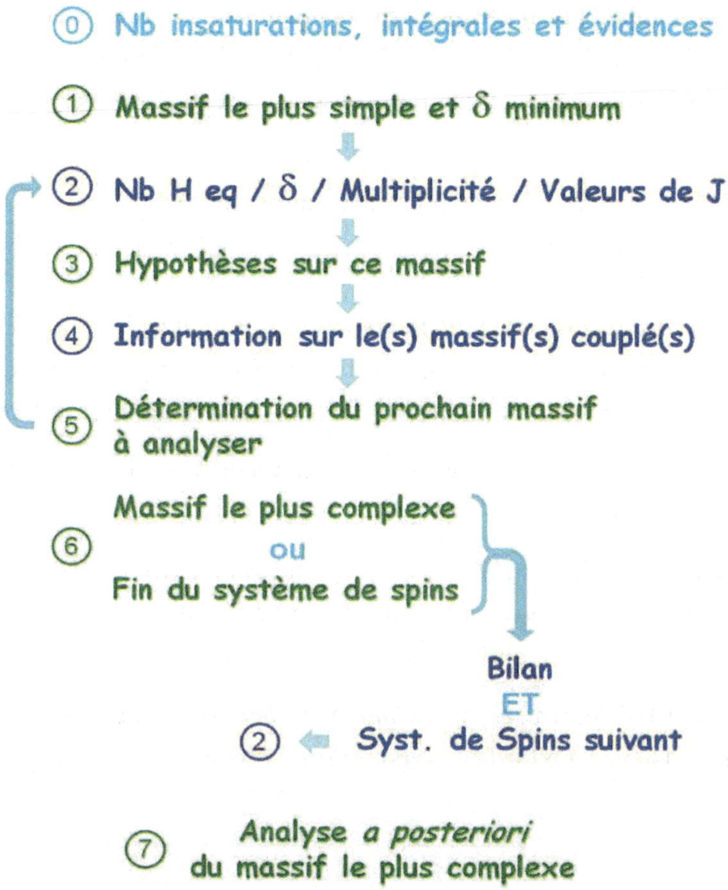

Figure 2-24 Résumé de la méthode présentée pour déterminer la structure développée d'une molécule organique, à partir des informations contenues dans un spectre RMN-^{1}H.

Pour déterminer cette formule, l'analyse détaillée du massif H n'a pas été nécessaire, ce qui est classique. En effet, si toutes les informations sont effectivement extraites de chaque massif et si aucune erreur de raisonnement n'est commise, la formule développée sera, la plupart temps, déterminée sans avoir besoin d'analyser le massif le plus complexe. En revanche, ce massif ne doit pas être ignoré et doit servir à confirmer la structure par une analyse *a posteriori*.

Ainsi, à partir de la formule développée, et des valeurs de couplage mesurées sur les massifs D et G, nous pouvons prédire pour le massif H : un déplacement chimique de proton éthylénique, une intégrale correspondant à un hydrogène équivalent et une structure en doublet de triplet avec des constantes de couplage égales à 16,2 et 6,3 Hz. Et c'est exactement ce que nous observons, cela confirme donc toutes nos hypothèses.

La figure 2-24 résume la méthode présentée dans cette section.

2.6. Pour aller plus loin

- *La spectroscopie de RMN. Principes de bases, concepts et applications de la spectroscopie de résonance magnétique nucléaire du proton et du carbone 13 en chimie*. Harald Günther. Masson, Paris, 1996. Chapitres 2, 6 et 9.
- *Basic ^{1}H-^{13}C-NMR Spectroscopy*. Metin Balci. Elsevier, Amsterdam, 2005. Chapitres 3 à 8.
- *Guide to NMR Spectral Interpretation. A problem approach to Determining the Structures of Small Organic Molecules*. Antonio Randazzo. Loghia, Napoli, 2018. Chapitres 1 à 4 et 6.
- *Modern NMR spectroscopy. A Guide for Chemists*. Jeremy K.M. Sanders and Brian K. Hunter. Oxford University Press, Oxford, 1993. Chapitre 7.

Chapitre 3 - La RMN impulsionnelle

3.1. Transformation de Fourier

Comme nous l'avons déjà évoqué, à la fin du chapitre 1, le passage du signal détecté au spectre RMN se fait grâce à l'opération mathématique appelée : transformation de Fourier.

3.1.1. Définition

D'un point de vue mathématique, une forme simple de la transformée de Fourier $F_{(\Omega)}$ d'un signal $S_{(t)}$ est donnée par : [24]

$$F_{(\Omega)} = \int_{-\infty}^{+\infty} S_{(t)}.\cos(\Omega.t).dt \qquad (3\text{-}1)$$

L'objectif de cette transformation mathématique de $S_{(t)}$ en $F_{(\Omega)}$ est de déterminer quelle est la contribution de la pulsation $\Omega = 2.\pi.\nu$ au signal total. Ce calcul permet d'obtenir le spectre lorsqu'il est effectué pour toutes les fréquences de la gamme d'intérêt.

3.1.2. Analyse graphique

Considérons, dans un premier temps, un signal RMN constitué d'une seule fréquence ν_0, d'amplitude A et avec un temps de relaxation transversale apparent T_2^*.

$$S_{(t)} = A.\cos(\Omega_0.t).e^{-\frac{t}{T_2^*}}$$

Dans le calcul de $F_{(\Omega)}$, la première étape consiste à calculer $S'_{(t)}$:

$$S'_{(t)} = S_{(t)}.\cos(\Omega.t)$$

qui peut être écrit :

$$S'_{(t)} = \frac{A}{2}.\left[\cos\big((\Omega_0 - \Omega).t\big) + \cos\big((\Omega_0 + \Omega).t\big)\right].e^{-\frac{t}{T_2^*}}$$

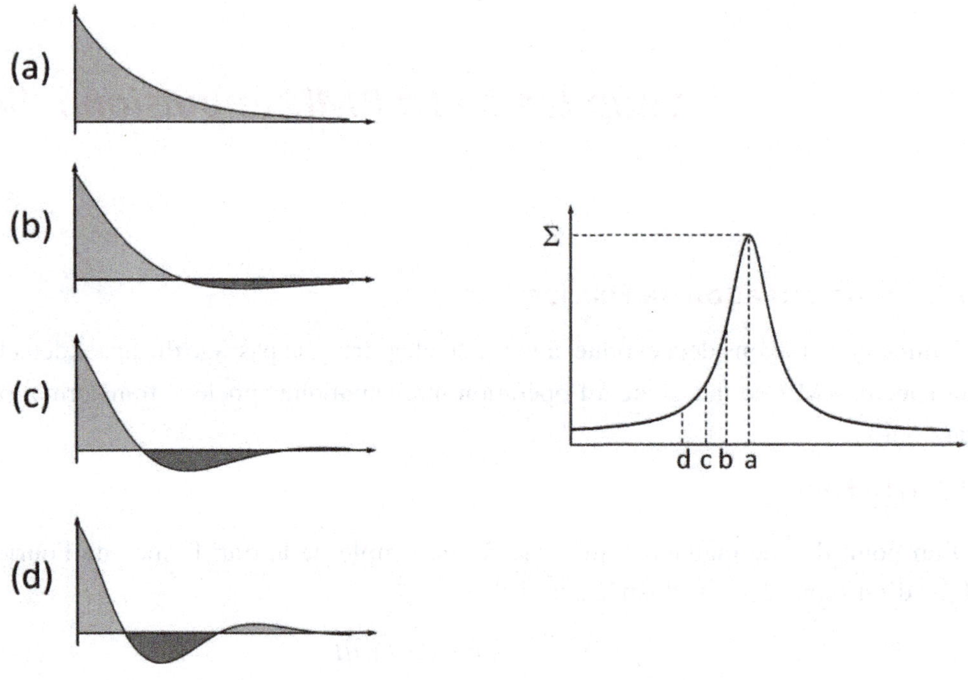

Figure 3-1 Calcul de la surface sous la courbe $S'(t) = \frac{A}{2}.\cos[(\Omega_0 - \Omega).t].e^{-\frac{t}{T_2^*}}$ pour $\frac{1}{\pi.T_2^*} = 2\ Hz$ et différentes valeurs de ν_0-ν : (a) ν_0-ν = 0 Hz, (b) ν_0-ν = 1 Hz, (c) ν_0-ν = 2 Hz et (d) ν_0-ν = 3 Hz.

Comme nous allons le vérifier par la suite, le terme en $\Omega_0+\Omega$ est toujours négligeable et il est donc possible de faire l'approximation :

$$S'_{(t)} = \frac{A}{2}.\cos\big((\Omega_0 - \Omega).t\big).e^{-\frac{t}{T_2^*}}$$

La seconde étape de la transformation de Fourier consiste à calculer l'intégrale :

$$F_{(\Omega)} = \int_{-\infty}^{+\infty} S'_{(t)}.dt$$

Ce qui revient à déterminer la surface sous la courbe $S'_{(t)}$, et cela en comptant positivement les lobes situés au-dessus de l'axe des abscisses et négativement les lobes situés au-dessous.

En pratique, le signal $S'_{(t)}$ n'a une valeur non-nulle qu'à partir de $t = 0$ et n'est enregistré que sur une période de temps (AQ) limitée (Figure 1-12). L'intégrale n'est donc calculée que de $t = 0$ à $t = AQ$ et non de $-\infty$ à $+\infty$, mais cela n'induit pas de différence significative tant que $S'_{(t)}$ est effectivement revenu à 0 à la fin de la période AQ.

L'observation de la figure 3-1 conduit aux constatations suivantes :

- la surface sous $S'_{(t)}$ vaut Σ, valeur positive non-nulle, pour $\Omega = \Omega_0$;
- lorsque Ω est proche de Ω_0, l'oscillation en $\Omega_0 - \Omega$ est lente devant la décroissance en T_2^* ; les lobes négatifs sont alors nettement inférieurs aux lobes positifs et la surface sous $S'_{(t)}$ vaut donc Σ', valeur positive mais inférieure à Σ ;
- lorsque Ω est loin de Ω_0, l'oscillation en $\Omega_0 - \Omega$ est rapide devant la décroissance en T_2^* ; les lobes négatifs sont alors quasiment égaux aux lobes positifs et la surface sous $S'_{(t)}$ est donc proche de 0.
- La dernière observation permet de comprendre pourquoi le terme en $\Omega_0 + \Omega$ dans $S'_{(t)}$ peut être systématiquement négligé. Quelle que soit la valeur de Ω, cette oscillation est toujours très rapide devant la décroissance en T_2^*.
- L'analyse graphique qui vient d'être faite démontre que la transformation de Fourier d'un signal RMN, ne comportant qu'une seule fréquence, produit un pic centré sur la fréquence de ce signal. La figure 3-1a révèle également que pour $\Omega_0 = \Omega$, la surface sous $S'_{(t)}$ est d'autant plus grande que A et T_2^* sont élevés.

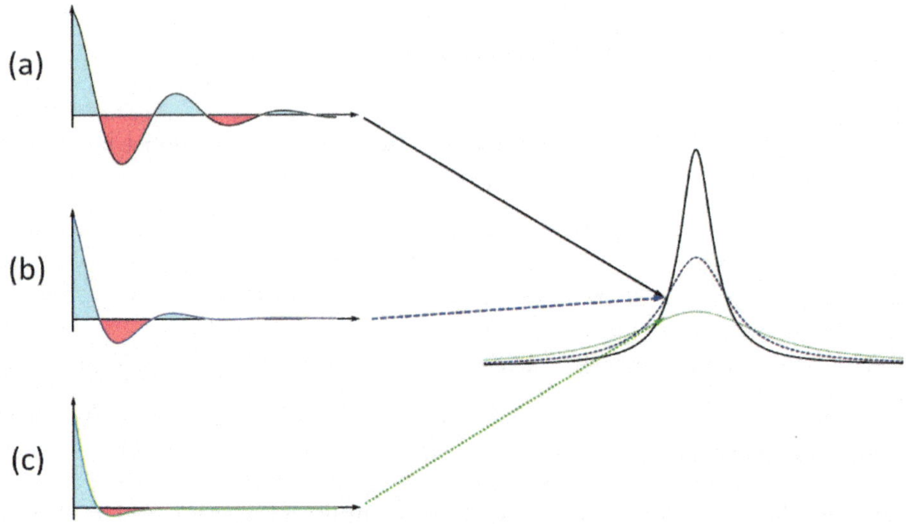

Figure 3-2 Calcul de la surface sous la courbe $S'(t) = \frac{A}{2}.\cos[(\Omega_0 - \Omega).t].e^{-\frac{t}{T_2^*}}$ pour ν_0-ν = 1 Hz et : (a) $\frac{1}{\pi.T_2^*} = 1\ Hz$, (b) $\frac{1}{\pi.T_2^*} = 2\ Hz$ et (c) $\frac{1}{\pi.T_2^*} = 3\ Hz$. Les transformées de Fourier correspondantes sont également représentées sur la partie droite de la figure.

Sur la figure 3-2, la fonction $S'_{(t)}$ a été représentée cette fois-ci pour différentes valeurs de T_2^* à une même valeur de $\Omega_0 - \Omega$. La surface sous $S'_{(t)}$ est d'autant plus petite (en relatif) que T_2^* est court. Cette dernière observation explique que, plus T_2^* est petit et plus la raie RMN aura une faible hauteur et une grande largeur.

Lorsque le signal $S_{(t)}$ est constitué de plusieurs fréquences, l'approche décrite plus haut reste valable. Il est facile de percevoir intuitivement que la transformée de Fourier présentera un maximum à chaque fois que Ω passera par l'une des pulsations présentes dans le signal. Le résultat obtenu n'est plus une raie unique mais un spectre présentant un pic pour chaque fréquence de résonance (figure 1-14). Ainsi chacune de ces fréquences pourra être analysée séparément.

3.1.3. Détection en quadrature

Le signal $S_{(t)}$ décrit dans la section précédente présente en fait un inconvénient majeur. En effet, la fonction cosinus est une fonction paire, c'est-à-dire qu'elle prend la même valeur pour Ω_0 et $-\Omega_0$. L'une des conséquences de cette caractéristique est que la transformation de Fourier précédemment décrite n'est pas en mesure de distinguer deux raies situées de part et d'autre de la fréquence ν_r du référentiel tournant.

Afin de résoudre ce problème, le détecteur divise le signal RMN en deux parties égales. La première de ces deux composantes n'est pas modifiée et produit un signal $S_{(t)}^{cos} = A.\cos(\Omega_0.t).e^{-\frac{t}{T_2^*}}$ alors que la seconde est déphasée de π/2, ce qui produit un signal $S_{(t)}^{sin} = A.\sin(\Omega_0.t).e^{-\frac{t}{T_2^*}}$. Le signal traité par l'informatique du spectromètre est alors un signal complexe : [25]

$$S_{(t)} = S_{(t)}^{cos} + i.S_{(t)}^{sin} = A.e^{i.\Omega_0.t}.e^{-\frac{t}{T_2^*}}$$

Les conclusions tirées dans la section 3.1.2. restent valables et de plus, le signal complexe ainsi généré est différent pour Ω_0 et $-\Omega_0$.

3.1.4. Forme de raie

La transformation de Fourier appliquée au signal S(t) est alors décrite mathématiquement par : [24]

$$F_{(\Omega)} = \int_{-\infty}^{+\infty} S_{(t)}.e^{i.\Omega.t}.dt \qquad (3\text{-}2)$$

La transformée de Fourier obtenue, $F_{(\Omega)}$, est également une fonction complexe qui peut s'écrire :

$$F_{(\Omega)} = L_{(\Omega,\Omega_0,T_2^*)} = A_{(\Omega,\Omega_0,T_2^*)} + i.D_{(\Omega,\Omega_0,T_2^*)} \qquad (3\text{-}3)$$

avec : $A_{(\Omega,\Omega_0,T_2^*)} = \frac{A.T_2^*}{1+[T_2^*.(\Omega-\Omega_0)]^2}$ et $D_{(\Omega,\Omega_0,T_2^*)} = \frac{A.T_2^*.(\Omega-\Omega_0)}{1+[T_2^*.(\Omega-\Omega_0)]^2}$

$L_{(\Omega,\Omega_0,T_2^*)}$ est une fonction lorentzienne complexe. Sa partie réelle, $A_{(\Omega,\Omega_0,T_2^*)}$, est visualisée comme spectre. Sa partie imaginaire, $D_{(\Omega,\Omega_0,T_2^*)}$, est la fonction dérivée de $A_{(\Omega,\Omega_0,T_2^*)}$.

Ces deux fonctions sont appelées fonctions lorentziennes en absorption et en dispersion respectivement. Elles sont représentées sur la figure 3-3 pour $A = 1$.

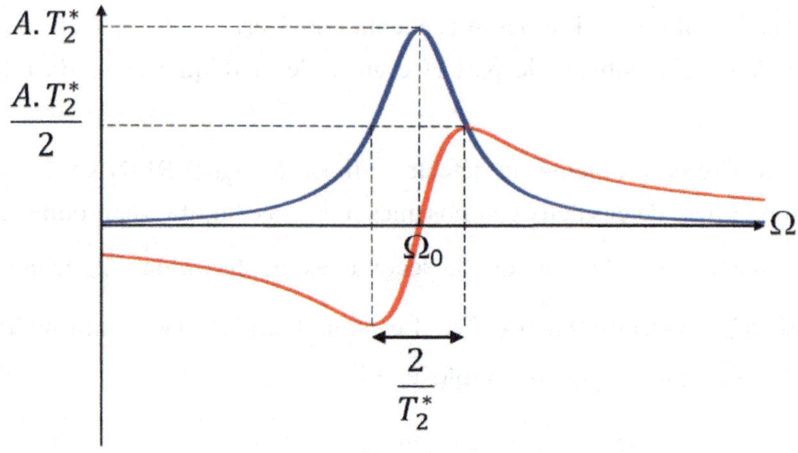

Figure 3-3 Courbes lorentziennes en absorption $A_{(\Omega,\Omega_0,T_2^*)}$ (en bleu) et en dispersion $D_{(\Omega,\Omega_0,T_2^*)}$ (en rouge).

3.2. Traitement du signal

3.2.1. Caractéristiques d'un spectre

** Rapport signal sur bruit*

Lors de l'acquisition des données, du bruit est recueilli en même temps que le signal. Ce bruit provient essentiellement des champs électromagnétiques générés par l'agitation thermique dans l'échantillon et l'ensemble des composants de la chaîne de réception. Une raie RMN sera d'autant plus facile à identifier et à caractériser que son amplitude sera grande par rapport au niveau de bruit. Le rapport signal sur bruit (S/B) est conventionnellement défini comme suit : [10]

$$\frac{S}{B} = 2{,}5.\frac{h}{A_{pp}}$$

où h (hauteur de la raie) et A_{pp} (amplitude pic-pic) sont mesurées comme indiqué sur la figure 3-4.

Le niveau de bruit est généralement le même pour toutes les zones du spectre (on dit qu'il s'agit de bruit blanc) en revanche, toutes les raies du spectre n'ont pas la même hauteur. Le rapport signal sur bruit a donc une valeur différente pour chaque raie et c'est la valeur la plus faible qui va caractériser la qualité du spectre.

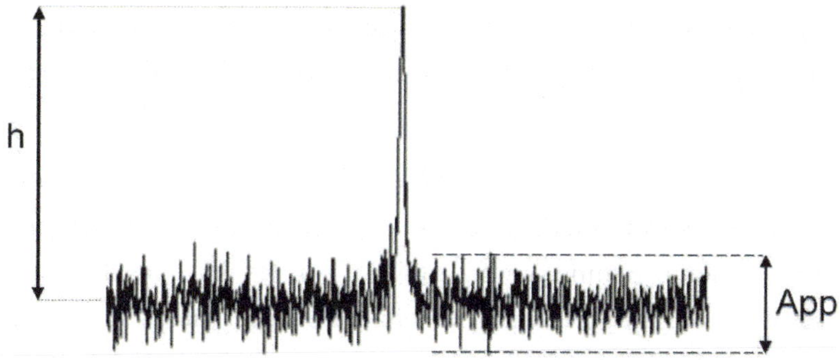

Figure 3-4 Définition du rapport signal sur bruit : $\frac{S}{B} = 2{,}5.\frac{h}{A_{pp}}$

** Résolutions*

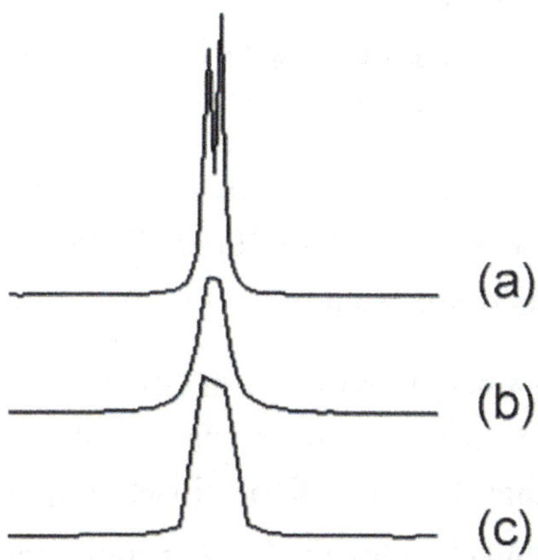

Figure 3-5 Impact de la résolution spectrale et de la résolution digitale sur le spectre. Les deux raies sont distantes de 2 Hz : $\Delta\nu_{1/2}$ = 0,5 Hz et 0,4 Hz/pts (a) ; $\Delta\nu_{1/2}$ = 1,5 Hz et 0,4 Hz/pts (b) et $\Delta\nu_{1/2}$ = 0,5 Hz et 1,6 Hz/pts (c).

La résolution d'un spectre peut être définie comme le plus petit écart de fréquence pour lequel deux raies voisines peuvent être distinguées. En fait, deux choses déterminent la séparation ou non de deux raies RMN ayant un écart en fréquence donné ; d'une part, la largeur des raies qui conditionne la « résolution spectrale » et qui est déterminée par les T_2^* (*Cf* section 3.1) et d'autre part, le nombre de points par Hz utilisés pour digitaliser le spectre qui constitue la « résolution digitale » et qui est déterminé par la gamme de fréquences observée et la taille finale du fichier contenant le spectre.

La figure 3-5 illustre la détérioration de la résolution spectrale par une augmentation de la largeur des raies (a-b) ou de la résolution digitale par une réduction du nombre de points pour la même gamme spectrale (a-c). Dans les deux cas, les deux raies, qui sont bien résolues sur la figure 3-5a, deviennent indiscernables sur les figures 3-5b et 3-5c.

** Troncature*

La durée pendant laquelle le FID est échantillonné (AQ) a bien évidemment une valeur finie. Si l'aimantation transversale n'a pas totalement disparu à la fin de AQ, le FID qui subit la transformation de Fourier est tronqué et les raies du spectre obtenu n'ont pas une forme lorentzienne. Une contribution en sinus cardinal est introduite dans la forme de raie, ce qui conduit à l'apparition d'oscillations parasites de part et d'autre de chaque pic (figure 3-6a). [26]

Cet artéfact peut être éliminé en multipliant le FID, avant transformation de Fourier, par une fonction mathématique dont l'amplitude décroît jusqu'à zéro à la fin de la période AQ. On parle alors d'apodisation.

La figure 3-6 présente plusieurs fonctions d'apodisation utilisées en RMN ainsi que le résultat obtenu sur le spectre. Cette figure montre clairement que la forme de raie obtenue est très dépendante de la fonction utilisée et que les distorsions de forme peuvent être très importantes comme dans le cas de la fonction sinus (figure 3-6d). C'est la raison pour laquelle la fonction la plus utilisée pour éliminer les problèmes de troncature est la fonction exponentielle décroissante (figure 3-6c) dont la forme est identique à la décroissance naturelle d'un FID et qui préserve donc la forme lorentzienne.

En effet, d'un point de vue mathématique, après apodisation par une fonction $h_{(t)}$, le signal qui subit la transformation de Fourier est $S_{(t)}.h_{(t)}$ et le spectre obtenu est décrit par la fonction : [24]

$$F^{a}_{(\Omega)} = F_{(\Omega)} * H_{(\Omega)} = \int_{\tau} \left[\int_{t} S_{(t)}.h_{(\tau-t)}.dt \right] e^{-i.\Omega.t}.d\tau$$

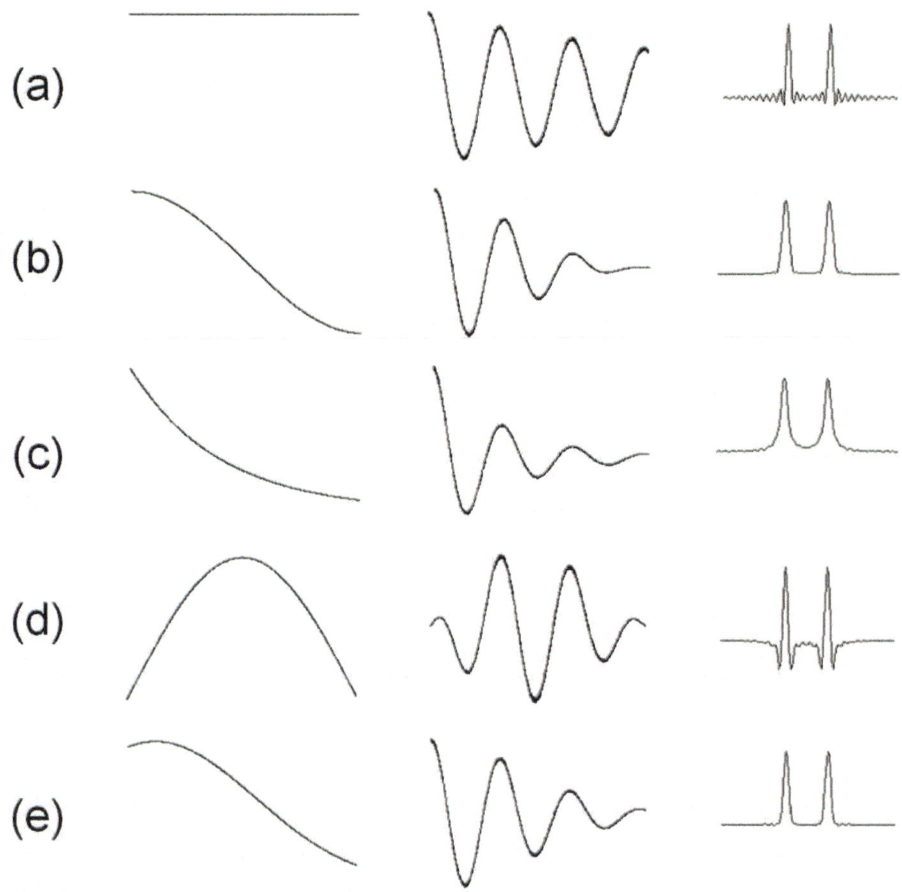

Figure 3-6 Impact de différentes fonctions d'apodisation sur les caractéristiques d'un spectre. Le spectre à droite est obtenu par transformation de Fourier du signal représenté au centre lui-même obtenu par multiplication du FID par la fonction d'apodisation représentée à gauche. (a) pas d'apodisation, (b) fonction de hanning, (c) fonction exponentielle, (d) fonction sinus et (c) tranformation lorentz-gauss.

$F^a_{(\Omega)}$ est le produit de convolution entre le signal $S_{(t)}$ et la fonction d'apodisation $h_{(t)}$. $H_{(\Omega)}$ est la transformée de Fourier de $h_{(t)}$ et $F_{(\Omega)}$ est la transformée de Fourier de $S_{(t)}$.

Les expressions analytiques des fonctions présentées sur la figure 3-6 sont les suivantes.

- Fonction de Hanning (figure 3-6b) :

  $h_{(t)} = A + B.\cos\left(\frac{\pi.t}{AQ}\right)$ avec $A + B = 1$ (les valeurs standard sont $A = B = 0{,}5$)

- Fonction exponentielle (figure 3-6c) :

  $h_{(t)} = e^{-at}$ avec $a = \pi.LB$ où LB est l'élargissement de raie induit par l'apodisation (*Cf.* section suivante).

- Fonction sinus ou sine bell (figure 3-6d) :

  $h_{(t)} = \sin\left(\frac{(\pi-\varphi).t}{AQ} + \varphi\right)$ sur la figure 3-6d $\varphi = 0$.

- Transformation Lorentz-Gauss (figure 3-6e) :

  $h_{(t)} = e^{-at}.e^{-bt^2}$ avec $a = \pi.LB$ (LB négatif) et $b = \frac{-\pi.LB}{2.GB.AQ}$ où GB indique la position du maximum de $h_{(t)}$ en fraction de AQ.

3.2.2. Amélioration du rapport signal sur bruit

Comme nous l'avons signalé dans la section précédente, la fonction d'apodisation la plus courante est la fonction exponentielle (Figure 3-6c). La valeur initiale de cette fonction vaut 1, les premiers points du FID sont donc peu affectés, en revanche, du fait de la décroissance de la fonction exponentielle, les derniers points du FID sont considérablement atténués. Dans un FID, le signal décroît également au cours du temps, le début du FID contient donc surtout le signal alors que la fin contient essentiellement du bruit. La première conséquence d'une apodisation exponentielle sera donc une augmentation du rapport signal sur bruit. [1]

Toutefois, ce gain en signal sur bruit a un prix. En effet, l'amplitude du FID résultant de la multiplication exponentielle décroît plus rapidement (figure 3-7c) et donc, compte tenu de ce que nous avons vu dans la section 3.1, cela induit une augmentation de la largeur des raies qui conduit à une réduction de la résolution spectrale.

Comme on peut le constater sur la figure 3-7, où l'échelle verticale est identique pour les deux spectres, la multiplication exponentielle réduit le bruit mais induit également une diminution de la hauteur de la raie. Ces deux effets sont antagonistes sur le rapport signal-sur-bruit, il existe donc une valeur optimale pour la valeur de LB au-delà de laquelle l'amélioration en S/B n'est plus observée. Le meilleur rapport signal-sur-bruit après multiplication exponentielle est obtenu lorsque *LB* est égal à la largeur de la raie avant multiplication (matched filter). [27]

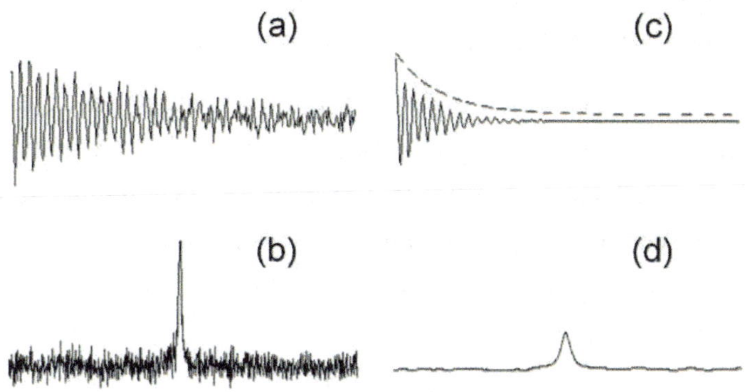

Figure 3-7 Impact de la multiplication exponentielle du FID sur les caractéristiques du spectre. Sans multiplication exponentielle, la transformation de Fourier du FID (a) produit le spectre (b). Lorsque le FID (a) est multiplié par la fonction exponentielle (pointillé), le FID résultant (c) produit, après transformation de Fourier, le spectre (d).

3.2.3. Amélioration de la résolution

** Apodisation*

Nous avons vu dans la section précédente que la multiplication du FID par une fonction décroissante conduit à un élargissement des raies du spectre. L'inverse est également vrai, la multiplication du FID par une fonction croissante induit une réduction des largeurs de raies. Cela peut être mis à profit pour augmenter la résolution. Toutefois, une telle opération va considérablement augmenter le bruit en fin de FID et donc conduire à une détérioration importante de rapport signal-sur-bruit.

Pour améliorer la résolution en minimisant la perte de S/B, il faut en fait utiliser des fonctions d'apodisation $h_{(t)}$ qui présentent un maximum pour $t \neq 0$ mais qui retombent à zéro à la fin de la période d'échantillonnage. Ces fonctions permettront alors également de réduire l'artéfact de troncature.

Une manière simple d'atteindre cet objectif est d'utiliser une fonction sinus (figure 3-6d). Le gain significatif en résolution est obtenu lorsque cette fonction est nulle à $t = 0$ ($\varphi = 0$) mais cela conduit à une forte réduction du rapport signal sur bruit et à l'apparition de signaux négatifs de part et d'autre de la raie. Un décalage de la fonction sinus ($\varphi \neq 0$) permet de réduire ces inconvénients.

Une approche plus efficace, bien qu'un peu plus délicate à régler, est l'utilisation d'une fonction Lorentz-Gauss (figure 3-6e). [28] En choisissant une valeur de LB égale et opposée à la largeur de raie, le terme en e^{-at} va annuler la décroissance exponentielle. Le second terme donne au signal résultant une forme gaussienne. La raie obtenue a une forme purement gaussienne dont la largeur à mi-hauteur après apodisation est donnée par :

$$\Delta\nu_{½}^{a} = 0{,}33.\sqrt{\frac{\Delta\nu_{½}}{GB.AQ}}$$

En pratique, la largeur de raie est rarement identique pour toutes les raies du spectre, le LB doit alors prendre une valeur moyenne et l'expression ci-dessus n'est qu'une approximation. Néanmoins, la fonction Lorentz-Gauss conduit à un bon compromis entre résolution et rapport signal-bruit. De plus, la forme gaussienne est plus « compacte » que la forme lorentzienne ce qui contribue à une meilleure résolution.

En tout état de cause, une amélioration de la résolution par un facteur de 2 à 3 peut conduire une réduction du S/B d'un ordre de grandeur. C'est pourquoi des fonctions plus sophistiquées ont été proposées afin de mieux préserver le signal tout en augmentant la résolution, mais la forme de raie est alors beaucoup moins bien maîtrisée. [25]

** Zéro-filling*

Le FID est digitalisé afin de pouvoir être stocké et traité dans l'informatique du spectromètre. Le nombre de points qu'il contient dépend de l'intervalle entre deux points (appelé « dwell time » et conditionné par la gamme spectrale) et par la durée de la période d'échantillonnage (AQ). En pratique, l'algorithme utilisé par les ordinateurs pour la transformation de Fourier [29] impose que ce nombre de points soit une puissance de deux et le spectre obtenu est constitué du même nombre de points. Cela conduit à une résolution digitale (exprimée en Hz/Point) qui n'est pas toujours suffisante pour bien définir la forme de raie ou même pour séparer deux raies très proches (figure 3-8a).

Dans ces conditions, une amélioration de la résolution digitale peut être obtenue en allongeant la période d'acquisition ce qui augmente le nombre de points du FID et donc celui du spectre. Toutefois une telle modification de AQ n'est pas toujours possible. Le même résultat peut être obtenu en rajoutant à la fin du FID une série de points d'amplitude nulle. [30] Si le signal est égal à zéro à la fin de la période AQ (éventuellement après apodisation) cela constitue une très bonne approximation. La figure 3-8 montre l'amélioration obtenue par deux doublements successifs du nombre de points. Les deux raies du spectre sont de mieux en mieux définies et l'augmentation de la résolution digitale permet de les séparer alors que sur le spectre initial elles étaient confondues.

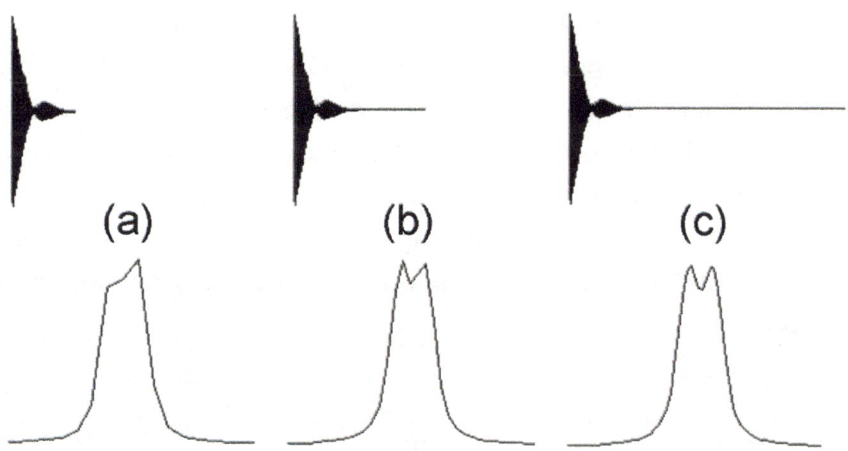

Figure 3-8 Zero-filling. La fin du FID est complétée par une série de points d'amplitude nulle. Le nombre final de points du FID a été : inchangé (a), doublé (b) et quadruplé (c).

De plus, c'est le FID complété par des zéro qui constitue le fichier d'entrée pour la transformation de Fourier, c'est donc uniquement pour lui que le nombre de points doit être une puissance de 2. Le zero-filling permet donc également de choisir plus librement le nombre de points réellement acquis et donc la durée AQ.

* Prédiction linéaire et échantillonnage non-uniforme

Une autre approche pour augmenter la résolution digitale consiste à prédire la valeur de points du FID qui ne sont pas acquis. Différentes solutions ont été proposées pour atteindre ce but, nous en évoquerons deux ici : la prédiction linéaire (LP pour *Linear Prediction*) [31] et l'échantillonnage non-uniforme (NUS pour *Non-Uniforme Sampling*). [32]

La prédiction linéaire repose sur le fait que le FID est constitué d'une somme de sinusoïdes amorties. En conséquence, l'amplitude d'un point donné peut être exprimée sous forme d'une combinaison linéaire des amplitudes des points qui le précèdent. Il est ainsi possible de prolonger artificiellement, de proche en proche, le FID sans augmenter le temps AQ (figure 3-9b), ce qui peut être une solution pour éliminer la troncature du signal. Cette méthode peut également être utilisée pour calculer les premiers points du FID qui n'auraient pas été échantillonnés.

Le NUS quant à lui consiste à augmenter la durée de la période d'échantillonnage AQ mais en n'enregistrant pas tous les points. L'échantillonnage est alors irrégulier (figure 3-9c), et un tel FID ne peut pas être traité directement par la transformation de Fourier. Il faut alors utiliser un traitement du signal qui permettra : soit d'obtenir le spectre à partir de ce FID, soit de calculer les points manquants avant d'opérer la transformation de Fourier. De nombreuses stratégies ont été proposées pour déterminer la distribution des points à échantillonner ou pour l'algorithme de reconstruction.

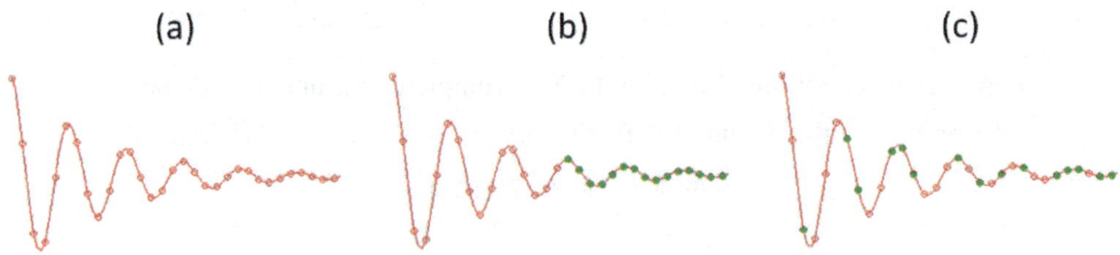

Figure 3-9 Répartition des point acquis (cercles vides rouges) et des points calculés (cercles pleins verts) pour : (a) un FID standard, (b) 50% de points calculés par prédiction linéaire et (c) 50% de points calculés à la suite d'un échantillonnage non-uniforme.

En ce qui concerne ce dernier, il s'agit principalement de la maximisation d'entropie (MEM pour *Maximization Entropy Method*), la décomposition multidimensionnelle (MDD pour *MultiDimensional Decomposition*) et l'acquisition compressée (CS pour *compressed sensing*). Pour la détermination de la distribution des points acquis, l'échantillonnage exponentiel est l'un des plus utilisés, mais il existe plusieurs alternatives comme les distributions gaussienne ou de Poisson.

Les deux stratégies, LP et NUS, permettent d'augmenter le nombre de points du FID sans toucher au nombre de points réellement acquis. Elles sont surtout utilisées en RMN 2D (*Cf.* chapitre 8) pour augmenter la résolution sans augmenter le temps d'acquisition ou pour réduire le temps d'expérience à résolution constante.

3.3. Notions de phase

3.3.1. Phase d'une impulsion

Jusqu'à présent nous avons supposé que le champ $\vec{B}_1$ était dirigé suivant l'axe x' du référentiel tournant. En fait les spectromètres RMN permettent d'appliquer un champ $\vec{B}_1$ suivant n'importe quelle direction du plan transversal et cela est particulièrement utile dans la plupart des expériences RMN.

La position du champ $\vec{B}_1$ est définie par l'angle qu'il fait avec un axe de référence (classiquement l'axe x'). Cet angle sera noté φ dans la suite du document et constitue la phase de l'impulsion.

La figure 3-10 illustre différentes phases pour une impulsion appliquée à une aimantation suivant l'axe longitudinal ou dans le plan transversal et provoquant une rotation de 90° ou de 180°. Une impulsion de 90° dont le champ $\vec{B}_1$ est dirigé suivant x' ($\varphi = 0°$) sera notée $90°_x$, pour $\vec{B}_1$ suivant y' ($\varphi = 90°$) elle sera notée $90°_y$. Comme le montre la figure 3-10 (a et b), la position finale de l'aimantation est très dépendante de la phase de l'impulsion de 90°.

En revanche, pour une impulsion de 180° appliquée à une aimantation suivant l'axe longitudinal, la position finale ne dépend pas de la phase de l'impulsion (figure 3-10 c et d). Il s'agit d'impulsions d'inversion.

De même, pour une phase d'impulsion donnée, l'effet produit sur l'aimantation dépend de la position de cette aimantation avant l'impulsion. Une impulsion $90°_x$

amène suivant –z' une aimantation qui était suivant y' (figure 3-10e) alors qu'elle n'affecte pas une aimantation suivant x' ou –x' (figure 3-10f). Ce sera l'inverse pour une impulsion $90°_y$. L'effet sur une aimantation transversale d'une impulsion de 180° est également présenté, (il s'agit alors d'une impulsion de refocalisation, *Cf.* section 7.1 sur l'écho de spin). L'impulsion de 180° symétrise l'aimantation par rapport à l'axe du champ $\vec{B}_1$ (figure 3-10g et h).

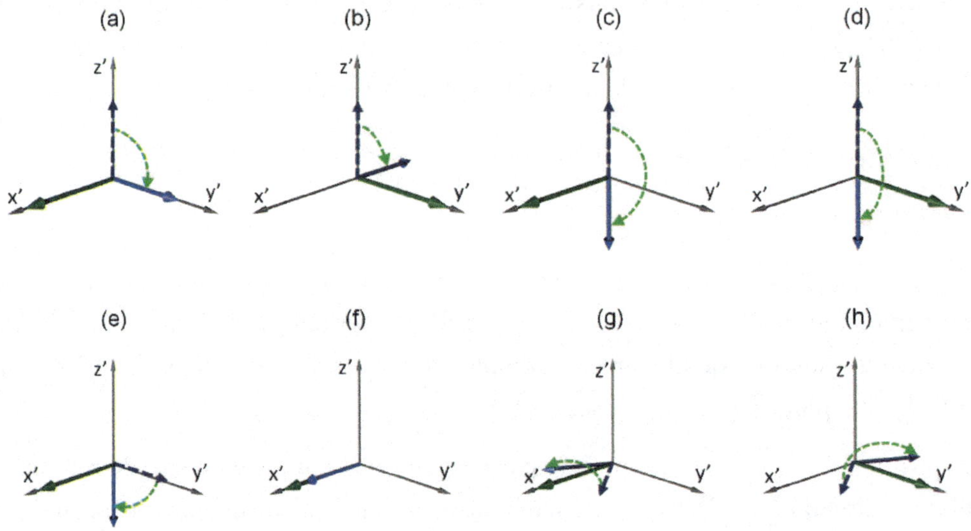

Figure 3-10 Impact de la phase d'une impulsion sur une aimantation (en pointillés bleus) suivant l'axe longitudinal (a-d) ou dans le plan transversal (e-h) après : une impulsion de 90° (a, b, e, f) ou de 180° (c, d, g, h).

Ces quelques exemples démontrent que ce qui est en fait déterminant pour le résultat produit par une impulsion RF, c'est sa phase relative par rapport à l'aimantation, c'est-à-dire l'angle que fait le champ $\vec{B}_1$ avec l'aimantation avant l'impulsion.0

3.3.2. Phase de détection

Comme nous l'avons vu, le signal détecté est déterminé par la variation de la projection de l'aimantation transversale sur l'un des axes du référentiel tournant (*Cf.* section 1.6). En pratique, il est possible de choisir librement l'axe suivant lequel l'aimantation sera projetée. La position de cet axe par rapport à un axe de référence (nous prendrons ici x') constitue la phase de réception et sera noté ψ dans la suite de ce document.

Pour une aimantation basculée suivant l'axe y', si x' est l'axe de détection ($\psi = 0°$), la variation de la projection suivant x' est maximale au moment où le détecteur est ouvert et le signal détecté présente un maximum à $t = 0$ (figure 3-11a). En revanche, si la détection se fait par rapport à l'axe –x' ($\psi = 180°$), alors la variation de la projection de l'aimantation est négative au début de la détection et le signal présente un minimum à $t = 0$ (figure 3-11b). Lorsque la détection se fait suivant y', la variation de la projection de l'aimantation a une valeur initiale nulle (figures 3-11c et d).

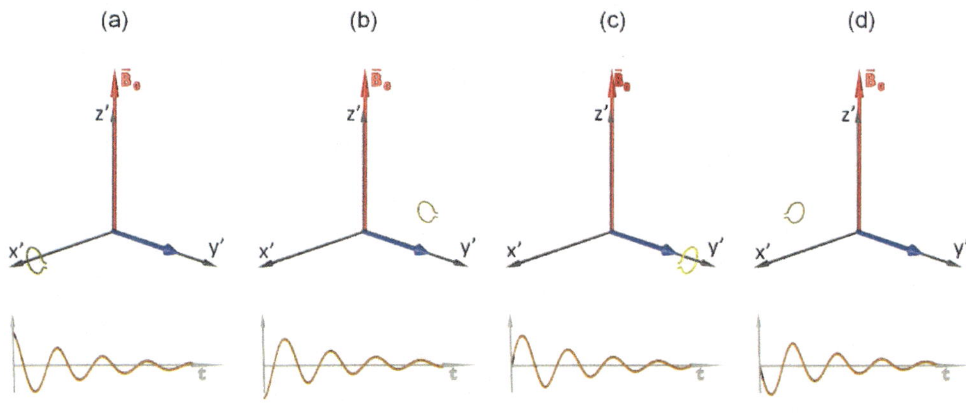

Figure 3-11 Phase de détection. L'axe de détection est matérialisé par la bobine : (a) x' ou $\psi = 0°$, (b) -x' ou $\psi = 180°$, (c) y' ou $\psi = 90°$ et (d) -y' ou $\psi = 270°$. L'aimantation est représentée à $t = 0$ après une impulsion de 90° et de phase $\varphi = 0°$. La forme du signal détecté est indiquée en bas.

Pour une aimantation basculée suivant un autre axe du plan transversal, un raisonnement similaire permet de déterminer l'allure du FID. Le résultat obtenu dépend en fait de l'angle ϕ entre l'aimantation à $t = 0$ et l'axe de détection ; le signal détecté doit donc s'écrire :

$$S_{(t)} = A.e^{i.(\Omega_0.t+\phi)}.e^{-\frac{t}{T_2^*}}$$

3.3.3. Phase d'une raie

Après transformation de Fourier, la phase conditionne la forme de raie. Comme nous l'avons vu dans la section 3.1.4, un signal de phase nulle conduit à une raie dont la partie réelle (partie visualisée) est $A_{(\Omega)}$ (figure 3-12a). Une phase de détection de 180° correspond à un simple changement de signe de $S_{(t)}$ (car $\cos(\theta + 180) = -\cos(\theta)$ et $\sin(\theta + 180) = -\sin(\theta)$). La partie réelle de la transformée de Fourier d'un tel signal est donc $-A_{(\Omega)}$ (figure 3-12b).

D'autre part, une phase de 90° correspond à un échange des parties réelle et imaginaire (avec changement de signe de la partie réelle) car $\cos(\theta + 90) = -\sin(\theta)$ et $\sin(\theta + 90) = \cos(\theta)$. La partie réelle de la transformée de Fourier d'un tel signal est donc $-D_{(\Omega)}$ (figure 3-12c). De la même manière, la partie réelle de la transformée de Fourier d'un signal de phase 270° est $D_{(\Omega)}$ (figure 3-12d).

De manière générale, un déphasage de ϕ du signal $S_{(t)}$ conduit au signal :

$$S_{(t)} = A.e^{i.(\Omega_0.t+\phi)}.e^{-\frac{t}{T_2^*}} = A.e^{i.(\Omega_0.t)}.e^{-\frac{t}{T_2^*}}.e^{i.\phi} \qquad (3\text{-}4)$$

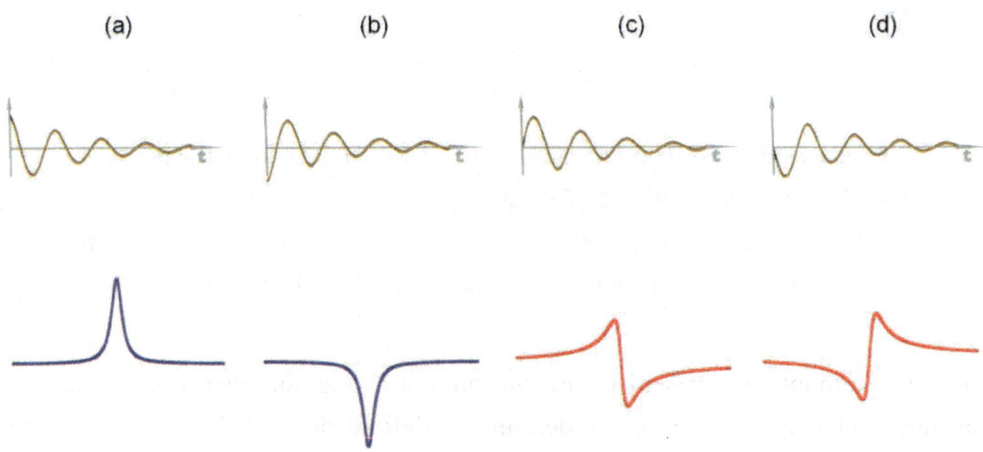

Figure 3-12 Aspects du FID et de la raie associée correspondant à différentes phases : (a) $\phi = 0°$, (b) $\phi = 180°$, (c) $\phi = 90°$ et (d) $\phi = 270°$.

Après transformation de Fourier, les parties réelle et imaginaire de la raie sont alors des combinaisons linéaires d'absorption et de dispersion (figure 3-13) :

$$F_{(\Omega)} = R_{(\Omega)} + i.I_{(\Omega)}$$

avec : $$R_{(\Omega)} = A_{(\Omega,\Omega_0,T_2^*)}.\cos(\phi) - D_{(\Omega,\Omega_0,T_2^*)}.\sin(\phi) \quad (3\text{-}5)$$

et : $$I_{(\Omega)} = A_{(\Omega,\Omega_0,T_2^*)}.\sin(\phi) + D_{(\Omega,\Omega_0,T_2^*)}.\cos(\phi) \quad (3\text{-}6)$$

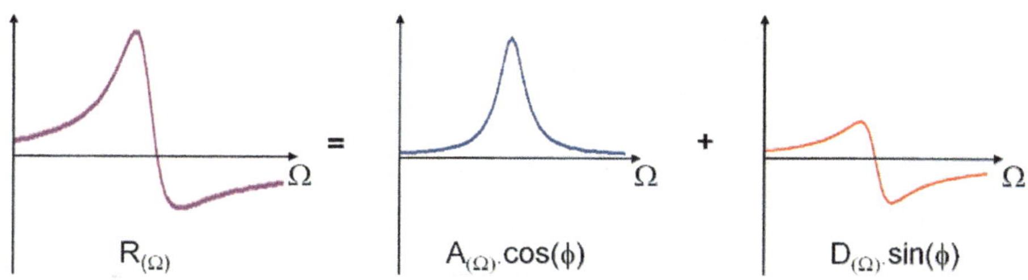

Figure 3-13 Raie RMN de phase quelconque ϕ. La fonction $R_{(\Omega)}$ (partie réelle du spectre) est une combinaison linéaire de l'absorption $A_{(\Omega,\Omega_0,T_2^*)}$ et de la dispersion $D_{(\Omega,\Omega_0,T_2^*)}$.

3.3.4. Correction de phase

A partir des sections précédentes, le spectre obtenu à partir d'une impulsion $90°_x$ ($\varphi = 0$) et avec une détection selon y' ($\psi = 0$), devrait être constitué de raies en absorption pure. En pratique ce n'est pas ce qui est observé (figure 3-14a), et cela essentiellement pour deux raisons.

Tout d'abord, pour une raison technique, la phase du récepteur n'est pas parfaitement alignée sur la phase d'émission. Ceci induit un décalage de phase identique pour toutes les raies. L'effet de ce décalage est visualisé sur la figure 3-14c.

D'autre part, même lorsque le décalage de phase introduit par le spectromètre est corrigé, un déphasage dépendant de la fréquence persiste (figure 3-14b). Il provient : d'une part du phénomène d'off-résonance qui sera traité plus loin et d'autre part de la précession des aimantations pendant le délai qui sépare l'excitation de l'observation. Ces deux causes conduisent à un déphasage qui est, en première approximation, directement proportionnel à la fréquence dans le référentiel tournant.

La phase observée après transformation de Fourier est donc de la forme :

$$\phi_{(\Omega)} = \phi_0 + \phi_1 . \Omega \tag{3-7}$$

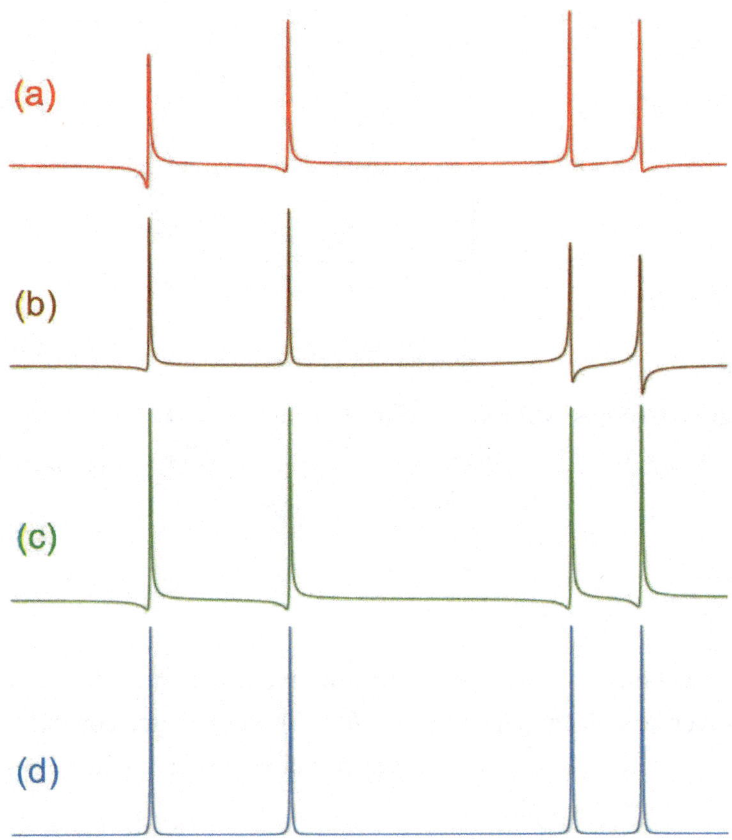

Figure 3-14 Correction de phase. Spectre RMN tel qu'il est obtenu après transformation de Fourier (a), après une correction de phase d'ordre 0 (b), après une correction de phase d'ordre 1 (sans correction d'ordre 0) (c), après une correction d'ordre 1 complète (d).

Le spectre représenté sur la figure 3-14a contient toutes les informations utiles mais la présence de dispersion dans les raies le rend moins exploitable. Il est donc indispensable de traiter ce spectre de manière à obtenir uniquement des raies en absorption pure. C'est l'opération de « phasage ».

D'un point de vue mathématique, cela consiste à calculer une combinaison linéaire des parties réelle et imaginaire du spectre. A partir des équations 3-5 et 3-6 il est facile de montrer que ces combinaisons doivent être de la forme :

$$R'_{(\Omega)} = R_{(\Omega)}.\cos(\phi_{(\Omega)}) + I_{(\Omega)}.\sin(\phi_{(\Omega)}) = A_{(\Omega,\Omega_0,T_2^*)} \quad (3\text{-}8)$$

$$I'_{(\Omega)} = -R_{(\Omega)}.\sin(\phi_{(\Omega)}) + I_{(\Omega)}.\cos(\phi_{(\Omega)}) = D_{(\Omega,\Omega_0,T_2^*)} \quad (3\text{-}9)$$

Cette opération peut être réalisée de manière interactive par l'opérateur ou de manière automatique par l'ordinateur du spectromètre.

Il faut noter que dans le cas de raies larges, le phasage peut conduire à une déformation de la ligne de base.

3.4. Répétition

3.4.1. Accumulation du signal

Lors d'une expérience de RMN, le schéma « excitation RF - détection » est répété ns fois, et les signaux obtenus sont additionnés afin d'améliorer le rapport signal sur bruit.

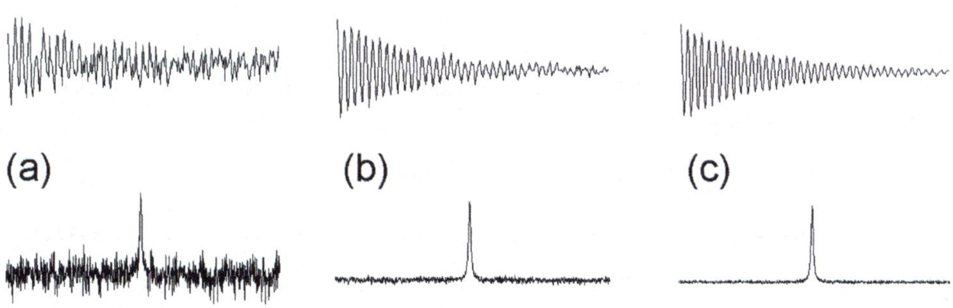

Figure 3-15 Accumulation de ns signaux RMN afin d'augmenter le rapport signal/Bruit ; $ns = 1$ (a), $ns = 16$ (b), $ns = 100$ (c). FID (en haut) et spectre correspondant (en bas).

Une acquisition produit le signal s en présence du bruit b. Si ns acquisitions sont réalisées, le signal s devient : $S = ns.s$, car le signal s'additionne de façon cohérente et le bruit devient : $B = \sqrt{ns}.b$, car le bruit est aléatoire et s'additionne de façon incohérente. Le rapport signal sur bruit résultant de ns acquisitions est donc proportionnel à $\sqrt{ns}$ (figure 3-15). [33]

3.4.2. Saturation partielle

L'accumulation du signal décrite dans la section précédente suppose de répéter l'expérience de base ns fois. Appelons TR (pour temps de répétition) le temps séparant deux impulsions RF consécutives (figure 3-16).

Nous devons garder à l'esprit que l'impulsion RF bascule dans le plan transversal l'aimantation longitudinale qui existe juste avant l'impulsion. La quantité de signal détectée est donc fonction de la valeur de cette aimantation.

Considérons dans un premier temps des impulsions RF telles que toute l'aimantation soit basculée dans le plan transversal ($\beta = \pi/2$). Juste après l'impulsion RF, l'aimantation longitudinale (M_z) est donc nulle. Compte tenu de la relaxation longitudinale, cette aimantation va progressivement retourner vers la valeur M_0.

En intégrant l'équation de Bloch correspondante, il est facile de démontrer que la valeur de M_z au temps t après l'impulsion est donnée par : [33]

$$M_z = M_0.\left(1 - e^{-\frac{t}{T_1}}\right)$$

Si TR est grand devant T_1, disons égal à plusieurs fois T_1, alors M_z a le temps de retrouver la valeur M_0 avant d'être rebasculée dans le plan transversal par l'impulsion RF suivante (figure 3-16a). Après chaque impulsion, M_{xy} aura donc la valeur M_0 et chaque FID aura une amplitude maximale.

En revanche, si TR est proche de T_1 (ou plus petit), M_z prend une valeur inférieure à M_0 $\left(M_{eq} = M_0.\left[1 - e^{-\frac{TR}{T_1}}\right]\right)$ juste avant l'impulsion suivante (figure 3-16b).

Après chaque impulsion (à partir de la deuxième), M_{xy} aura alors la valeur M_{eq} et les FIDs obtenus auront une amplitude plus petite que dans le cas précédent. Ce phénomène est appelé saturation partielle. Le bénéfice, en termes de rapport signal sur bruit, est alors moins important que dans le cas précédent. De plus, M_{eq} dépend de T_1 qui est différent pour chaque groupement chimique d'une molécule et bien sûr pour différentes molécules. Le phénomène de saturation partielle peut donc induire une modulation du spectre en fonction des T_1.

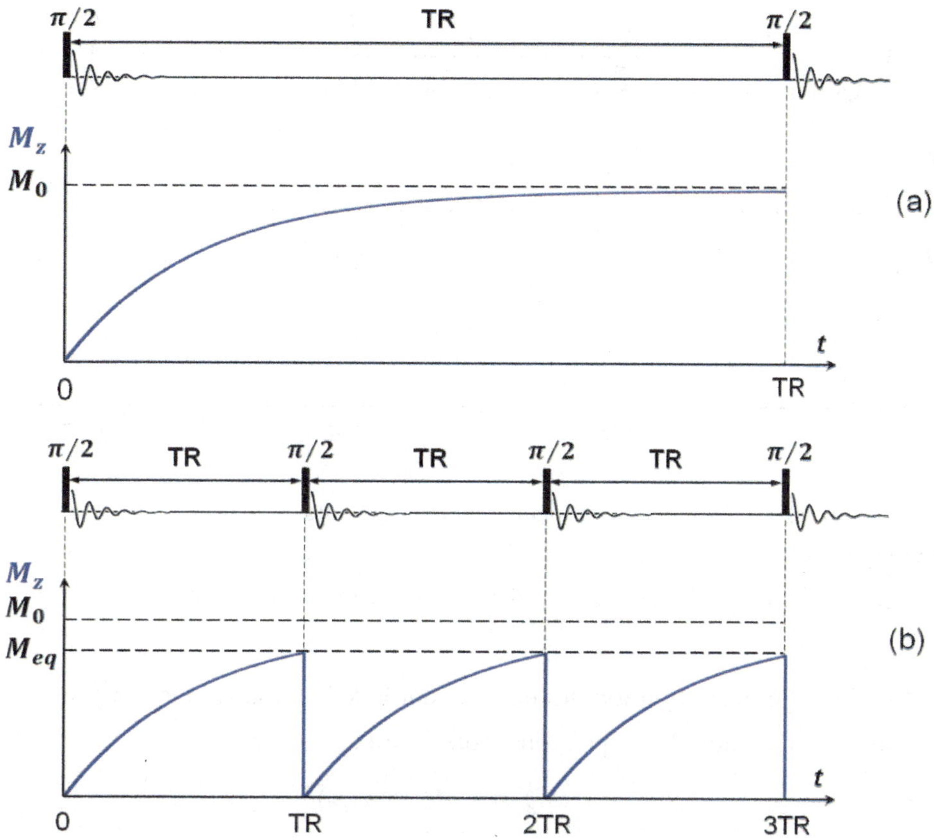

Figure 3-16 Evolution de l'aimantation longitudinale M_z au cours d'un train d'impulsions RF d'angle π/2 séparées par un intervalle TR. (a) TR grand devant T_1 ; (b) TR de l'ordre de T_1.

Ce problème peut être atténué en utilisant des impulsions RF produisant un basculement partiel de l'aimantation dans le plan transversal. Immédiatement après la première impulsion, $M_z = M_0 . \cos(\beta)$, l'aimantation longitudinale est alors non-nulle et a donc besoin de moins de temps pour retrouver la valeur M_0.

En fait, dans le cas $\beta \neq \pi/2$ et TR de l'ordre ou inférieur à T_1, un équilibre dynamique s'établit progressivement au cours des premières impulsions pour atteindre un état stationnaire (figure 3-17). [33] Afin d'obtenir la valeur de M_{eq} considérons deux impulsions consécutives, disons la k^{ème} et la (k+1)^{ème}.

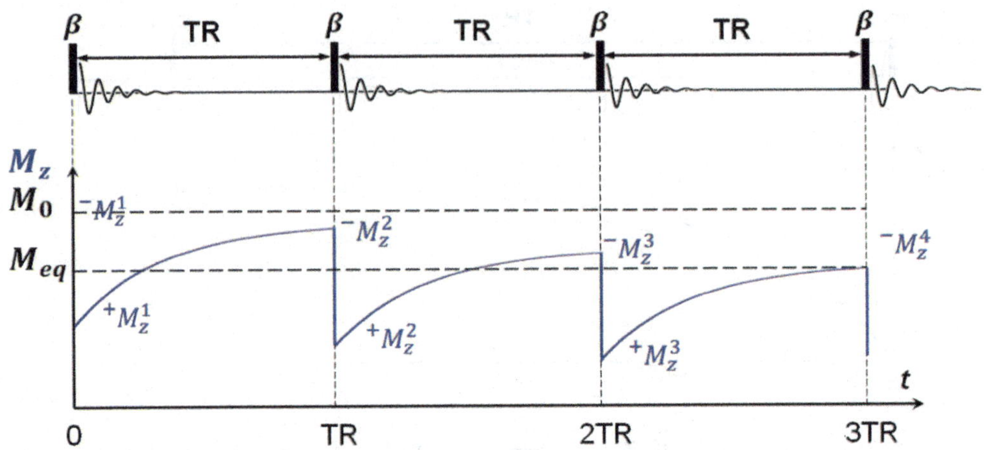

Figure 3-17 Evolution de l'aimantation longitudinale M_z au cours d'un train d'impulsions RF d'angle β séparées par un intervalle TR. β < π/2 et TR de l'ordre de T_1. Un équilibre dynamique s'établit progressivement.

Notons $^-M_z^k$ l'aimantation longitudinale avant la k^{eme} impulsion et $^+M_z^k$ sa valeur juste après l'impulsion. Nous pouvons alors écrire :

$$^+M_z^k = {}^-M_z^k.\cos(\beta)$$

Par ailleurs, nous pouvons obtenir l'aimantation $^-M_z^{k+1}$ en fonction de $^+M_z^k$ en intégrant l'équation de Bloch correspondante (entre les deux impulsions, seule la relaxation longitudinale intervient sur M_z). Nous obtenons alors :

$$M_0 - {}^-M_z^{k+1} = \left(M_0 - {}^+M_z^k\right).E_1 \quad \text{avec} \quad E_1 = e^{-\frac{TR}{T_1}}$$

Il suffit alors de remplacer dans cette expression $^+M_z^k$ par son expression en fonction de $^-M_z^{k+1}$ et de considérer qu'à l'équilibre : $^-M_z^{k+1} = {}^-M_z^k = M_{eq}$, pour obtenir :

$$M_{eq} = M_0.\frac{1-E_1}{1-E_1.\cos(\beta)} \qquad (3\text{-}10)$$

L'aimantation transversale basculée par l'impulsion d'angle β est alors égale à :

$$M_{xy} = M_0.\frac{(1-E_1).\sin(\beta)}{1-E_1.\cos(\beta)} \quad (3\text{-}11)$$

L'amplitude maximale du signal (proportionnelle à M_{xy}) est alors obtenue pour un angle (β_{opt} ou angle de Ernst) inférieur à π/2 qui est calculé à partir de la dérivée de l'équation 3-11. [33]

$$\beta_{opt} = arcos(E_1) \quad (3\text{-}12)$$

Il faut noter que le raisonnement que nous venons de présenter suppose qu'il ne reste pas d'aimantation dans le plan transversal provenant de la k^{ème} impulsion au moment de la (k+1)^{ème} impulsion. Dans le cas contraire, cette aimantation transversale résiduelle interfère avec l'aimantation longitudinale et participe donc à l'état stationnaire.

3.5. Les équations de Bloch

Comme nous l'avons vu dans la section 1.2.2., les moments magnétiques sont animés d'un mouvement de précession autour du champ $\vec{B}_0$. L'aimantation étant la somme vectorielle de tous les moments magnétiques, nous pouvons en déduire que celle-ci est animée du même mouvement de précession dès qu'elle est basculée vers le plan transversal. Par ailleurs, les phénomènes de relaxation tendent à ramener $\vec{M}$ selon l'axe z lorsque celle-ci n'est plus soumise au champ radiofréquence. Ainsi, lorsque l'aimantation $\vec{M}$ n'est pas dans sa position d'équilibre (parallèle à $\vec{B}_0$ et module égal à M_0), celle-ci est animée d'un mouvement complexe constitué d'une précession autour de $\vec{B}_0$ et d'un retour progressif vers une orientation suivant $\vec{B}_0$. Ce mouvement peut être décrit grâce aux équations de Bloch : [7]

$$\frac{dM_x}{dt} = \gamma.\left(\vec{M} \wedge \vec{B}\right)_x - \frac{M_x}{T_2} \quad (3\text{-}13)$$

$$\frac{dM_y}{dt} = \gamma.\left(\vec{M} \wedge \vec{B}\right)_y - \frac{M_y}{T_2} \quad (3\text{-}14)$$

$$\frac{dM_z}{dt} = \gamma.\left(\vec{M} \wedge \vec{B}\right)_z - \frac{M_0-M_z}{T_1} \quad (3\text{-}15)$$

Dans ces équations, le premier terme à droite du signe égal, traduit le mouvement de précession et le second correspond au retour à l'équilibre par les mécanismes de relaxation.

3.5.1. Evolution de l'aimantation en absence de champ radiofréquence

Dans un premier temps, nous négligerons la relaxation. En absence de champ RF, le champ magnétique perçu par le noyau se limite à $\vec{B} = \vec{B}_0$, d'où :

$$\frac{dM_x}{dt} = +\gamma.M_y.B_0 = +M_y.\omega_0$$

$$\frac{dM_y}{dt} = -\gamma.M_x.B_0 = -M_x.\omega_0$$

$$\frac{dM_z}{dt} = 0$$

La composante transversale de l'aimantation tourne autour de $\vec{B}_0$ à la vitesse angulaire ω_0. Plaçons-nous dans le référentiel tournant (référentiel qui tourne autour de $\vec{B}_0$ à la vitesse ω_r), la vitesse apparente d'évolution de l'aimantation transversale devient $\omega_0 - \omega_r$, et donc :

$$\frac{dM_x}{dt} = +M_y.(\omega_0 - \omega_r)$$

$$\frac{dM_y}{dt} = -M_x.(\omega_0 - \omega_r)$$

$$\frac{dM_z}{dt} = 0$$

En posant $\Omega_0 = \omega_0 - \omega_r$ et en tenant compte maintenant de la relaxation, nous arrivons à :

$$\frac{dM_x}{dt} = +M_y.\Omega_0 - \frac{M_x}{T_2}$$

$$\frac{dM_y}{dt} = -M_x.\Omega_0 - \frac{M_y}{T_2}$$

$$\frac{dM_z}{dt} = \frac{(M_0 - M_z)}{T_1}$$

Pour obtenir les expressions de M_x, M_y et M_z à l'instant *t*, il suffit de résoudre ces équations différentielles à partir de conditions initiales. Prenons : $M_{xy}^{t=0} = M_0$ (en posant $M_{xy} = M_x + i.M_y$) et $M_z^{t=0} = 0$, correspondant au moment qui suit la bascule à 90° de l'aimantation :

$$M_x = M_0.\cos(\Omega_0.t).e^{-\frac{t}{T_2}}$$

$$M_y = M_0.\sin(\Omega_0.t).e^{-\frac{t}{T_2}}$$

$$M_z = M_0.\left(1 - e^{-\frac{t}{T_1}}\right)$$

3.5.2. Evolution de l'aimantation pendant une impulsion RF

Compte tenu de l'ordre de grandeur des temps de relaxation T_1 et T_2 et de la durée d'une impulsion de radiofréquence, la relaxation peut être négligée dans les calculs qui suivent.

Pendant une impulsion RF, le champ magnétique auquel est soumis l'aimantation est :

$$\vec{B} = \vec{B}_0 + \vec{B}_1$$

d'où :

$$\frac{dM_x}{dt} = \gamma.\left(\vec{M} \wedge \vec{B}_0\right)_x + \gamma.\left(\vec{M} \wedge \vec{B}_1\right)_x$$

$$\frac{dM_y}{dt} = \gamma.\left(\vec{M} \wedge \vec{B}_0\right)_y + \gamma.\left(\vec{M} \wedge \vec{B}_1\right)_y$$

$$\frac{dM_z}{dt} = \gamma.\left(\vec{M} \wedge \vec{B}_0\right)_z + \gamma.\left(\vec{M} \wedge \vec{B}_1\right)_z$$

Par définition, le champ $\vec{B}_1$ tourne autour de $\vec{B}_0$ à la vitesse angulaire ω_r ; il est donc immobile dans le référentiel tournant. En supposant que $\vec{B}_1$ est aligné suivant l'axe x' (c'est-à-dire, $B_{1x} = B_1$ et $B_{1y} = B_{1z} = 0$) :

$$\frac{dM_x}{dt} = +M_y.\Omega_0$$

$$\frac{dM_y}{dt} = -M_x.\Omega_0 + M_z.\omega_1 \quad \text{avec :} \quad \omega_1 = \gamma.B_1$$

$$\frac{dM_z}{dt} = -M_y.\omega_1$$

Ces équations traduisent une double précession, d'une part autour de $\vec{B}_0$ à la vitesse angulaire Ω_0 et d'autre part autour de $\vec{B}_1$ à la vitesse angulaire ω_r. [33]

** Impulsion idéale*

Dans le cas idéal où l'impulsion radiofréquence a une puissance importante, nous pouvons faire l'approximation :

$|\omega_1| \gg |\Omega_0|$ quelle que soit la position de la raie dans le spectre.

Il est alors possible de négliger la précession autour de $\vec{B}_0$ et de considérer que toutes les aimantations du spectre subissent, lors d'une impulsion RF de durée τ, une rotation d'un angle $\beta_0 = \omega_1.\tau$.

Cette approximation est faite fréquemment lorsqu'une analyse précise n'est pas nécessaire.

** Off-résonance*

Dans beaucoup de situations expérimentales, l'approximation de la section précédente n'est pas justifiée. La précession de l'aimantation s'effectue alors autour du champ effectif :

$$\vec{B}_{eff} = \vec{B}_1 + \overrightarrow{\Delta B}_0 \qquad \text{avec : } \Delta B_0 = \frac{\Omega_0}{\gamma} \tag{3-16}$$

$\vec{B}_{eff}$ est donc incliné par rapport au plan transversal d'un angle θ, tel que :

$$\tan(\theta) = \frac{\Delta B_0}{B_1} = \frac{\Omega_0}{\gamma.B_1} \tag{3-17}$$

et le module de $\vec{B}_{eff}$ est donné par :

$$B_{eff} = \sqrt{B_1^2 + \frac{\Omega_0^2}{\gamma^2}} \tag{3-18}$$

L'aimantation évolue autour de $\vec{B}_{eff}$ avec la vitesse angulaire :

$$\omega_{eff} = \gamma.B_{eff} = \sqrt{\omega_1^2 + \Omega_0^2} \tag{3-19}$$

Lors d'une impulsion RF de durée τ, l'aimantation parcourt un angle $\beta_{eff} = \omega_{eff}.\tau$ autour de $\vec{B}_{eff}$ (figure 3-18). Donc, plus Ω_0 est grand plus β_{eff} est important mais plus l'orientation du champ $\vec{B}_{eff}$ se rapproche de celle de $\vec{B}_0$.

Si l'aimantation avant l'impulsion RF est alignée suivant z et vaut M_0, les différentes composantes de l'aimantation, après l'impulsion de durée τ, sont données par : [33]

$$M_x = M_0.\left[1 - \cos\left(\beta_{eff}\right)\right].\sin(\theta).\cos(\theta)$$

$$M_y = M_0.\sin\left(\beta_{eff}\right).\sin(\theta)$$

$$M_z = M_0.\left[\cos^2(\theta) - \cos\left(\beta_{eff}\right).\sin^2(\theta)\right]$$

(en supposant que $\vec{B}_1$ soit dirigé suivant l'axe x').

L'aimantation transversale générée par l'impulsion RF n'est donc plus suivant l'axe y. Définissons la phase ϕ comme l'angle que cette aimantation fait avec l'axe x' ; dans le cas d'une impulsion idéale, ϕ vaut $\frac{\pi}{2}$ quelle que soit Ω_0. Maintenant, ϕ dépend de Ω_0 et ne vaut $\frac{\pi}{2}$ que si $\Omega_0 = 0$.

$$\tan(\phi) = \frac{M_y}{M_x} = \frac{\sin(\beta_{eff})}{\left[1-\cos(\beta_{eff})\right].\cos(\theta)} \tag{3-20}$$

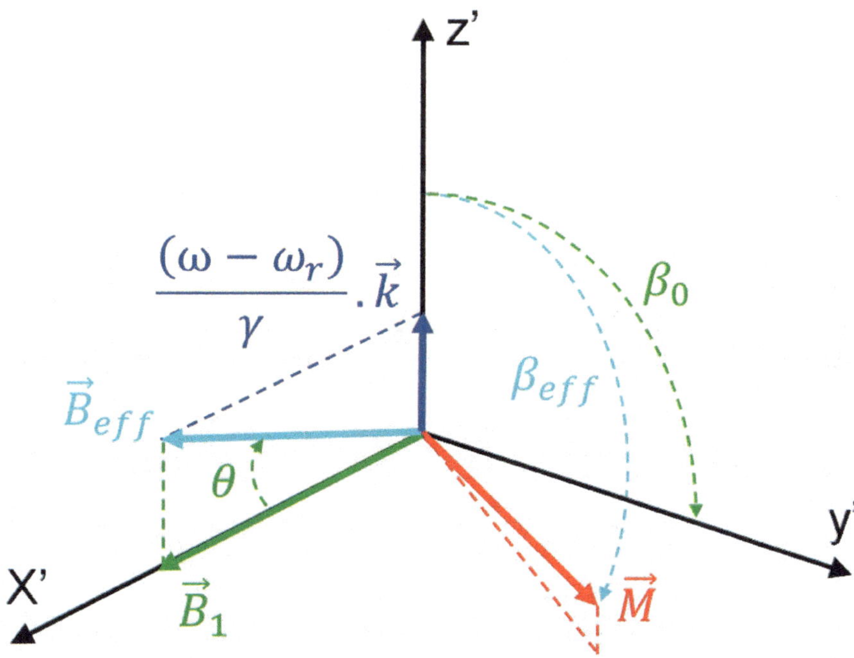

Figure 3-18 Effet d' « off resonance » ; pendant une impulsion RF l'aimantation précesse autour du champ $\vec{B}_{eff}$ qui ne coïncide avec $\vec{B}_1$ que lorsque $\Omega_0 = 0$ soit $\omega_0 = \omega_r$ où ω_r est la fréquence du référentiel tournant.

Le module de M_{xy} qui détermine l'intensité du signal détecté, est donné par : [33]

$$M_{xy} = \sqrt{M_x^2 + M_y^2} = M_0.|\sin(\theta)|.\sqrt{sin^2(\beta_{eff}) + \left(1 - \cos(\beta_{eff})\right)^2.cos^2(\theta)} \quad (3\text{-}21)$$

L'évolution de $\frac{M_{xy}}{M_0}$ en fonction de $\frac{\Omega_0}{\omega_1}$ est représentée sur la figure 3-19.

Notons que M_{xy} reste proche de la valeur M_0 tant que Ω_0 ne dépasse pas ω_1.Dans cette gamme de fréquences, l'augmentation de β_{eff} est relativement bien compensée par la bascule de $\vec{B}_{eff}$ hors du plan transversal. En revanche, pour des offsets plus importants, M_{xy} décroît rapidement et passe même par zéro.

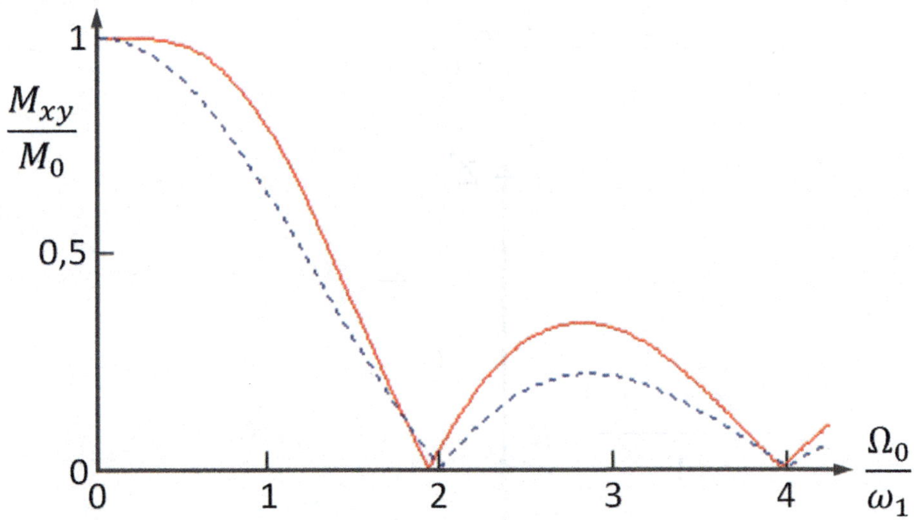

Figure 3-19 Evolution de $\frac{M_{xy}}{M_0}$ en fonction de $\frac{\Omega_0}{\omega_1}$. La fonction sin $\left(\frac{\Omega_0.\tau}{2}\right)/\left(\frac{\Omega_0.\tau}{2}\right)$ est également portée (en pointillé) pour comparaison.

En pratique, les valeurs de Ω_0 qui induisent $M_{xy} = 0$ sont celles pour lesquelles $\beta_{eff} = 2.k.\pi$. L'aimantation est alors ramenée suivant l'axe z par sa précession autour de $\vec{B}_{eff}$. Les premières valeurs de Ω_0 qui correspondent à $M_{xy} = 0$ sont :

$$\Omega_{nul} = \mp\sqrt{15}.\omega_1$$

En première approximation, l'évolution de M_{xy} en fonction de Ω_0 est souvent décrite par une fonction sinc :

$$M_{xy} = M_0 . \sin(\beta_0) . \frac{\sin\left(\frac{\Omega_0 . \tau}{2}\right)}{\left(\frac{\Omega_0 . \tau}{2}\right)} \qquad \text{avec : } \beta_0 = \omega_1 . \tau$$

Cette fonction est reportée, pour comparaison, sur la figure 3-19, ce qui permet d'apprécier le niveau d'approximation en fonction de la gamme de valeurs de Ω_0 considérée.

3.6. Pour aller plus loin

- *La RMN : concepts, méthodes et applications*. Daniel Canet, Jean-Claude Boudel et Emmanuelle Canet Soulas. Dunod, Paris, 2002. Chapitre 3.
- *Spin dynamics: basic of nuclear magnetic resonance*. Malcolm H. Levitt. Wiley-Blackwell, Chichester, 2008. Chapitre 5.
- *Principles of Nuclear Magnetic Resonance in one and two dimensions*. Richard R. Ernst, Geoffrey Bodenhausen and Alexander Wokaun. Oxford University Press, Oxford, 1997. Chapitre 4.
- *High-Resolution NMR Techniques In Organic Chemistry*. Timothy D.W. Claridge. Elsevier, 2016. Chapitre 3.

Chapitre 4 - Le spectromètre RMN

4.1. Structure générale

Comme nous l'avons vu dans les chapitres précédents, l'expérience de résonance magnétique nucléaire suppose :

- de placer l'échantillon dans un champ magnétique $\vec{B}_0$,
- d'émettre des impulsions Radio Fréquence (RF) avec une puissance suffisante, et avec une fréquence et une phase contrôlées,
- puis de transmettre ces impulsions RF à l'échantillon et de recevoir le signal RMN,
- et enfin, d'amplifier, de filtrer et de numériser ce signal RMN avant d'en faire la transformation de Fourier et d'obtenir un spectre.

Un spectromètre RMN est donc constitué (figure 4-1) : [2]

- d'un aimant qui génère le champ magnétique,
- d'une chaîne d'émission qui produit les impulsions RF,
- d'une antenne qui transmet ces impulsions à l'échantillon et recueille le signal,
- d'une chaîne de réception qui amplifie ce signal,
- et d'un ordinateur qui traite le signal et gère l'ensemble.

La qualité, les caractéristiques et le réglage de ces différents éléments vont conditionner la qualité du spectre obtenu.

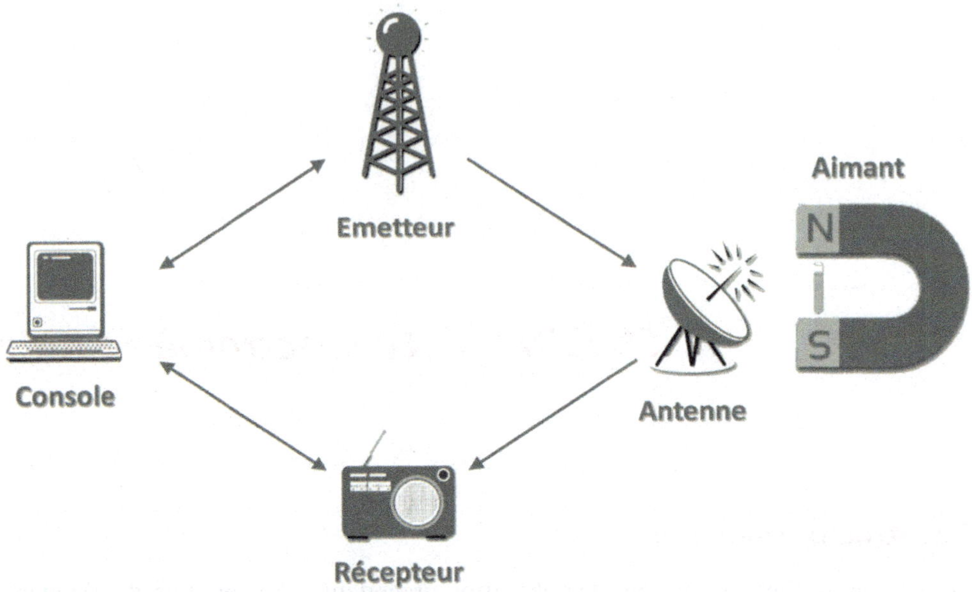

Figure 4-1 Un spectromètre RMN est composé : d'un aimant qui génère le champ magnétique, d'une chaîne d'émission qui produit les impulsions RF, d'une antenne qui transmet ces impulsions à l'échantillon et recueille le signal, d'une chaîne de réception qui amplifie ce signal et d'un ordinateur qui gère l'ensemble. © Delphine BOUAN, avec son aimable autorisation.

4.2. Le champ magnétique B_0

Le champ $\vec{B}_0$ doit remplir les conditions suivantes. [2, 23]

- Il doit avoir une valeur d'au moins 1 Tesla, (à titre d'exemple, pour une fréquence de résonance proton à 500 MHz, B_0 doit avoir une valeur de 11,75 Tesla).
- Il doit être homogène, (en effet, toute variation du champ magnétique à l'intérieur du volume sensible de l'antenne induit un élargissement des raies. Cet élargissement doit être petit devant la largeur des raies du spectre ; les largeurs à mi-hauteur sont couramment inférieures à 1 Hz, il est donc souhaitable que

l'élargissement dû aux inhomogénéités de B_0 soit de l'ordre de 0,1 Hz ou inférieur (pour une fréquence de 500 MHz, la dispersion du champ magnétique à l'intérieur du volume sensible doit donc être inférieure à : $0{,}1/500.10^6$ soit 2.10^{-10}).

- Il doit être stable dans le temps car une acquisition RMN dure de quelques secondes à quelques heures (voire plusieurs jours dans les cas extrêmes).

4.2.1. L'aimant

Pour produire un champ magnétique de moins de 2,5 Tesla, tels que ceux qui sont utilisés par les spectromètres de paillasse, un aimant permanent suffit. [34] Pour atteindre l'homogénéité imposée par la spectrométrie RMN, le champ B_0 résulte en fait de la superposition des champs produits par un grand nombre d'aimants permanent dont l'agencement dans l'espace est optimisé (figure 4-2).

Ces aimants sont constitués d'un alliage ferromagnétique et ils doivent être thermostatés afin que le champ magnétique produit soit le plus stable possible.

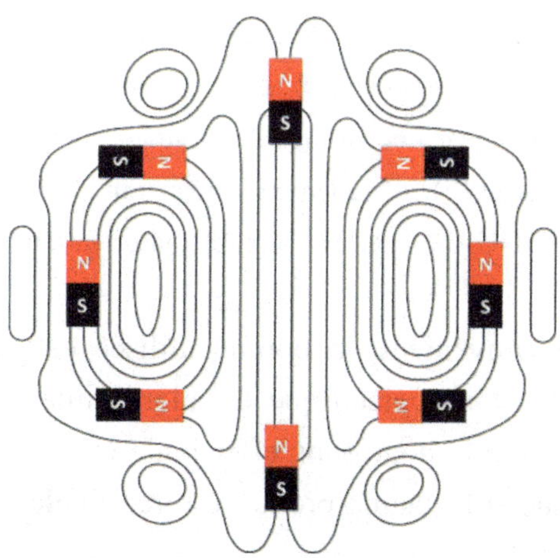

Figure 4-2 Aimant d'un spectromètre de paillasse. L'homogénéité au centre est obtenue en optimisant la disposition de nombreux aimants permanents.

En revanche, pour produire le champ magnétique intense nécessaire aux spectromètres haute résolution, il faut utiliser un électro-aimant. [2, 23] Le champ magnétique produit sera alors déterminé par l'intensité du courant qui circule dans la bobine (figure 4-3a). Il sera alors possible de dépasser largement la dizaine de Tesla. Mais dans ce cas, la stabilité de B_0 sera limitée par la stabilité du système d'alimentation électrique, qui est largement insuffisante pour les besoins de la RMN.

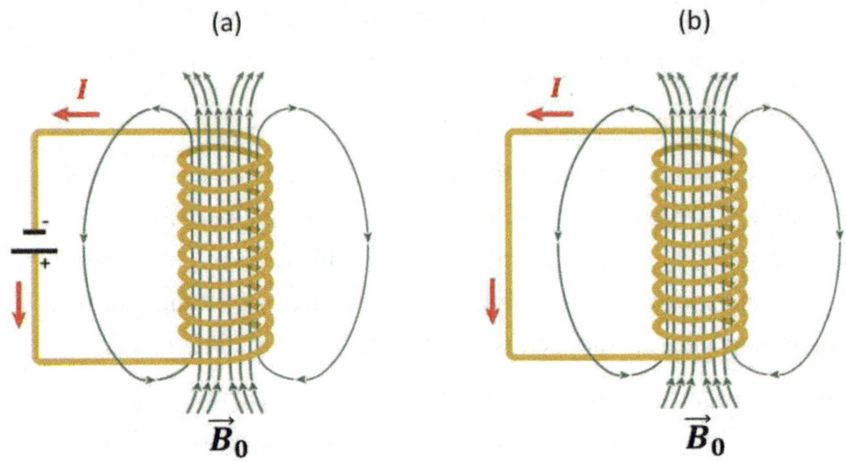

Figure 4-3 Electroaimant. L'intensité de $\vec{B}_0$ est proportionnelle à l'intensité I qui circule dans la bobine. Dans le cas d'un électro-aimant standard, la stabilité de B_0 est conditionnée par celle de l'alimentation électrique (a). Lorsque la bobine est constituée d'un alliage supra-conducteur, l'alimentation disparait (b) et le champ est beaucoup plus stable. © Delphine BOUAN, avec son aimable autorisation.

Pour contourner cet inconvénient, la bobine utilisée est constituée d'un alliage supraconducteur. La résistance électrique est alors nulle et le courant électrique injecté dans la bobine circule donc sans effet joule (figure 4-3b). Il n'y a plus de consommation électrique et le champ produit est très stable.

Pour fabriquer une bobine supraconductrice, le fil le plus souvent utilisé est constitué d'un alliage de Niobium et de Titane gainé de cuivre. Le Niobium-Titane est supraconducteur pour une température inférieure à 9,5 Kelvin. La bobine est donc immergée dans un bain d'hélium liquide (soit à la température de -269 degrés Celcius ou 4,2 Kelvin). Pour les champs supérieurs à 18,8 Tesla (800 MHz ou plus), un système supplémentaire permet de maintenir la bobine à 2 Kelvin et le Niobium-Etain est utilisé.

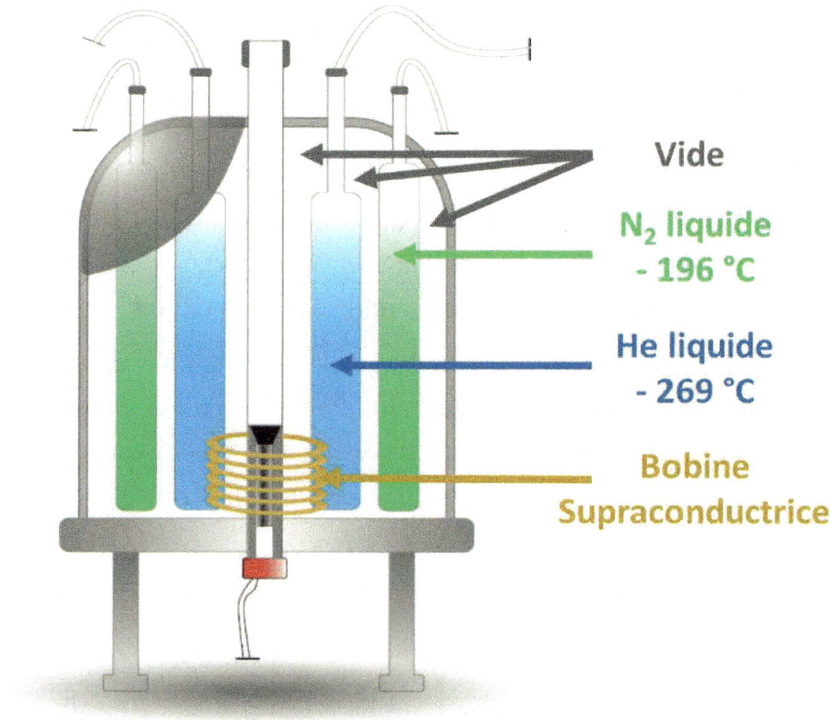

Figure 4-4 Vue éclatée d'un aimant supraconducteur. Le compartiment contenant la bobine supraconductrice est rempli d'hélium liquide. Il est entouré de compartiments contenant de l'azote liquide ou du vide pour l'isolation thermique. © Delphine BOUAN, avec son aimable autorisation.

Le réservoir contenant l'hélium liquide est entouré d'un second réservoir contenant de l'azote liquide (-196 °C), et les deux réservoirs sont séparés et entourés d'un compartiment où règne un vide secondaire, afin de réduire le contraste thermique (figure 4-4).

Le courant circule dans la bobine sans perte, il n'y a donc plus de consommation électrique mais il faut refaire régulièrement les pleins de liquides cryogéniques.

Une nouvelle génération d'aimant a fait son apparition et sera bientôt disponible pour les spectromètres RMN haute résolution. Il s'agit encore d'aimant supraconducteur mais les températures très basses sont maintenues grâce à un système frigorifique à l'hélium.

Toutes ces technologies permettent d'obtenir les champs voulus. Toutefois, il faut encore corriger l'homogénéité et la stabilité dans le temps pour satisfaire les exigences de la RMN.

4.2.2. Correction des inhomogénéités du champ B_0

Quelle que soit la méthode utilisée pour produire le champ magnétique, il n'est pas possible de produire un champ B_0 parfaitement homogène. Cela provient des caractéristiques de l'aimant mais aussi des perturbations extérieures.

La valeur de B_0 (et donc de ν_0) dépend de la position dans le tube, ce qui conduit à un élargissement et à une déformation des raies. Pour corriger ces imperfections de B_0, des bobines additionnelles sont utilisées. Elles produisent des champs inhomogènes ΔB qui viennent se combiner à B_0 pour donner un champ homogène (figure 4-5).

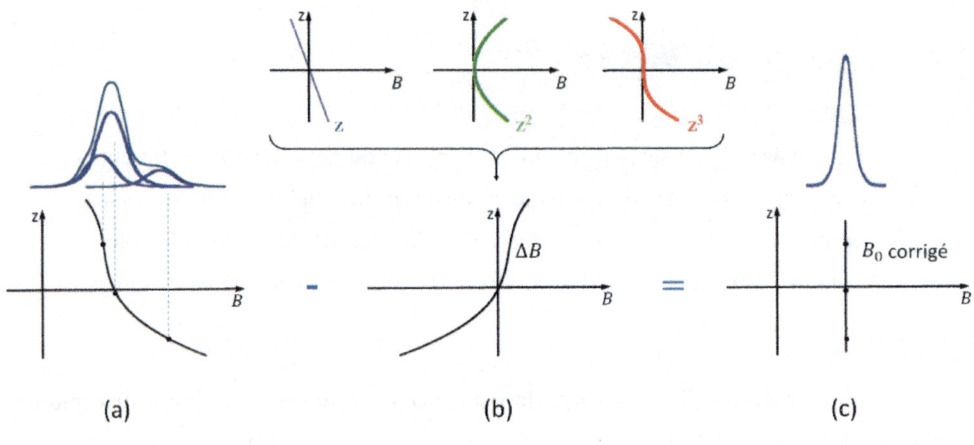

Figure 4-5 Principe de correction des inhomogénéités du champ B_0. Avant correction, différentes positions expérimentent différentes valeurs de champ et donc différentes fréquences de résonance, ce qui conduit à des raies larges et mal définies (a). Le champ ΔB, composé d'un grand nombre de corrections (b), est soustrait au champ B_0 de manière à ce que le champ magnétique ait une valeur constante à travers l'espace, ce qui conduit à une fréquence de résonance unique et donc à une raie fine (c).

En pratique, B_0 varie à travers l'espace de manière complexe (figure 4-5a). Pour obtenir un champ homogène, il faut donc utiliser un grand nombre de bobines différentes qui produisent des champs variant différemment à travers l'espace (figure 4-5b).

C'est la forme et la largeur de la raie qui permettent de savoir si le champ est homogène. [35] Un gradient de champ d'ordre pair (en z^2 ou en z^4 par exemple) induit une dissymétrie dans la raie, alors qu'un gradient d'ordre impair (en z^3 ou en z^5 par exemple) induit une déformation symétrique par rapport à une lorentzienne parfaite obtenue pour un champ parfaitement homogène.

Le réglage de l'homogénéité dépend notamment de la nature de l'échantillon, du niveau de remplissage du tube et de la température (celle de l'échantillon et celle de la sonde).

Il existe des bobines supra-conductrices (placées dans le bain d'hélium liquide), les shims « cryo » et des bobines classiques, les shims « chauds ».

Le réglage de l'homogénéité du champ $\vec{B}_0$ peut se faire manuellement [35] ou de manière automatique par l'ordinateur du spectromètre. [36]

4.2.3. Correction de l'instabilité temporelle de $\vec{B}_0$

La valeur de B_0 n'est pas stable dans le temps. Cela provient essentiellement du « drift » : les jonctions de la bobine supra ne sont pas supraconductrices, ce qui provoque de légères pertes (jusqu'à quelques Hz/h). Cela ne peut toutefois pas affecter notablement la valeur de B_0 (il faut plusieurs dizaines d'années pour perdre 0,02 T).

Le déplacement d'objets ferromagnétiques dans le champ de fuite (au voisinage immédiat de l'aimant) constitue une autre cause d'instabilité de $\vec{B}_0$.

Ces variations dans le temps de B_0 sont préjudiciables à la qualité des informations obtenues car elles induisent une variation de la fréquence de résonance si elles ne sont pas compensées. Dans le cas d'acquisitions courtes, des spectres consécutifs présenteraient des raies à des positions différentes (figure 4-6a). Dans le cas d'acquisitions longues, la sommation de tous ces signaux dont la fréquence varie conduirait à un élargissement et à une déformation des raies semblable à ce qui est observé en cas d'inhomogénéité du champ magnétique (figure 4-6b).

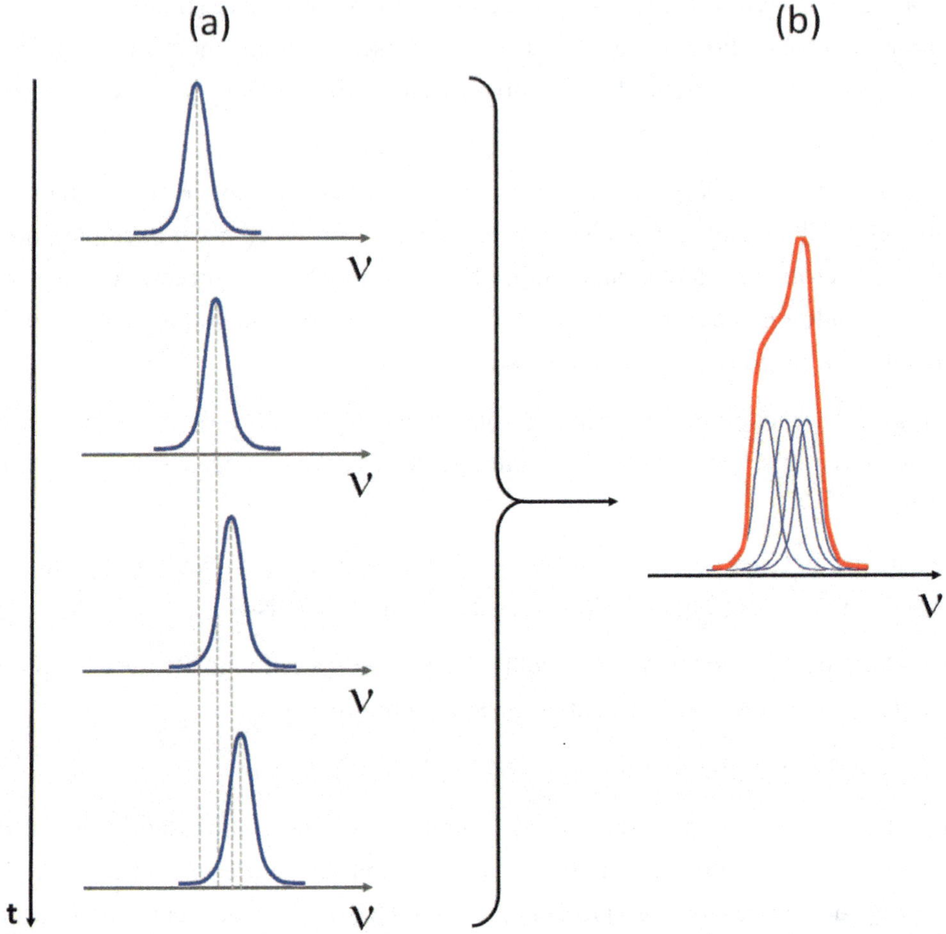

Figure 4-6 Influence sur la forme de raie de la variation de B_0 dans le temps. Pour des acquisitions courtes, des spectres consécutifs présentent des raies à des positions différentes (a). Pour des acquisitions longues, la sommation de tous ces signaux conduit à un élargissement et à une déformation des raies semblable à l'effet de l'inhomogénéité du champ magnétique (b).

Pour éliminer l'influence de l'évolution temporelle de B_0 sur le spectre, une bobine additionnelle produit un champ magnétique $\overrightarrow{\Delta B}$ colinéaire à $\vec{B}_0$ qui compense exactement la variation de $\vec{B}_0$. $\overrightarrow{\Delta B}$ doit donc varier comme $\vec{B}_0$ mais en sens inverse.

Le système de verrouillage champ-fréquence ou « lock » permet de déterminer à tout moment la valeur de ΔB. [25] Pour cela, un signal est détecté en permanence et en dispersion (généralement, c'est le signal du solvant deutéré). La tension mesurée à la fréquence de résonance ^{2}H est proportionnelle à ΔB (figure 4-7) ; dans le cas d'une acquisition ^{2}H, un composé fluoré est ajouté à l'échantillon et c'est le signal du fluor qui est utilisé pour le lock.

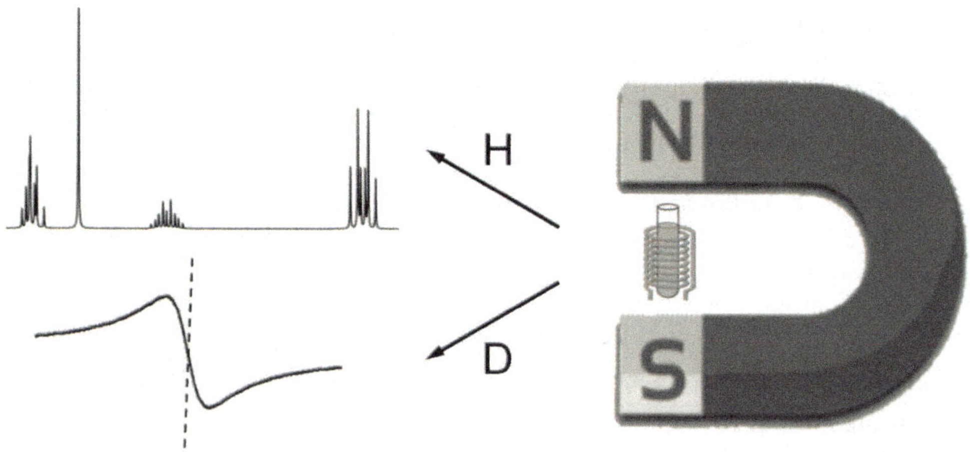

Figure 4-7 Principe du verrouillage champ-fréquence : en même temps qu'un signal RMN est acquis (par exemple en proton) un signal à une autre fréquence (par exemple en deutérium) est enregistré en dispersion de manière à mettre en évidence et à corriger toute dérive dans le temps du champ $\vec{B}_0$.

Parallèlement, l'amplitude du signal de lock en absorption est mesurée et sert à régler l'homogénéité de $\vec{B}_0$ (plus $\Delta\nu_{½}$ est petite, plus l'amplitude est élevée). Ce verrouillage champ-fréquence doit donc être mise en place avant le réglage de l'homogénéité du champ magnétique.

Par ailleurs, la correction des instabilités reposant sur l'observation d'un signal parfaitement en dispersion, il est essentiel que la phase du signal de « lock » soit réglée et stable. Le verrouillage champ-fréquence doit donc être mise en place après que la température (échantillon et sonde) soit stabilisée et après que les accords de sonde (*Cf.* section 4.4) aient été faits.

4.3. La chaîne d'émission

La génération des impulsions de radiofréquence est réalisée grâce à trois étages. [2]

4.3.1. Le synthétiseur

Le synthétiseur est chargé de générer en continu un signal d'environ 1 volt d'amplitude.

4.3.2. Le modulateur

La modulation du signal issu du synthétiseur a pour rôle de :

- mettre en forme l'impulsion (forme et durée),
- contrôler la phase de l'impulsion,
- contrôler l'amplitude de l'impulsion par atténuation.

4.3.3. L'amplificateur.

Un gain (de valeur constante) est appliqué à l'impulsion produite par l'étage de modulation de manière à obtenir la puissance nécessaire. La puissance à la sortie de l'amplificateur est donc conditionnée par la tension à l'entrée.

En pratique la puissance est choisie pour remplir la condition (*Cf.* section 3.5.2.) :

$$\omega_1 \geq 10.\text{gamme spectrale}$$

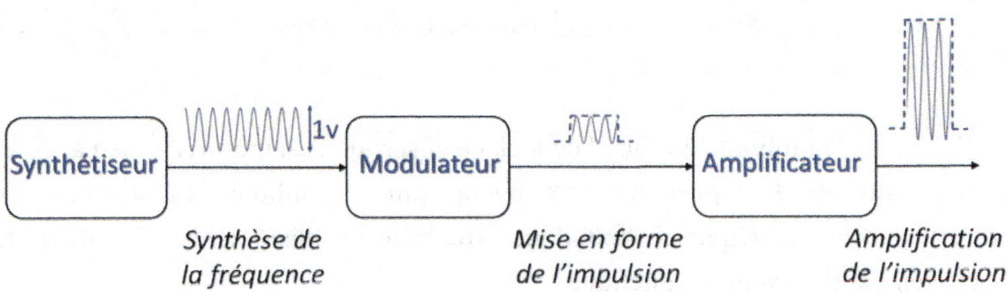

Figure 4-8 La chaîne d'émission est chargée de synthétiser les différentes fréquences nécessaires à l'expérience, de mettre en forme les impulsions (amplitude, forme, durée et phase) et de les amplifier.

La gamme spectrale dépend de la plage de déplacements chimiques (12 ppm en ^1H mais 250 ppm en ^{13}C par exemple) et du rapport gyromagnétique.

En ^1H : ν_0 = 500 MHz → P ≈ 4 W et V_{pp} ≈ 14 v

En ^{13}C : ν_0 = 126 MHz → P ≈ 200 W et V_{pp} ≈ 100 v

De plus P est proportionnelle à $(B_0)^2$, ainsi la puissance nécessaire en ^{13}C passe à ≈ 400 W pour ν_0 = 700 MHz.

De plus, la tension à laquelle la sonde est soumise ne doit pas dépasser un certain seuil (qui dépend des caractéristiques techniques) sans quoi des arcs électriques peuvent se produire au moment de l'émission. Cela dégrade la qualité des impulsions et peut endommager la sonde.

Pour des expériences hétéronucléaires (séquences DEPT, découplage, etc…) des impulsions à différentes fréquences sont nécessaires, il faut donc plusieurs canaux RF.

4.4. L'antenne

L'antenne est un circuit « accordé » à la fréquence de résonance qui permet de transformer le signal électrique généré par la chaine d'émission en onde électromagnétique. [2, 25]

Une bobine est placée autour de l'échantillon, elle est caractérisée électriquement par un coefficient L (coefficient de self inductance). Un condensateur, caractérisé par une capacité C_t, est placé entre les bornes de cette bobine. Le circuit ainsi formé réalise une « amplication » de la tension v produite dans la bobine par l'aimantation. La tension aux bornes du circuit est alors donnée par :

$$V = Q\,v$$

où : Q est le facteur de qualité, ou de surtension de la bobine.

Il s'agit d'un circuit résonant, c'est à dire que la surtension n'est observée que pour des pulsations ω proches de ω_a avec :

$$\omega_a^2 . L . C_t = 1 \qquad (4\text{-}1)$$

L dépend de la bobine et de l'échantillon qui est à l'intérieur, ω_a est la fréquence de résonance du circuit LC ou fréquence d'accord. C_t est donc un condensateur ajustable dont la valeur doit être réglée pour chaque échantillon à $\frac{1}{L.\omega_0^2}$ pour que la fréquence d'accord coïncide avec la fréquence le Larmor. L'opération qui consiste à ajuster C_t est appelée accord de sonde ou « tuning ».

La connexion de la sonde au reste du spectromètre se fait à l'aide d'un aiguillage qui permet de commuter entre la chaîne d'émission et la chaîne de réception (car c'est la même bobine qui est utilisée à l'émission et à la réception). L'impédance ($Z = \frac{V}{I}$) de la sonde doit être égale à celle de cet aiguillage ($50\ \Omega$) pour éviter des réflexions du signal à l'interface.

Un condensateur variable C_m, ajouté au circuit, permet de réaliser cette adaptation d'impédance (« matching » de la sonde).

En pratique, le circuit d'accord peut être plus complexe de manière à permettre plusieurs accords simultanés de la sonde (par exemple pour le lock). De même, une sonde RMN peut comporter plusieurs bobines (une pour l'observation, l'autre pour le découplage par exemple). Toutefois, plus une sonde comporte de bobines et moins elle est efficace ; et plus une bobine comporte d'accords et moins elle est efficace. [25]

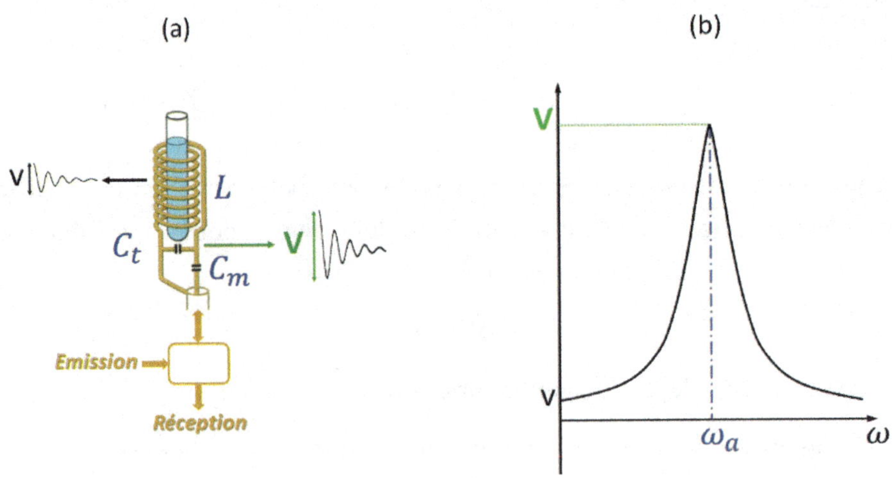

Figure 4-9 L'antenne (a) est chargée d'émettre les impulsions RF et de recevoir le signal RMN. C'est un circuit résonant qui transforme la tension v produite par l'échantillon en une tension beaucoup plus importante V. La surtension n'est observée que pour des pulsations ω proches de $\omega_a = \sqrt{1/_{L.C_t}}$ (b).

Les bobines utilisées pour produire le champ $\vec{B}_1$, en RMN haute résolution des liquides, ont une forme en « selle de cheval » (figure 4-10a) de manière à produire un champ $\vec{B}_1$ perpendiculaire à $\vec{B}_0$.

En revanche, dans les spectromètres de paillasse le champ $\vec{B}_0$ est perpendiculaire à l'axe du tube, ce qui permet d'utiliser des solénoides, plus sensibles (figure 4-10b).

La valeur de L dépend de la nature de l'échantillon, du remplissage du tube et de la température (celle de l'échantillon et celle du tube). Par ailleurs, elle influe sur la phase du signal RMN (y compris celui du lock). La synthonisation de la sonde (réglage des valeurs des condensateurs C_t et C_m), également appelée accord de sonde, doit donc être faite après que la température soit stabilisée et avant le verrouillage champ-fréquence.

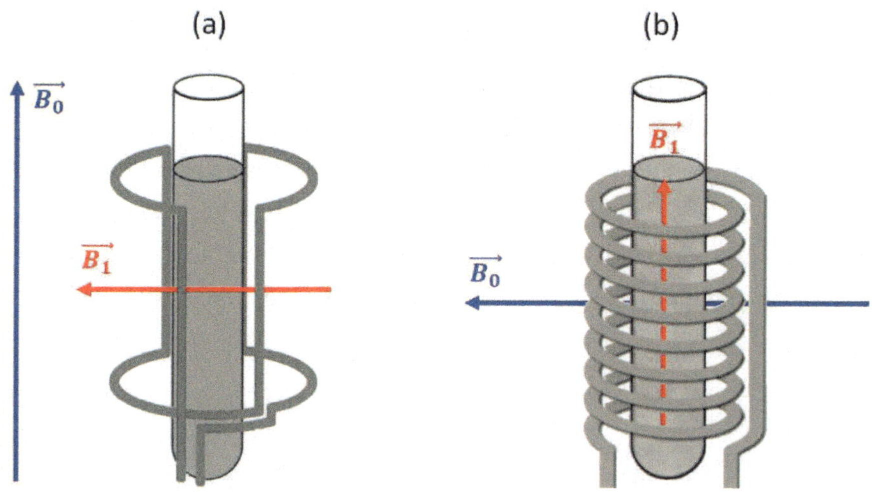

Figure 4-10 Bobine RF : en forme de « selle de cheval » (a), utilisée dans les spectromètres haute résolution des liquides ; et solénoïde (b), utilisé dans les spectromètres de paillasse. © Delphine BOUAN, avec son aimable autorisation.

4.5. La chaîne de réception

La réception du signal, depuis la sonde jusqu'à l'informatique, est réalisée grâce à quatre étages. [2]

4.5.1. Le préamplificateur

La préamplification est effectuée à la sortie de la sonde avec un gain fixe et à l'aide de préamplificateurs dédiés à une gamme de fréquences. Le signal à la sortie de la sonde ne représente que quelques centaines de microvolts (quelques millivolts en ^{1}H et à haut champ). Il passe à quelques dizaines de millivolts à la sortie du préamplicateur. Cette étape est déterminante pour le rapport signal-sur-bruit.

4.5.2. Le récepteur

Cet étage réalise plusieurs opérations.

- Une démodulation du signal pour passer de la fréquence de Larmor (plusieurs centaines de megahertz) à celle du référentiel tournant (quelques dizaines de kilohertz). Cette opération est généralement réalisée en passant dans une première étape à une fréquence intermédiaire pour que tout le reste soit indépendant de la fréquence d'observation, donc du noyau.
- Une seconde amplification à gain libre pour passer si possible à quelques volts et une atténuation éventuelle de manière à avoir un signal inférieur à 5 Volts. Cette dernière condition est indispensable pour ne pas saturer l'étage suivant.
- Une division du signal correspondant aux composantes suivant x' et y' du référentiel tournant (indispensable pour reconnaître le signe des fréquences) c'est ce que l'on appelle la détection en quadrature (*Cf.* section 3.1.3.).

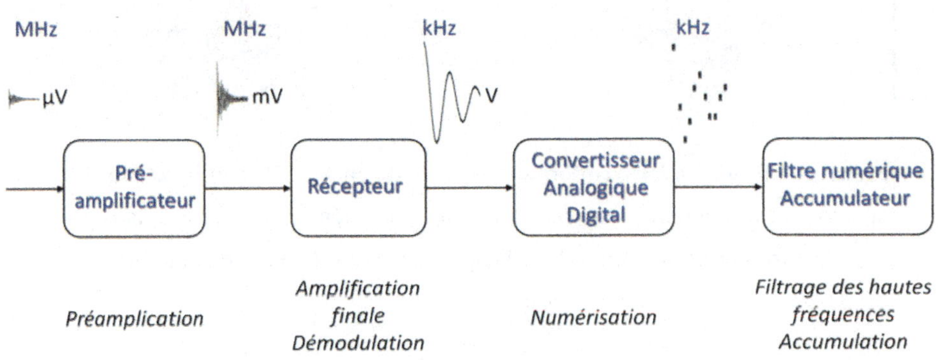

Figure 4-11 La chaîne de réception amplifie, démodule, numérise et filtre le signal RMN.

4.5.3. Le convertisseur analogique-numérique

Les CAN (Convertisseur Analogique Numérique) transforment ensuite les 2 signaux électriques obtenus en valeurs numériques pouvant être traitées par l'informatique. Comme indiqué précédemment, les signaux à l'entrée des CAN doivent être inférieurs à 5 Volts.

4.5.4. Le filtre

Pendant la dernière étape, le signal est filtré numériquement afin d'éliminer toute fréquence à l'extérieur de la gamme spectrale choisie. Puis les différents FIDs acquis sont moyennés afin d'obtenir le rapport signal-sur-bruit voulu.

Le réglage du gain total de la chaîne de réception est réalisé juste avant le lancement de l'acquisition, de manière à prendre en compte les paramètres choisis et les réglages et calibrages précédents.

4.6. Pour aller plus loin

- *Spin dynamics: basic of nuclear magnetic resonance*. Malcolm H. Levitt. Wiley-Blackwell, Chichester, 2008. Chapitre 4.
- *High-Resolution NMR Techniques In Organic Chemistry*. Timothy D.W. Claridge. Elsevier, 2016. Chapitre 3.
- *Comprendre la RMN*. James Keeler. Presses polytechniques et universitaires romandes. Lausanne, 2015. Chapitre 13.

Chapitre 5 - Autres noyaux que le proton

5.1. Le spin nucléaire

Contrairement à ce que nous avons écrit dans les premiers chapitres, le moment magnétique n'est pas réellement la conséquence de la rotation des charges du noyau. Il ne s'agit là que d'une approximation qui nous a permis d'éviter, dans un premier temps, de rentrer dans des détails qu'il est maintenant nécessaire d'aborder.

La mécanique quantique décrit le comportement de $\vec{\mu}$ à l'aide du nombre de spin I. Pour un nucléon (proton ou neutron), I est égal à ½. Pour les noyaux, le nombre quantique de spin résulte de la combinaison de l'ensemble des contributions des nucléons qui le constituent. [2]

Les noyaux pour lesquels le nombre de masse (A) et le numéro atomique (Z) sont pairs (noyaux pair-pair) ont un spin nul ($I = 0$). Ces noyaux ne sont pas observables en RMN car ils ne sont pas dotés d'un moment magnétique. C'est notamment le cas des noyaux ^{12}C et ^{16}O.

Tous les autres noyaux ont un spin $I \geq$ ½. I est un entier pour les noyaux impair-impair. I est un multiple impair de ½ pour les noyaux impair-pair et pair-impair (figure 5-1). Parmi ces noyaux, certains ont un spin ½ comme le proton ; par exemple : ^{13}C, ^{15}N, ^{19}F, ^{31}P. Les noyaux qui ont un spin strictement supérieur à ½ sont appelés noyaux quadripolaires car ils sont caractérisés par une répartition des charges électriques qui n'est pas uniforme (*Cf.* section 6.3.5).

Lorsque l'échantillon est plongé dans le champ magnétique $\vec{B}_0$ la composante de $\vec{\mu}$ suivant $\vec{B}_0$ vérifie : [1]

$$\mu_z = \gamma.\hbar.m \tag{5-1}$$

où $\hbar = {}^{h}/_{2.\pi}$ et m est le nombre quantique magnétique pouvant prendre $(2I + 1)$ valeurs :

$$m = I, I - 1, I - 2, \dots - I.$$

Le nombre de spin I détermine donc le nombre d'orientations possibles que le moment magnétique d'un noyau peut adopter dans un champ magnétique externe. Par exemple, pour un proton (I = ½) placé dans un champ magnétique, deux états sont possibles :

$$m = I = ½ \qquad \text{(état } \alpha\text{)}$$

$$\text{ou} \quad m = I - 1 = -I = -½ \qquad \text{(état } \beta\text{)}$$

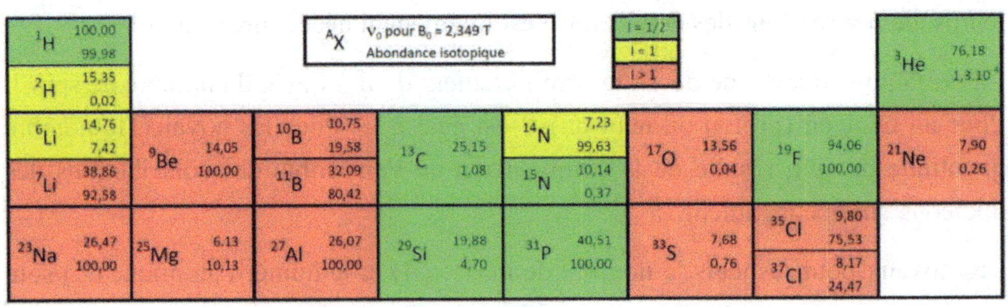

Figure 5-1 Quelques caractéristiques de noyaux (des trois premières périodes) observables en RMN.

En revanche, pour l'isotope lourd de l'hydrogène (^{2}H), qui a un spin égal à 1, trois orientations sont possibles, correspondant à : $m = 1, 0, -1$.

5.2. Couplage du proton avec les autres noyaux

Comme nous l'avons déjà évoqué, l'interaction avec les moments magnétiques des autres noyaux est responsable d'une démultiplication des raies (couplage spin-spin). Dans le chapitre 2 nous avons vu comment les couplages entre différents protons de la molécule peuvent être exploités pour remonter à la formule développée. Mais le couplage peut également s'établir entre un proton et un autre noyau.

5.2.1. Couplage avec un noyau de spin ½

Lorsque le noyau couplé a un spin égal à ½, l'impact sur le spectre est le même que lors du couplage avec un proton. Par exemple, le couplage avec un seul spin ½ conduit à un dédoublement, comme l'illustre la figure 5-2.

Le couplage à *n* spins ½, avec la même constante de couplage, conduit à un multiplet dont les intensités relatives sont données par le triangle de Pascal (tableau 2-2).

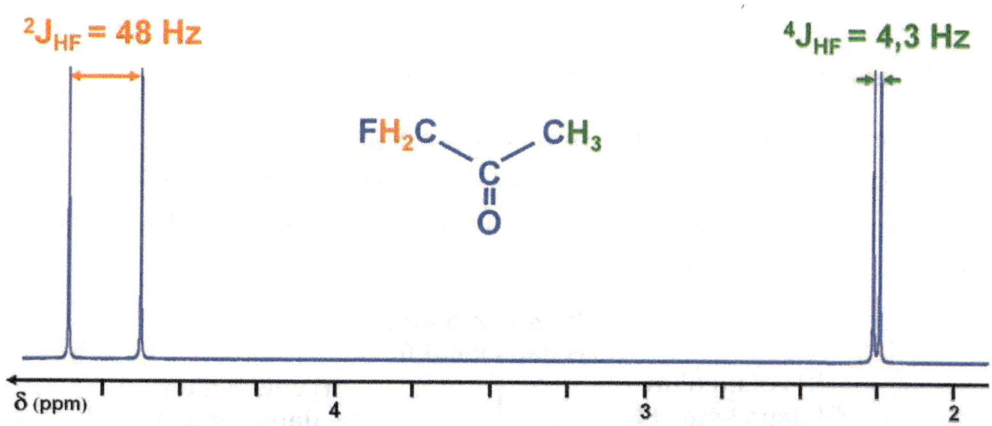

Figure 5-2 Spectre RMN-^{1}H de la 1-fluoropropan-2-one. Le couplage avec le fluor de spin ½ induit un doublet sur le massif du CH_2F ($^2J_{HF}$ = 48 Hz) et un autre sur le massif du CH_3 ($^4J_{HF}$ = 4,3 Hz).

Toutefois, les constantes de couplages sont très différentes de celles qui sont observées entre deux protons. La figure 5-3 donne, à titre d'exemple, quelques valeurs typiques de constantes de couplage entre le fluor et le proton. [37]

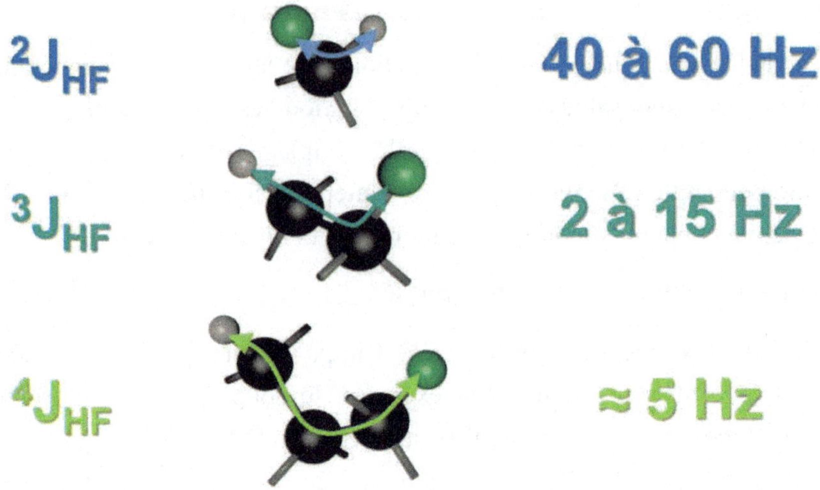

Figure 5-3 Valeurs typiques de constantes de couplages J_{HF} entre le proton et le fluor (à partir de données tirées de [37]).

5.2.2. Couplage avec un noyau quadripolaire

De manière générale le couplage avec les noyaux quadripolaires ($I > ½$), tels que Cl, Br ou I par exemple, est invisible. Ce couplage existe mais l'interaction est masquée par la relaxation très rapide des noyaux quadripolaires (*Cf.* Chapitre 6).

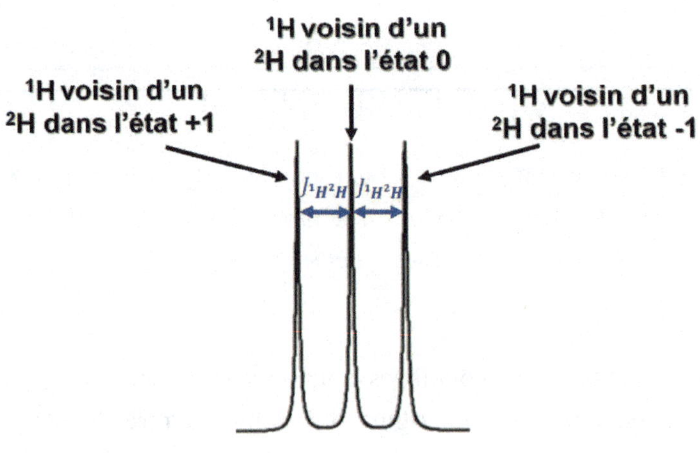

Figure 5-4 Massif d'un proton couplé à un deutérium (^{2}H). Chaque raie correspond aux hydrogènes voisins d'un deutérium dans un état de spin -1, 0 ou 1.

Ce phénomène induit des changements rapides d'état de spin des noyaux de spin supérieur à ½, l'hydrogène voisin voit alors le noyau quadripolaire dans un état moyen et le couplage disparait, un peu comme dans le cas d'un échange chimique rapide (*Cf.* section 2.4.3.).

Toutefois, dans le cas des plus petits noyaux quadripolaires, le deutérium (^2H) et les isotopes du bore par exemple, la relaxation est suffisamment lente pour permettre l'observation des couplages. Le deutérium a un spin égal à 1, son moment magnétique peut donc prendre trois orientations dans le champ $\overrightarrow{B_0}$, correspondant à $m = 1, 0, -1$.

Ces trois états de spin sont équiprobables, un proton couplé à un deutérium apparaît donc sous forme de trois raies de même intensité et séparées par la constante de couplage J (figure 5-4).

5.3. Observation d'un noyau abondant de spin ½

5.3.1. Sensibilité

A l'exception de l'isotope radioactif de l'hydrogène (le tritium, ^3H), tous les autres noyaux ont un rapport gyromagnétique plus faible que celui du proton. Cela conduit à une sensibilité réduite (pour l'isotope ^AX et à nombre constant de noyaux), par rapport à la RMN du proton (*Cf.* section 7.2.1). [33]

$$\frac{Sens(\,^{A}X)}{Sens(\,^{1}H)} = \left(\frac{\gamma_{\,^{A}X}}{\gamma_{^{1}H}}\right)^{2,5} \qquad (5\text{-}2)$$

5.3.2. Déplacements chimiques

Tout ce que nous avons vu dans la section 2.1. reste bien évidemment valable pour les autres noyaux que le proton. Toutefois, le terme σ_p étant prépondérant dans la constante d'écran pour les orbitales de valence sans symétrie sphérique (*Cf.* section 2.1.1.), la gamme des déplacements chimiques est toujours plus étendue que celle de l'hydrogène. A titre d'exemple, la figure 5-5 montre une table de déplacements chimique du fluor-19 ; elle s'étend sur 450 ppm contre 12 ppm pour le ^1H. [37]

Cette dernière caractéristique limite les recouvrements entre les plages correspondant à des groupements différents et facilite donc grandement l'interprétation des spectres des hétéro-noyaux.

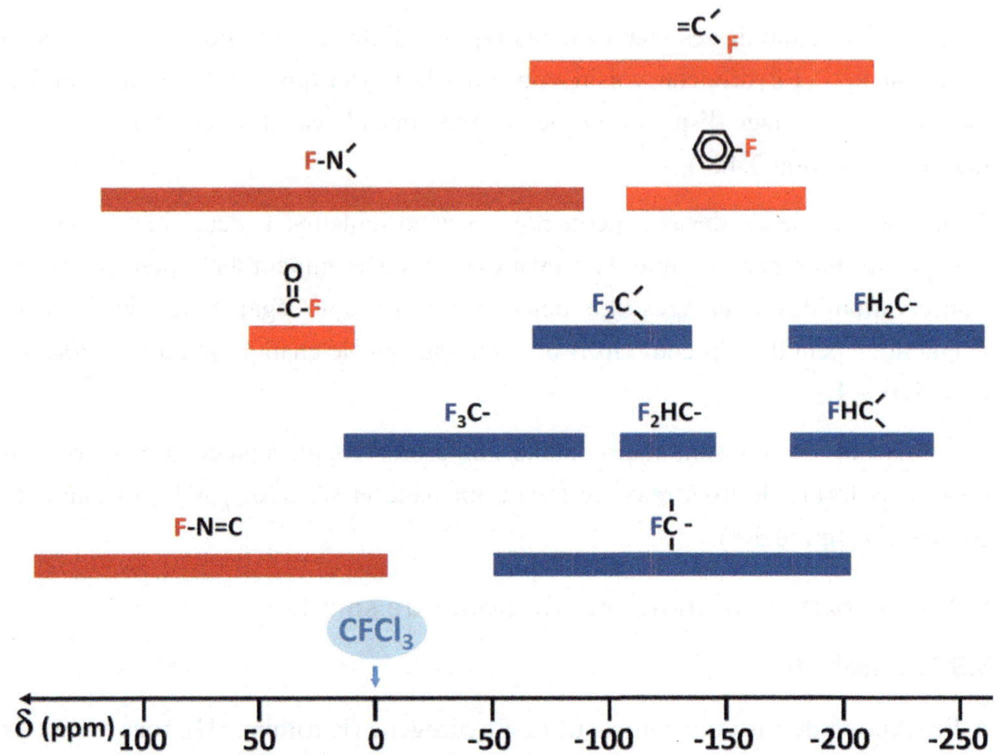

Figure 5-5 Table de déplacements chimiques ^{19}F. La référence utilisée est de $CFCl_3$ (à partir de données tirées de [37]).

5.3.3. Couplages spin-spin

Les noyaux de spin ½ sont couplés entre eux de la même manière qu'ils sont couplés aux protons, mais avec des constantes de couplage qui sont encore plus importantes.

A titre d'exemple, la figure 5-6 donne quelques valeurs typiques de constantes de couplage entre des noyaux de fluor. [37]

Par ailleurs, nous avons évoqué dans la section 5.2.1 les couplages entre les protons et les hétéro-noyaux. Ces couplages apparaissent sur le spectre proton mais également sur le spectre de l'hétéro-noyau. Cet aspect sera discuté dans la section consacrée aux noyaux de faible abondance et de spin ½ (5.4.).

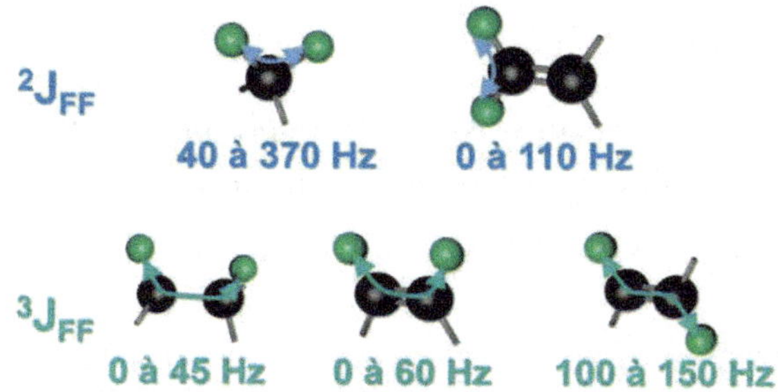

Figure 5-6 Valeurs des couplages J_{FF} pour quelques situations rencontrées dans les composés organiques (à partir de données tirées de [37]).

5.3.4. Découplage

L'effet des couplages avec les protons peut être éliminé expérimentalement en utilisant une technique de découplage de spin qui fait que les noyaux ^AX ne voient qu'un spin moyen pour les protons qui leur sont couplés.

Le découplage consiste à provoquer des inversions rapides et répétées de l'état des spins proton (figure 5-7). [38] Le noyau ^AX ne voit alors les protons voisins que dans un état moyen comme dans le cas d'un échange chimique rapide (*Cf.* section 2.4.3.). Dans ces conditions, le couplage n'entraîne plus de démultiplication des raies du noyau ^AX. La vitesse de l'inversion de spin doit être rapide par rapport à $1/J_{AH}$, il est donc d'autant plus difficile de découpler que la constante de couplage est grande. En pratique, les schémas de découplage sont plus complexes (*Cf.* sections 9.2.2. et 9.5.4., mais le principe reste celui de la figure 5-7.

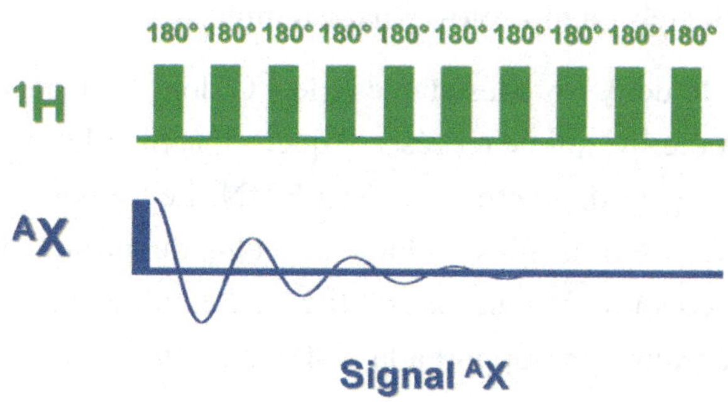

Figure 5-7 Séquence de découplage par application d'une succession rapide d'impulsions 180° à la fréquence du ^{1}H pendant l'enregistrement du signal du noyau ^AX. (L'intervalle entre deux impulsions est pratiquement nul).

5.3.5. L'effet nucléaire Overhauser

Lors de l'acquisition d'un spectre RMN découplé proton, un transfert partiel de polarisation peut intervenir entre les protons et les noyaux ^{A}X auxquels ils sont liés. Ce phénomène, appelé effet Overhauser nucléaire (nOe), [39] est caractérisé par le facteur η :

$$\eta = \frac{I}{I_0} - 1 \qquad (5\text{-}3)$$

avec I : intensité du signal ^{A}X en présence d'irradiation proton,

et I_0 : intensité du signal ^{A}X en absence d'irradiation proton.

Dans le cas du nOe entre un proton et un hétéro-noyau de spin ½, et pour de petites molécules, η vérifie l'inégalité suivante :

$$\eta \leq \frac{\gamma_{\,^1H}}{2.\gamma_{\,^AX}} \qquad (5\text{-}4)$$

Le nOe n'est donc pas identique pour tous les sites d'une molécule, il dépend notamment du nombre de ^{1}H voisins du site considéré. L'effet Overhauser nucléaire sera plus détaillé dans la section 6.5.

5.4. Observation d'un noyau de faible abondance et de spin ½

Nous prendrons ici l'exemple du carbone-13, compte tenu de l'omniprésence de cet élément dans les molécules organiques. Toutefois, tout ce qui est reporté dans cette section est qualitativement valable pour d'autres noyaux de spin ½ et de faible abondance naturelle tels que l'azote-15 par exemple.

Le carbone possède deux isotopes stables : le ^{12}C dont l'abondance isotopique est d'environ 98,9% et le ^{13}C qui ne représente que 1,1%. Seul le ^{13}C est doté d'un spin non-nul (I = ½) et peut donc être utilisé en RMN. Le rapport gyromagnétique du ^{13}C est environ quatre fois plus faible que celui du proton. Ce faible rapport gyromagnétique conduit à une sensibilité (à nombre constant de noyaux), considérablement réduite par rapport à la RMN du proton. [33]

$$\frac{Sens(^{13}C)}{Sens(^{1}H)} = \left(\frac{\gamma_{^{13}C}}{\gamma_{^{1}H}}\right)^{2,5} \approx 3{,}17.10^{-2}$$

Comme nous allons le voir dans la section suivante, cet aspect est encore aggravé par l'abondance naturelle du carbone-13.

5.4.1. Impact de la faible abondance naturelle

Considérons, à titre d'exemple, la molécule d'éthanol qui comporte deux carbones. L'éthanol présente donc quatre isomères (isotopomères en fait) qui ne diffèrent entre eux que par la nature isotopique des carbones (figure 5-8). Les isotopomères II et III représentent chacun 1,1% des molécules, l'isotopomère IV ne représente lui qu'environ 1 °/₀₀₀ des molécules compte tenu de la probabilité de trouver deux ^{13}C sur la même molécule. Le reste est constitué par l'isotopomère I, soit près de 98%.

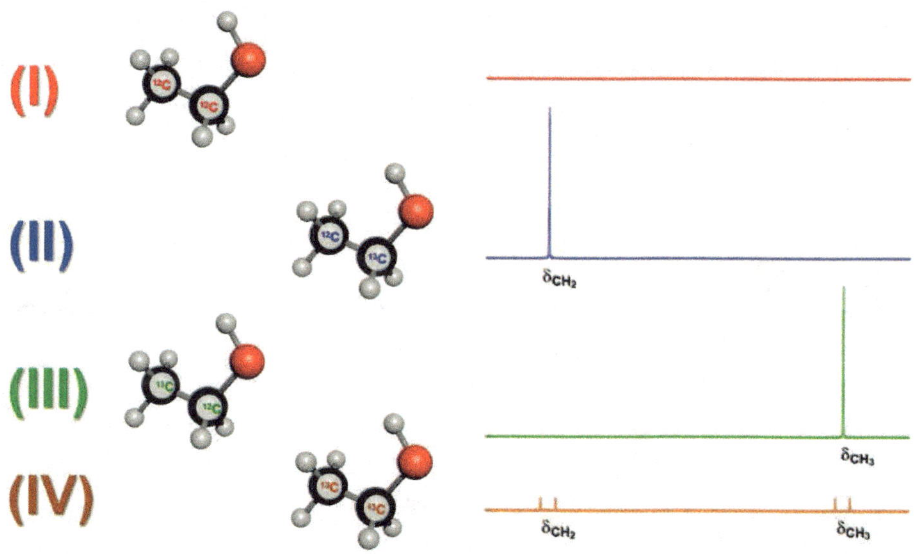

Figure 5-8 Les isotopomères carbone de l'éthanol et les spectres RMN-^{13}C correspondant (en négligeant les couplages ^{13}C-H et en dilatant l'échelle verticale du spectre IV)

En fonction du nombre de ^{13}C, ces différents isotopomères produisent des spectres très différents en RMN-^{13}C (figure 5-8). L'isotopomère I ne donne pas de signal, les isotopomères II et III ne produisent qu'une seule raie aux déplacements chimiques du CH_2 et du CH_3 respectivement, et le spectre de l'isotopomère IV est le seul à présenter deux massifs et un couplage spin-spin (dans cette description, nous négligeons les couplages ^{13}C-H sur lesquels nous reviendrons plus tard).

Le spectre obtenu pour un échantillon macroscopique (figure 5-9) est donc la superposition de ces différents spectres. En abondance naturelle, le spectre IV sera pratiquement invisible, les raies qui le constituent auront en effet une intensité 200 fois inférieure à celles des spectres II et III.

En conséquence, dans un spectre de routine, seuls les isotopomères monomarqués seront détectés, et il n'est donc pas question, dans ces conditions, de déterminer les connectivités entre groupes chimiques sur la base des couplages ^{13}C-^{13}C.

Par ailleurs, l'abondance naturelle du ^{13}C réduit encore d'un facteur 100 la sensibilité de la RMN carbone par rapport à celle du proton. Il est donc beaucoup plus difficile d'obtenir un bon rapport signal sur bruit avec ce type de noyau et cela a conduit à la proposition de nombreuses techniques multi-impulsionnelles visant à contourner cet inconvénient (*Cf.* chapitre 7).

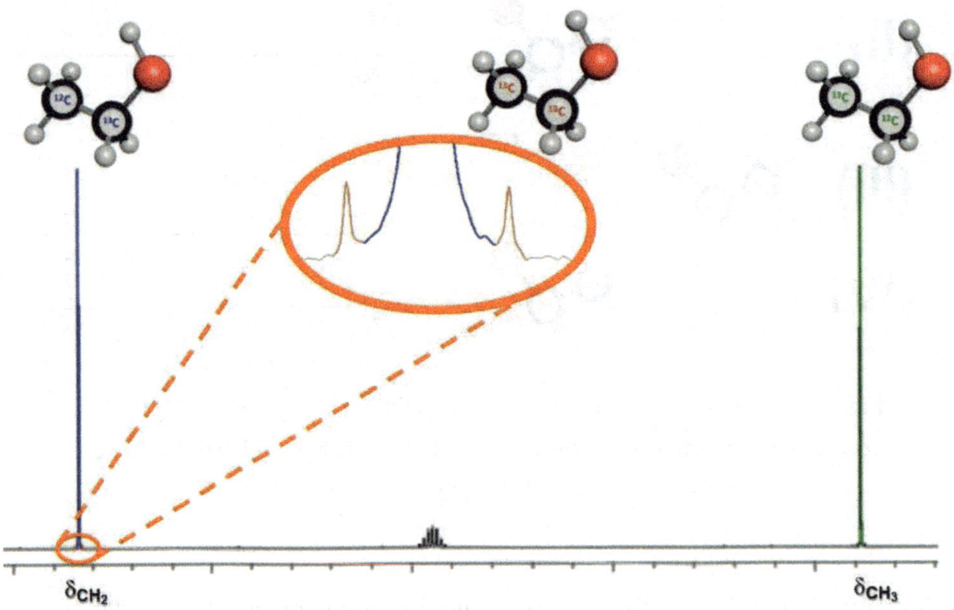

Figure 5-9 Spectre RMN-^{13}C de l'éthanol en abondance naturelle. L'encadré représente un agrandissement du pied du pic du CH_2 qui permet de voir les signaux provenant de l'isotopomère IV.

5.4.2. Déplacements chimiques

Ce que nous avons vu dans la section 5.3.2. est également valable pour les noyaux de faible abondance isotopique comme le carbone-13. La gamme des déplacements chimiques ^{13}C est beaucoup plus étendue que celle du proton : 250 ppm pour le ^{13}C (Figure 5-11) contre 12 ppm pour le ^{1}H. Ce qui, là encore, facilite grandement l'interprétation des spectres de RMN-^{13}C. [10, 12]

5.4.3. Couplages spin-spin

Le noyau du ^{13}C possédant un nombre de spin égal à ½, les couplages spin-spin entre ^{13}C doivent donc apparaitre sur le spectre. Cependant, l'abondance isotopique naturelle du ^{13}C fait que la probabilité d'avoir deux noyaux ^{13}C côte à côte est très faible. Les couplages ^{13}C-^{13}C ne sont donc visibles que sur des raies de très faible intensité. La figure 5-10 donne des valeurs de couplage $^{1}J_{CC}$ pour quelques situations rencontrées dans les composés organiques. [10]

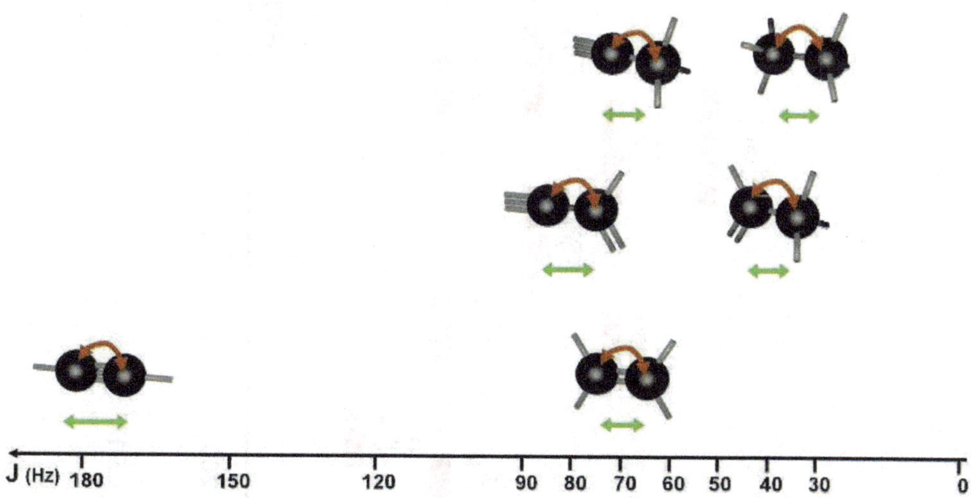

Figure 5-10 Valeurs des couplages $^{1}J_{CC}$ pour quelques situations rencontrées dans les composés organiques (à partir de données tirées de [10]).

En revanche, il est évident qu'il y a des interactions entre les protons et les noyaux de ^{13}C puisque ce dernier « baigne » dans un environnement de protons.

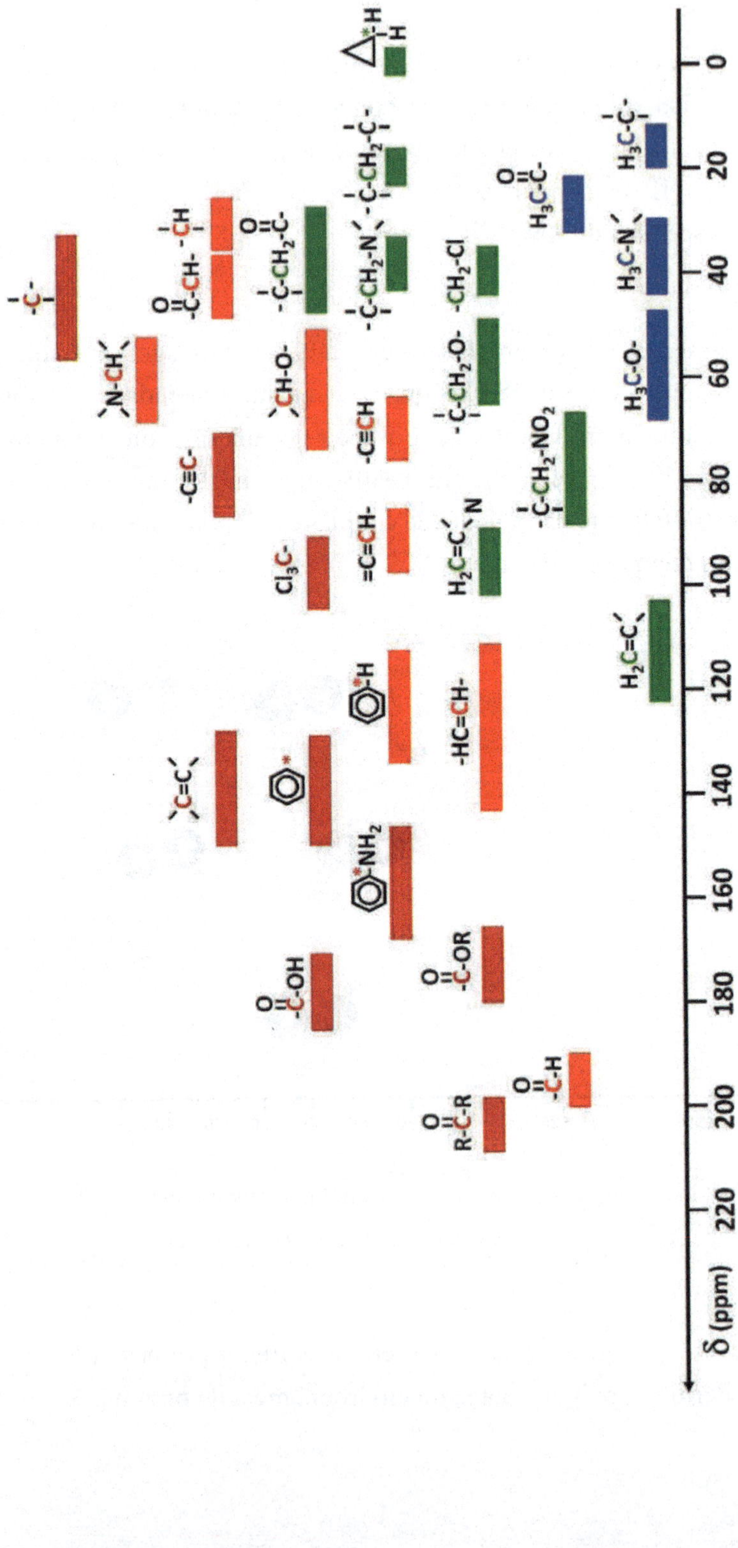

Figure 5-11 Table de déplacements chimiques ^{13}C (à partir de données tirées de [10] et [12]).

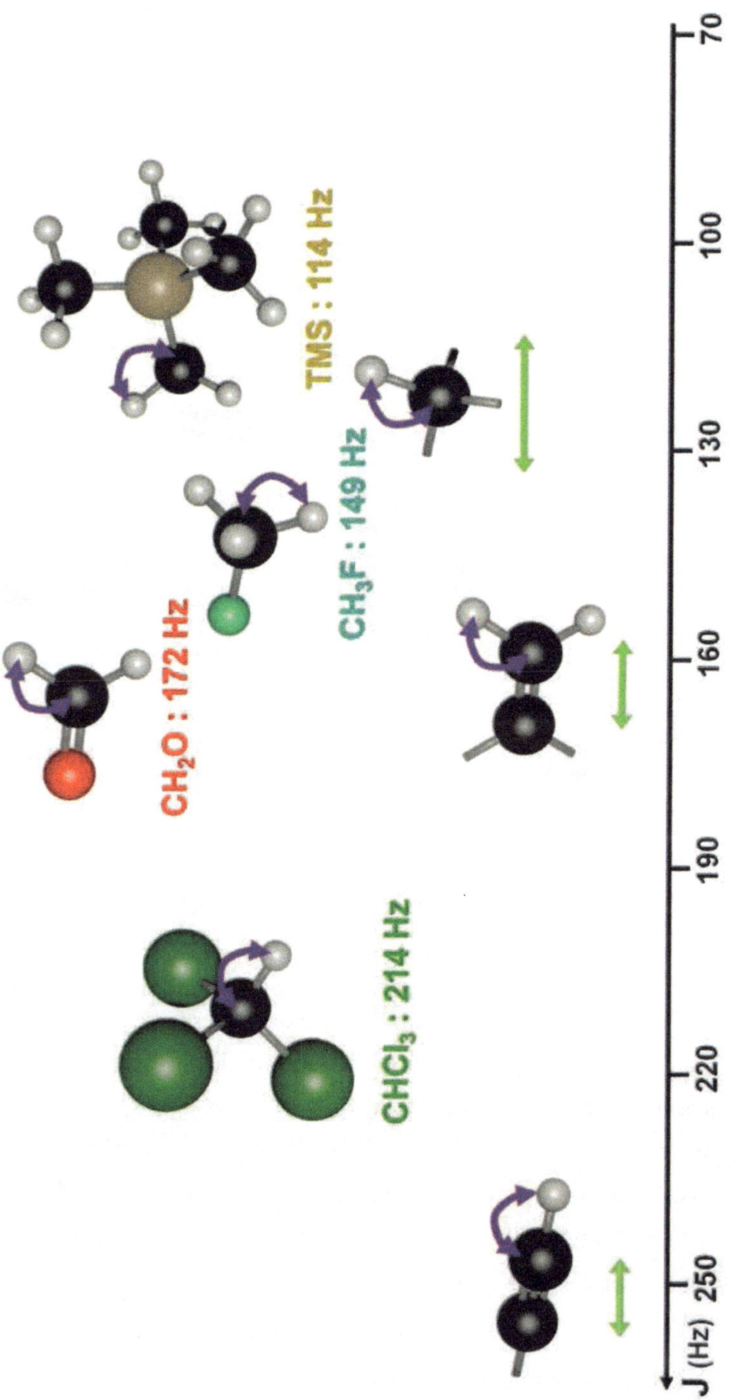

Figure 5-12 Valeurs des couplages $^1J_{CH}$ pour quelques situations rencontrées dans les composés organiques (à partir de données tirées de [10] et [12]).

La figure 5-12 donne des valeurs de couplage $^1J_{CH}$ couramment rencontrés dans les composés organiques. [10, 12] Les $^1J_{CH}$ dépendent très fortement de l'hybridation du carbone, mais bien évidemment, ces constantes sont également influencées par l'électronégativité des substituants.

Il existe également des couplages en $^2J_{CH}$ ou $^3J_{CH}$ qui peuvent être visualisés sur les spectres ^{13}C mais leurs valeurs sont beaucoup plus faibles (Figure 5-13). [10, 12]

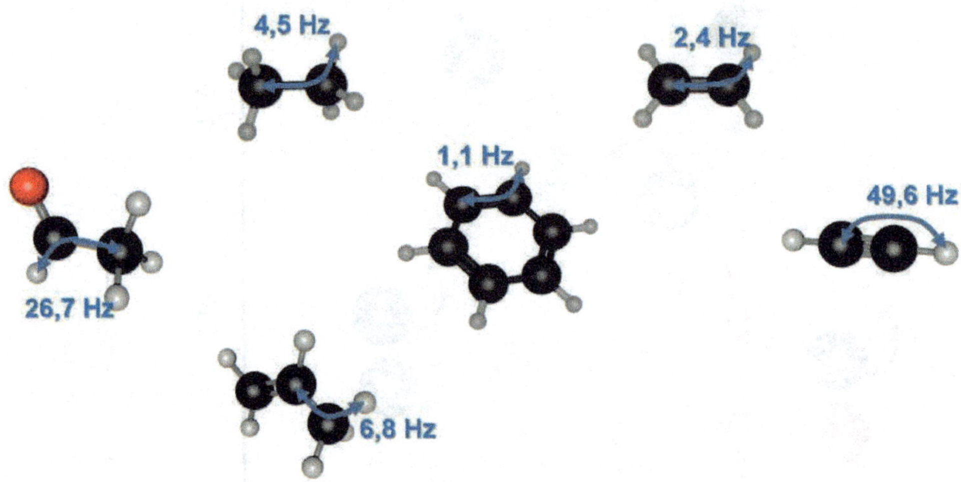

Figure 5-13 Valeurs des couplages $^2J_{CH}$ et $^3J_{CH}$ pour quelques composés organiques. Ces constantes peuvent être négatives mais seule la valeur absolue est donnée ici (à partir de données tirées de [10] et [12]).

Les constantes de couplage $^2J_{CH}$ dépendent fortement de l'hybridation et de la substitution des carbones. Dans les groupements aliphatiques, les $^2J_{CH}$ sont environ 2 fois plus faibles que les $^2J_{HH}$ observés pour une géométrie comparable (typiquement 4 à 6 Hz). Dans le cas d'un couplage avec un proton aldéhydique, cette constante se situe entre 20 et 50 Hz et elle est comprise entre 40 et 65 Hz lorsqu'il s'agit du couplage avec un proton acétylénique. [10]

Les $^3J_{CH}$ sont compris entre 0 et 16 Hz. Comme dans le cas des constantes de couplage $^3J_{HH}$, il existe une relation de Karplus [19] entre les $^3J_{CH}$ et l'angle dièdre.

Dans le cas d'une double liaison C=C, les constantes de couplage *trans* sont généralement plus grandes que les constantes de couplage *cis*.

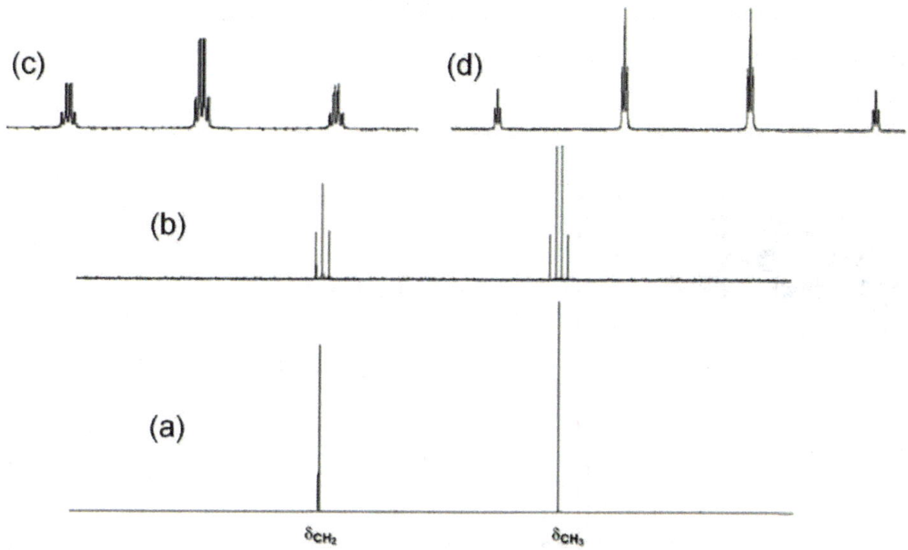

Figure 5-14 Spectres RMN-^{13}C de l'éthanol : (a) avec découplage proton, (b) sans découplage proton, (c) étalement du massif CH_2 du spectre b, (d) étalement du massif CH_3 du spectre b. Les étalements (c) et (d) permettent de visualiser les couplages $^2J_{CH}$.

Sur la figure 5-14, où des spectres RMN-^{13}C de l'éthanol sont représentés, la contribution des couplages $^1J_{CH}$ peut être observée. Ils induisent un quadruplet pour le CH_3 et un triplet pour le CH_2 (figure 5-14b). Une démultiplication supplémentaire est également visible. Elle provient des couplages $^2J_{CH}$: « détriplement » de chacune des raies du quadruplet (figure 5-14d) et « déquadruplement » de chacune des raies du triplet (figure 5-14c).

5.4.4. Découplage et effet nOe

Comme nous l'avons vu précédemment, ces couplages peuvent être éliminés du spectre grâce à un découplage large bande. [38] Chaque carbone apparait alors sous forme d'une seule raie, comme sur les spectres de la figure 5-14a. Ce découplage permet d'améliorer le rapport signal-sur-bruit puisque toutes les raies d'un massif sont maintenant superposées.

Il peut également être à l'origine, dans certaines conditions, de l'apparition d'un effet nOe. [39] L'intensité des raies du spectre RMN-^{13}C va alors augmentée, mais de manière différente pour chaque déplacement chimique.

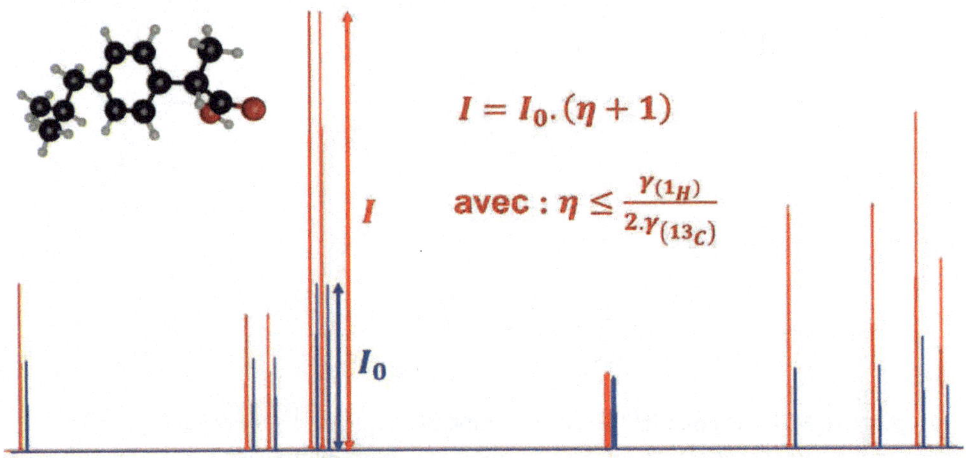

Figure 5-15 Comparaison des spectres RMN-^{13}C découplés proton de l'ibuprofène obtenus sans (en bleu) et avec effet nOe (en rouge).

La figure 5-15 représente deux spectres RMN-^{13}C de l'ibuprofène, en présence de découplage proton : sans et avec effet nOe. Les intensités I en présence du nOe sont supérieures aux intensités I_0 sans nOe. Le rapport $\frac{I}{I_0}$ vérifie les relations 5-3 et 5-4, et comme prévu, il n'est pas identique sur tout le spectre. Dans des conditions de routine, l'effet nOe est conséquent, c'est pourquoi ce type de spectre ne peut pas être utilisé pour déterminer le nombre de carbones équivalents pour chaque déplacement chimique.

5.5. Observation d'un noyau quadripolaire

Les noyaux quadripolaires ($I > ½$) représentent environ les 2/3 des noyaux observables en RMN. Comme nous le verrons dans le chapitre 6, ils sont caractérisés par une répartition des charges dans le noyau qui n'est pas uniforme (figure 6-6) et qui conduit à l'apparition d'un moment électrique quadripolaire Q. [2]

L'interaction entre ce moment quadripolaire et le gradient du champ électrique produit par le nuage électronique, est à l'origine d'une relaxation très efficace. [1] Les T_1 courts de ces noyaux constituent un avantage dans la mesure où ils permettent d'utiliser de faibles valeurs de temps de répétition et donc d'obtenir l'accumulation de nombreux FIDs en un temps court. De plus, cette relaxation rapide explique l'absence d'effet nOe pour ces noyaux. En revanche, les T_2 très courts qui sont généralement observés pour les noyaux quadripolaires limitent leur application en RMN haute résolution en conduisant à des largeurs de raies très importantes.

Le moment quadripolaire Q est caractéristique du noyau alors que le gradient de champ électrique q dépend de la symétrie du nuage électronique. L'élargissement des raies est donc dépendant de la nature du noyau mais aussi de la symétrie du nuage électronique. [2]

Considérons tout d'abord la molécule de HOD, pour le deutérium, le moment quadripolaire est faible, [25] la raie observée en RMN-^{2}H pour cette molécule est donc relativement fine (environ 1 Hz à mi-hauteur). Le moment quadripolaire de ^{17}O est beaucoup plus important ($Q_{^{17}O} \approx 8{,}9.\,Q_{^2H}$), [25] la raie observée en RMN-^{17}O pour HOD est donc beaucoup plus large (environ 70 Hz à mi-hauteur).

L'effet de la symétrie du nuage électronique peut être mis en évidence grâce à la RMN-^{14}N. L'ion ammonium (NH_4^+) présente une grande symétrie, la raie observée est donc fine (moins de 1 Hz à mi-hauteur) et cela bien que le moment quadripolaire de ^{14}N soit important ($Q_{^{14}N} \approx 7{,}1.\,Q_{^2H}$). [25] En revanche, ($NH_3$) est beaucoup moins symétrique et conduit à une raie nettement plus large (environ 80 Hz à mi-hauteur). Bien entendu, la largeur à mi-hauteur d'une raie dépend de nombreux paramètres (le champ B_0 et la température notamment), les valeurs données ici ne sont donc qu'indicatives.

Dans le cas de la plupart des noyaux quadripolaires, la symétrie des molécules organiques et les moments quadripolaires font que les largeurs de raies sont couramment de l'ordre de plusieurs dizaines à plusieurs centaines de Hz, ce qui explique que ces noyaux soient assez peu utilisés en RMN haute résolution. Les moments quadripolaires de certains noyaux, comme ^{197}Au ($Q_{^{197}Au} \approx 191{,}2.\, Q_{^{2}H}$), les rendent même quasiment inobservables en RMN à l'état liquide.

Les plus petits noyaux quadripolaires (le deutérium et le bore par exemple) font toutefois exception car ils ont de faibles valeurs pour Q. Dans le cas du deutérium, les déplacements chimiques sont identiques à ceux du proton, (ces deux noyaux étant les isotopes du même élément, ils ont le même nuage électronique). Toutefois, le rapport gyromagnétique du deutérium est environ six fois et demie plus petit que celui du proton (Figure 5-1). La dispersion en fréquence est donc beaucoup plus faible. Par ailleurs, les temps de relaxation sont généralement plus petits, comme les constantes de couplage. Les couplages proton-deutérium sont, à situation identique, 6,5 fois plus petits que les couplages proton-proton. Tout ceci conduit donc à une faible résolution en RMN du deutérium. A titre d'exemple, la figure 5-16 montre le spectre RMN du deutérium de l'éthanol, comparé au spectre obtenu en RMN du proton sur le même échantillon.

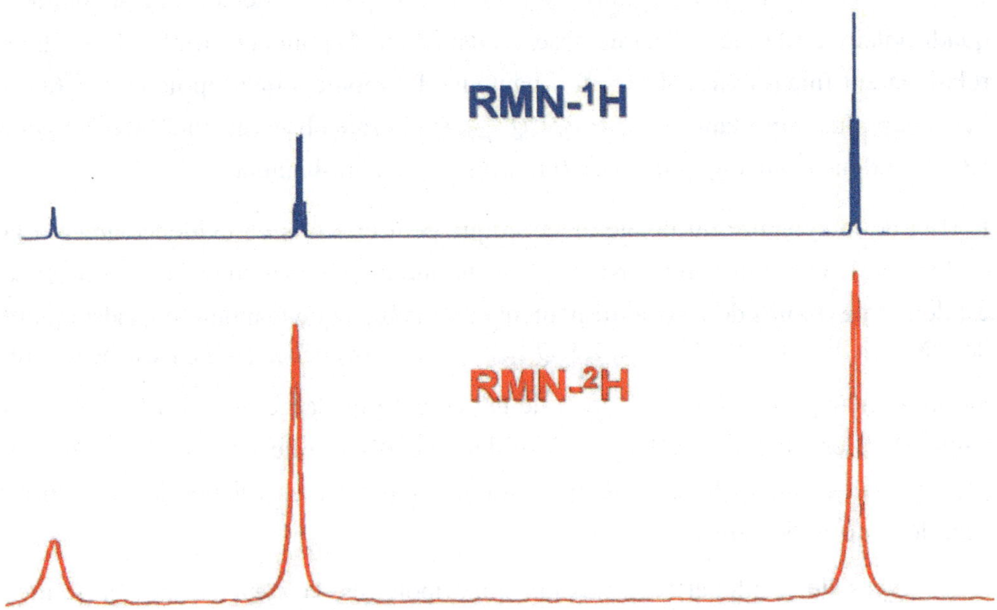

Figure 5-16 Comparaison des spectres de l'éthanol obtenus par RMN-^{1}H et par RMN-^{2}H découplé ^{1}H.

5.6. Pour aller plus loin

- *La spectroscopie de RMN. Principes de bases, concepts et applications de la spectroscopie de résonance magnétique nucléaire du proton et du carbone 13 en chimie*. Harald Günther. Masson, Paris, 1996. Chapitre 11.
- *Basic ^{1}H-^{13}C-NMR Spectroscopy*. Metin Balci. Elsevier, Amsterdam, 2005. Chapitres 12 à 15.

Chapitre 6 - Relaxation

Comme nous l'avons vu au chapitre 1, après avoir été basculée dans le plan transversal, l'aimantation va progressivement retourner à sa position d'équilibre.

Cet état d'équilibre a deux grandes caractéristiques : d'une part, les populations relatives sur les niveaux d'énergie sont gouvernées par la loi de Boltzmann (Eq. 1-2) et d'autre part, la composante transversale de l'aimantation est nulle.

La composante longitudinale (M_z) est directement liée aux différences de population. Le retour des populations des niveaux d'énergie vers leurs valeurs d'équilibre correspond donc au retour de l'aimantation longitudinale à la valeur M_0. C'est la relaxation longitudinale. Dans le même temps, l'aimantation transversale évolue vers une valeur nulle, c'est la relaxation transversale. [7]

Compte tenu de la très faible différence d'énergie entre les états de spin, le retour spontané vers l'équilibre se fait particulièrement lentement. Sans l'aide d'une stimulation extérieure, la relaxation complète d'un système de spins nucléaires prendrait plusieurs dizaines de jours, dans les conditions qui sont classiquement utilisées en RMN. L'expérience montre qu'il n'en est rien et que cela se fait généralement avec des constantes de temps de l'ordre de la seconde. La relaxation RMN n'est donc pas un phénomène spontané et son origine se trouve en fait dans l'agitation thermique des molécules. [2]

6.1. Relaxation et dynamique moléculaire

6.1.1. Champ local fluctuant

Dans un échantillon, l'environnement du noyau est constitué de charges électriques et de dipôles magnétiques (autres noyaux, électrons) qui sont soumis, du fait de l'agitation thermique, à des mouvements aléatoires.

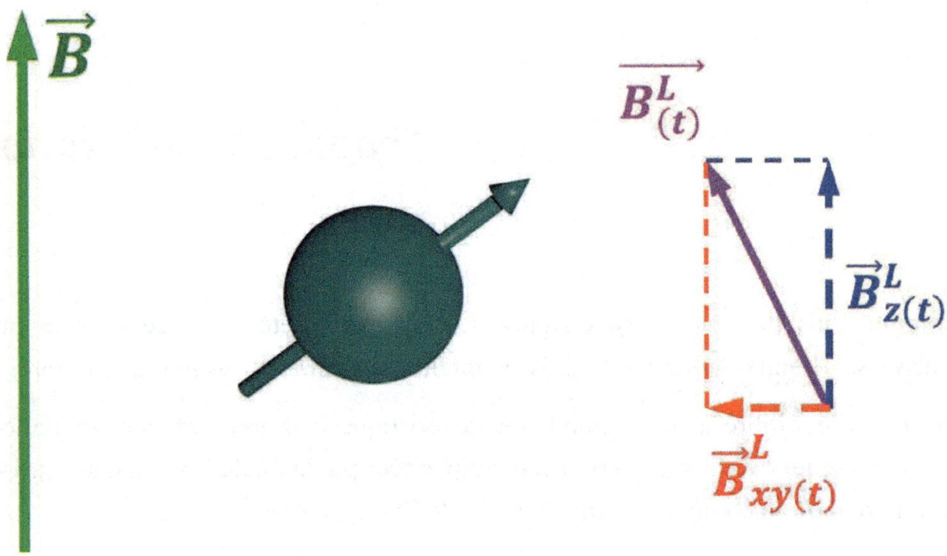

Figure 6-1 Champ local fluctuant. Le noyau est soumis au champ magnétique B, résultant entre autres de l'écran électronique et du couplage spin-spin. Mais il est également soumis au champ fluctuant résultant des mouvements de charges électriques et de dipôles magnétiques dans son environnement.

Les mouvements de ces charges génèrent alors un champ magnétique fluctuant $\overrightarrow{B^L_{(t)}}$ qui vient se superposer au champ statique $\vec{B}$ résultant, entre autres, de l'écran électronique et du couplage spin-spin (figure 6-1). [1, 2]

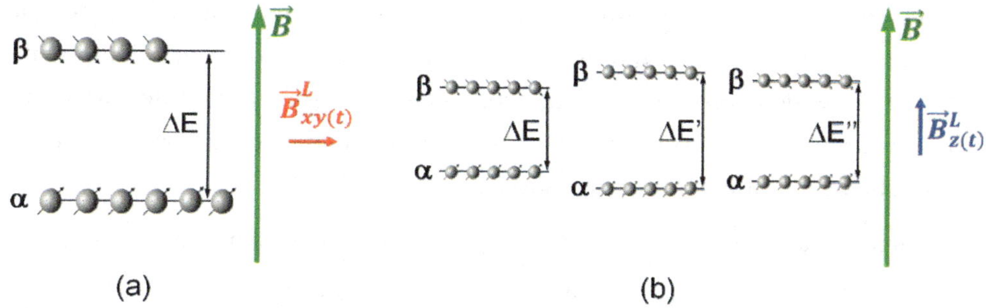

Figure 6-2 Effet des composantes du champ local fluctuant. (a) La composante transversale $\vec{B}^L_{xy(t)}$ se comporte comme le champ $\vec{B}_1$, lorsque sa fréquence de variation est proche de ν_0, elle induit des transitions entre les niveaux α et β, ce qui modifie les populations de ces états d'énergie. (b) La composante longitudinale $\vec{B}^L_{z(t)}$ s'ajoute au champ $\vec{B}$ et provoque une variation aléatoire de l'écart d'énergie ΔE. Les différents noyaux de l'échantillon ont donc, à un instant *t*, des fréquences de précession légèrement différentes, ce qui induit une défocalisation de leurs composantes transversales et donc une réduction de l'aimantation transversale.

La composante transversale de $\overrightarrow{B^L_{(t)}}$ ($\vec{B}^L_{xy(t)}$) se comporte un peu comme le champ $\vec{B}_1$, elle peut donc induire des transitions entre les niveaux α et β, ce qui modifie les populations de ces états d'énergie (figure 6-2a). Cette composante peut donc, lorsque sa fréquence de variation est proche de ν_0, stimuler la relaxation longitudinale. Il y a toutefois une différence essentielle entre $\vec{B}_1$ et $\vec{B}^L_{xy(t)}$. Alors que $\vec{B}_1$ est identique pour tous les noyaux de l'échantillon, $\vec{B}^L_{xy(t)}$ est la composante d'un champ local qui par définition est différent, à un instant *t*, pour chacun des spins considérés.

Par cette interaction avec $\vec{B}^L_{xy(t)}$ le système de spins échange de l'énergie avec son environnement, parfois appelé réseau (sans que cela fasse référence au réseau cristallin d'un solide). C'est pourquoi la relaxation longitudinale est également appelée, relaxation spin-réseau.

La composante longitudinale de $\overrightarrow{B^L_{(t)}}$ ($\vec{B}^L_{z(t)}$) s'ajoute quant à elle au champ $\vec{B}$ et provoque une variation aléatoire de l'écart d'énergie ΔE (figure 6-2b). Les différents noyaux de l'échantillon ont donc, à un instant *t*, des fréquences de précession légèrement différentes, ce qui induit une défocalisation de leurs composantes transversales et donc une réduction de l'aimantation transversale. Cette composante peut donc accélérer la relaxation transversale sans affecter la relaxation longitudinale puisqu'elle ne modifie pas les populations. [2]

Contrairement à ce qui se passe avec $\vec{B}^L_{xy(t)}$, ce phénomène suppose uniquement un échange d'énergie entre les spins du système. On parle donc de relaxation spin-spin qui ne doit pas être confondue avec la relaxation transversale. En effet, cette dernière est la somme de deux contributions : d'une part, la relaxation spin-réseau, car la part de l'aimantation qui est revenue suivant z n'est plus dans le plan transversal ; et d'autre part, la relaxation spin-spin qui correspond à une perte de cohérence des différents spins de l'échantillon. C'est pourquoi la relaxation transversale est toujours plus rapide que la relaxation longitudinale.

Le retour de l'aimantation vers sa valeur d'équilibre se passe, en règle générale, selon un processus mono-exponentiel. On appelle le temps caractéristique de la croissance de l'aimantation longitudinale le « *temps de relaxation longitudinale* » et il est noté T_1. De même, le temps caractéristique de la décroissance mono-exponentielle de l'aimantation transversale est appelé « temps de relaxation transversale » et noté T_2. Compte tenu de ce que nous avons dit dans les paragraphes précédents, T_2 est toujours inférieur ou égal à T_1.

6.1.2. Relation avec la dynamique moléculaire

Une molécule en solution est animée de mouvements aléatoires de différents types : rotation, translation et déformation. Ces mouvements s'effectuent avec une large gamme de fréquences mais peuvent toujours être caractérisés par un temps de corrélation moyen (τ_c). Par exemple, pour la rotation d'un groupement de la molécule, τ_c sera le temps moyen pour que ce groupement parcours un radian.

Pour que les fluctuations du champ local puissent provoquer des transitions entre les niveaux d'énergie (et donc aient un impact sur la relaxation spin-réseau) il faut qu'elles s'effectuent à des fréquences proches de la fréquence de Larmor (ν_0) : c'est-à-dire τ_c proche de $1/\omega_0$. [1] Par exemple, pour $\nu_0 = 500$ MHz, cela suppose des valeurs de τ_c proches de 0,3 ns.

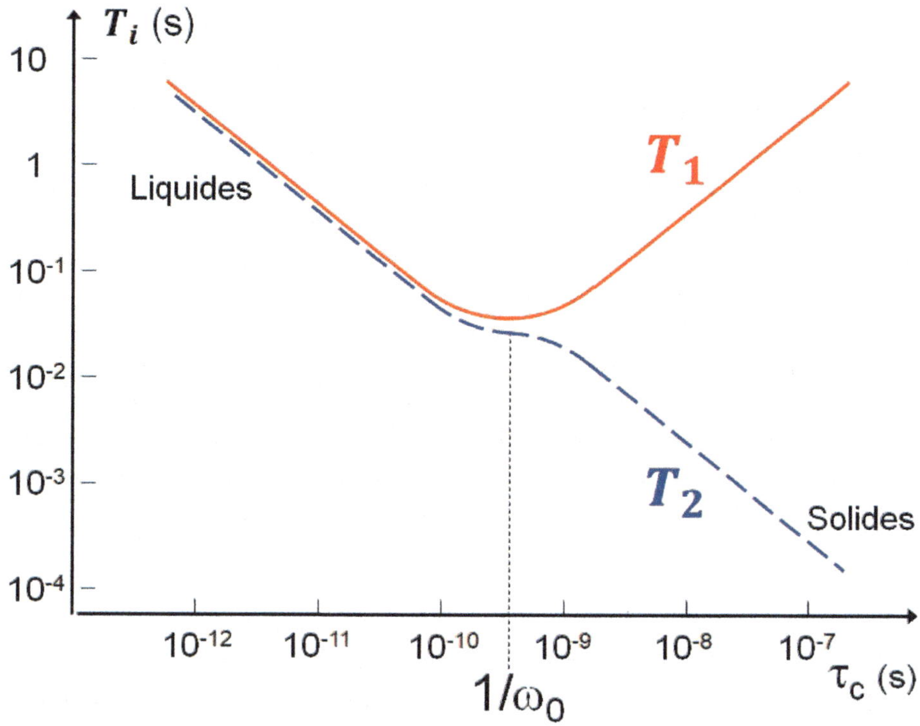

Figure 6-3 Relation entre les temps de relaxations T_1 et T_2 et la dynamique moléculaire. Pour des valeurs élevées du temps de corrélation τ_c (faibles mobilité), la relaxation transversale est très efficace alors que la relaxation longitudinale est peu efficace. Cette situation est caractéristique de l'état solide. Pour des valeurs faibles de τ_c (forte mobilité moléculaire), les deux composantes de la relaxation sont peu efficaces et identiques. Cette situation est caractéristique de l'état liquide. Lorsque $\tau_c.\omega_0$ est proche de 1, un minimum est observé pour T_1. La valeur de τ_c correspondant à ce minimum dépend donc de B_0.

En pratique seuls les mouvements de rotation ont des temps de corrélation qui peuvent vérifier cette condition. Dans le cas de petites molécules en solution dans un milieu fluide, les τ_c observés sont de l'ordre de quelques dizaines de picosecondes. Même les mouvements de rotation sont loin des conditions idéales et l'on parle alors de mouvements rapides ou de zone de rétrécissement extrême (puisque comme nous l'avons vue, la relaxation conditionne la largeur des raies). Dans le cas de macromolécules, telles que les protéines par exemple, les τ_c sont de l'ordre de plusieurs nanosecondes, ils sont donc trop grands, on parle alors de mouvements lents ou de zone de « diffusion de spins ». En fait, c'est seulement pour des molécules de taille intermédiaire, ou pour de petites molécules dans un milieu visqueux, que les mouvements de rotations s'effectuent avec la bonne vitesse pour stimuler idéalement la relaxation.

C'est pourquoi l'évolution du T_1 en fonction de τ_c présente un minimum (figure 6.3). [1] Pour les spins ½, les T_1 sont très souvent de l'ordre de la seconde pour les petites et les grosses molécules alors qu'ils peuvent être de quelques dizaines de millisecondes pour des molécules de taille intermédiaire.

Dans le cas de la relaxation spin-spin, le mouvement n'est pas nécessaire car il suffit que la composante longitudinale du champ local ($\vec{B}^L_{z(t)}$) soit différente pour différents noyaux de l'échantillon. [1, 2] Ces noyaux ont alors, à un instant t, des fréquences de précession légèrement différentes, ce qui induit une défocalisation de leurs composantes transversales et donc une réduction de l'aimantation transversale globale. En revanche, si $\vec{B}^L_{z(t)}$ fluctue rapidement, cet effet sera moyenné dans le temps et la contribution à la relaxation spin-spin sera nulle. Donc, contrairement à la relaxation spin-réseau, la relaxation spin-spin sera d'autant plus efficace que le mouvement est lent et donc τ_c petit. C'est pourquoi les petites molécules ont un T_2 grand (et très proche de T_1) alors que les macromolécules ont un T_2 petit (et très différent des T_1) comme le montre la figure 6.3.

6.2. Probabilités de transition et vitesses de relaxation

6.2.1. Système à un spin

Considérons un système constitué d'une population de spins ½ ayant tous le même déplacement chimique. Le diagramme énergétique d'un tel système se réduit à deux niveaux : le niveau α ayant une population n_α et le niveau β avec la population n_β. L'aimantation longitudinal de ce système est, comme nous l'avons déjà vu, proportionnelle à la différence de ces deux populations :

$$M_z = (n_\alpha - n_\beta).\mu_z \tag{6-1}$$

Dans un tel système, compte tenu de la faible différence d'énergie, la probabilité pour un spin dans l'état α de passer dans l'état β est la même que celle qu'a un spin dans l'état β de passer dans l'état α ; nous noterons cette probabilité W. [40]

La cinétique d'évolution des populations est alors analogue à une cinétique chimique du premier ordre. Pendant un intervalle de temps dt le nombre de spins quittant le niveau α est proportionnel à W et à l'écart de population de α par rapport à la population à l'équilibre : $W(n_\alpha - n_\alpha^0)$; avec n_α^0 population du niveau α à l'équilibre.

De la même manière, et dans le même intervalle de temps, $W(n_\beta - n_\beta^0)$ spins quitteront le niveau β pour rejoindre le niveau α ; avec n_β^0 population du niveau β à l'équilibre. [40]

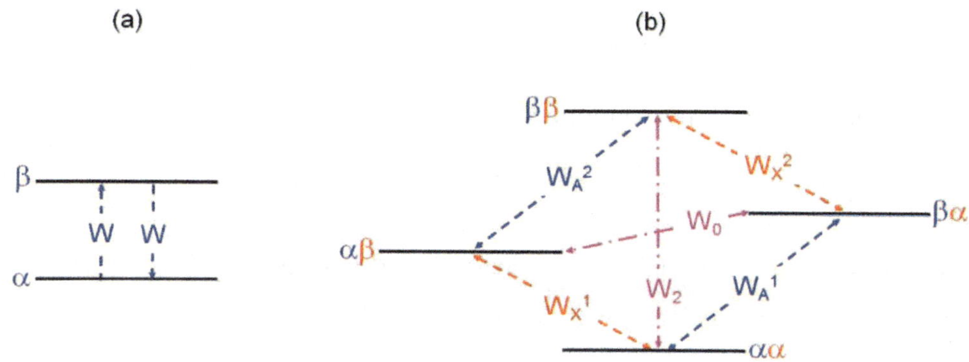

Figure 6-4 Diagramme énergétique et transitions induites par la relaxation. (a) pour un système à un spin ½ et (b) pour un système AX à deux spins ½ (la première lettre indique l'état du spin A et la seconde l'état du spin X). Les W_A^i correspondent aux probabilités des transitions impliquant uniquement le spin A. Les W_X^i correspondent aux probabilités des transitions impliquant uniquement le spin X. W_0 et W_2 correspondent aux probabilités des transitions impliquant simultanément les spins A et X.

La variation de population du niveau α est donc :

$$\frac{dn_\alpha}{dt} = -W(n_\alpha - n_\alpha^0) + W(n_\beta - n_\beta^0)$$

et de même :

$$\frac{dn_\beta}{dt} = -W(n_\beta - n_\beta^0) + W(n_\alpha - n_\alpha^0)$$

A partir de l'équation 6-1, l'évolution de l'aimantation longitudinale est donc donnée par : [40]

$$\frac{dM_z}{dt} = \frac{d(n_\alpha - n_\beta)}{dt} . \mu_z = \left(\frac{dn_\alpha}{dt} - \frac{dn_\beta}{dt}\right) . \mu_z$$

Nous pouvons alors écrire :

$$\begin{aligned}\frac{dM_z}{dt} &= \left[W(n_\beta - n_\beta^0) - W(n_\alpha - n_\alpha^0) - W(n_\alpha - n_\alpha^0) + W(n_\beta - n_\beta^0)\right] . \mu_z \\ &= \left[-2W(n_\alpha - n_\beta) + 2W(n_\alpha^0 - n_\beta^0)\right] . \mu_z \\ &= -2W(M_z - M_z^0)\end{aligned}$$

Ce qui peut être réécrit sous la forme :

$$\frac{dM_z}{dt} = -\frac{(M_z - M_z^0)}{T_1} \qquad \text{avec : } T_1 = \frac{1}{2W}$$

Nous retrouvons la contribution à la relaxation dans l'équation de Bloch 3-15. [7]

6.2.2. Système à deux spins

Considérons maintenant un système AX constitué de deux populations de spins ½ ayant des déplacements chimiques différents ; les spins A et X ne sont pas nécessairement couplés entre eux mais sont suffisamment proches pour s'influencer : chaque spin est soumis au champ magnétique induit par le spin de l'autre. Le diagramme d'énergie d'un tel système est représenté sur la figure 6-4b. Il comporte quatre niveaux d'énergie et nous pouvons observer six transitions. [40]

- Deux de ces transitions correspondent à un changement d'état du spin A :
  - αα↔βα dont la probabilité est W_A^1,
  - αβ↔ββ dont la probabilité est W_A^2.
- Deux autres correspondent à un changement d'état du spin X :
  - αα↔αβ dont la probabilité est W_X^1,
  - βα↔ββ dont la probabilité est W_X^2.
- Les deux dernières transitions sont dites interdites pour la spectroscopie classique mais peuvent être empruntées par la relaxation ; il s'agit des transitions qui correspondent à un changement d'état simultané pour les deux spins A et X :

- αα↔ββ dont la probabilité est W_2 (dite transition double quanta),
- αβ↔βα dont la probabilité est W_0 (dite transition zéro quanta).

En utilisant la même logique que dans la section 6.2.1., nous pouvons obtenir la variation de population à l'instant *t* pour chaque niveau d'énergie ; en faisant le bilan des augmentations de population dues aux transitions vers ce niveau et des diminutions de population provenant des transitions depuis ce niveau. Par exemple, la variation de population du niveau αα peut s'écrire : [40]

$$\frac{dn_{\alpha\alpha}}{dt} = -W_X^1.(n_{\alpha\alpha} - n_{\alpha\alpha}^0) - W_A^1.(n_{\alpha\alpha} - n_{\alpha\alpha}^0) - W_2.(n_{\alpha\alpha} - n_{\alpha\alpha}^0)$$
$$+W_X^1.(n_{\alpha\beta} - n_{\alpha\beta}^0) + W_A^1.(n_{\beta\alpha} - n_{\beta\alpha}^0) + W_2.(n_{\beta\beta} - n_{\beta\beta}^0)$$

Nous pouvons obtenir le même type de relation pour chacun des quatre niveaux d'énergie du système, et après quelques lignes de calcul l'expression de la variation des aimantations peut être déterminée : [40]

$$\frac{d(M_Z^A - M_Z^{A0})}{dt} = -\rho_A(M_Z^A - M_Z^{A0}) - \sigma_{AX}(M_Z^X - M_Z^{X0}) \tag{6-2}$$

avec $\rho_A = W_A^1 + W_A^2 + W_2 + W_0 = \frac{1}{T_1^A}$

et $\sigma_{AX} = W_2 - W_0 = \frac{1}{T_1^{AX}}$

et

$$\frac{d(M_Z^X - M_Z^{X0})}{dt} = -\rho_X(M_Z^X - M_Z^{X0}) - \sigma_{AX}(M_Z^A - M_Z^{A0}) \tag{6-3}$$

avec : $\rho_X = W_X^1 + W_X^2 + W_2 + W_0 = \frac{1}{T_1^X}$

Les équations 6-2 et 6-3, appelées équations de Solomon, permettent de constater que dans un tel système, la relaxation est caractérisée par deux termes, l'un (contenant le paramètre ρ) est propre au spin considéré et le second (contenant le paramètre σ) est un terme de relaxation « croisée ». La relaxation d'un spin considéré dépend donc aussi de ce qui se passe pour les spins qui sont en interaction avec lui.

6.3. Mécanismes de relaxation

Nous allons maintenant nous intéresser aux mécanismes qui génèrent un champ magnétique local fluctuant. Ils sont très nombreux mais beaucoup ont une efficacité très limitée en termes de relaxation. Nous nous limiterons donc aux principaux. [1]

6.3.1. Anisotropie de déplacement chimique

Comme nous l'avons vu au début du chapitre 2, le nuage électronique qui entoure le noyau génère un champ magnétique antagoniste responsable du déplacement chimique. En pratique la forme du nuage électronique n'est pas la même dans toutes les directions et le déplacement chimique dépend donc de l'orientation de la molécule dans le champ magnétique statique, c'est ce que l'on appelle l'anisotropie de déplacement chimique (ou CSA en anglais). A l'état liquide, la rotation rapide de la molécule (du fait de l'agitation thermique) moyenne cet effet et un seul déplacement chimique est observé sur le spectre, appelé déplacement chimique isotropique. Toutefois, cela implique que les mouvements de ce nuage électronique sont responsables d'un champ fluctuant (au niveau du noyau) qui contribuera à la relaxation. [1]

Cette contribution peut être caractérisée par : [1]

$$\frac{1}{T_1^{CSA}} \propto \gamma^2.B_0^2.\Delta\sigma$$

Dans cette expression, $\Delta\sigma$ représente l'écart entre les valeurs extrêmes du déplacement chimique pour différentes orientations de la molécule. Il apparait donc que cette contribution n'est importante que pour les noyaux ayant de larges gammes de déplacements chimiques (et donc des valeurs importantes pour $\Delta\sigma$). L'anisotropie de déplacement chimique n'est donc pas un mécanisme de relaxation très important pour le proton. Par ailleurs, la part du CSA dans la relaxation dépend du carré de B_0 ; elle est donc d'autant plus importante que le champ statique est élevé.

6.3.2. Spin-rotation

La rotation globale des charges (électrons ou noyaux) génère un champ magnétique aléatoire dans la mesure où cette rotation est modulée par les collisions moléculaires dues à l'agitation thermique. Cela constitue donc un mécanisme de relaxation qui ne sera, dans les faits, significatif que pour les petites molécules ou les groupes méthyles des grosses molécules. Contrairement aux autres mécanismes de relaxation, l'efficacité du couplage spin-rotation augmente lorsque la vitesse de rotation augmente (par exemple avec la température), ce qui peut être utilisé pour le mettre en évidence. [1]

6.3.3. Relaxation dipolaire

Lorsque deux spins sont proches, l'un des spins (par exemple S) est soumis au champ magnétique généré par l'autre (I). Compte tenu des mouvements moléculaires générés par l'agitation thermique, la position relative de ces deux spins change de manière aléatoire alors que leurs orientations restent globalement parallèles en raison de l'action polarisante du champ B_0 (figure 6-5). Le champ dont le spin I est responsable au niveau du spin S est alors un champ fluctuant ; il s'agit d'une interaction dipolaire ou Dipôle-Dipôle (DD).

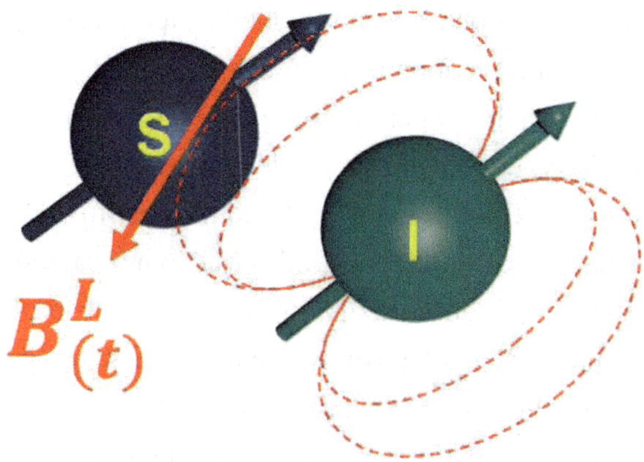

Figure 6-5 Mécanisme de relaxation dipolaire. Le noyau I génère au niveau du noyau S un champ magnétique $\overrightarrow{B^L_{(t)}}$ qui fluctue en fonction de la position relative des deux noyaux.

L'interaction DD est souvent le mécanisme prépondérant pour les protons et pour les carbones portant des protons. Cette contribution à la relaxation peut être caractérisée par : [1]

$$\frac{1}{T_1^{DD}} \propto \frac{\gamma_I^2 \cdot \gamma_S^2}{r^6}$$

Dans cette expression, r est la distance entre les deux noyaux et γ_I et γ_S sont les rapports gyromagnétiques des noyaux I et S respectivement. De ce fait, ce mécanisme de relaxation est d'autant plus efficace que r est petit et γ élevé. La proportionnalité aux γ^2 explique que les temps de relaxation protons sont généralement nettement plus petits que les temps de relaxation ^{13}C. Et la dépendance en r^{-6} explique les temps de relaxation très élevés des carbones quaternaires ou des protons isolés.

L'interaction dipolaire est également responsable de l'effet nOe comme nous le verrons un peu plus loin. [1]

6.3.4. Relaxation paramagnétique

Lorsqu'une molécule comporte un (ou plusieurs) électrons non appariés, l'électron célibataire génère un champ dipolaire qui est environ 600 fois plus intense que celui d'un proton, compte tenu de la différence de rapport gyromagnétique. Les molécules paramagnétiques induisent donc des interactions dipolaires proton-électron, de la même nature que les interactions DD, mais beaucoup plus efficaces pour la relaxation. On parle de relaxation paramagnétique. [1] Ce phénomène est par exemple observé lorsque du dioxygène est dissout dans l'échantillon, ce qui peut réduire les temps de relaxations. Cet effet peut également être mis à profit pour réduire intentionnellement les temps de relaxations (pour éviter la saturation partielle par exemple). Dans ce cas, un agent relaxant comportant un (ou plusieurs) électron(s) célibataire(s), est ajouté à l'échantillon. Dans le cas de solvants organiques, l'acétyle-acétonate de chrome ($Cr(acac)_3$) est le plus souvent utilisé. Pour les solutions aqueuses, il s'agit du chlorure de gadolinium ($GdCl_3$).

6.3.5. Relaxation quadripolaire

Le mécanisme de relaxation quadripolaire est spécifique des noyaux dont le spin est supérieur à ½ et dans ce cas c'est même le mécanisme dominant car il est très efficace. Contrairement à ce qui se passe pour les noyaux pour lesquels $I = ½$, les noyaux quadripolaires ($I > ½$) sont caractérisés par une répartition des charges dans le noyau qui n'est pas uniforme (figure 6-6). Cela conduit à l'apparition d'un moment électrique quadripolaire Q pour ces noyaux. Une interaction existe alors entre le noyau et le gradient du champ électrique produit par le nuage électronique, qui fluctue avec les mouvements moléculaires.

Cette contribution à la relaxation peut être caractérisée par : [1]

$$\frac{1}{T_1^{QR}} \propto Q^2.q^2$$

Le moment quadripolaire Q est caractéristique du noyau alors que le gradient de champ électrique q dépend de la symétrie du nuage électronique (*Cf.* section 5.5.).

Figure 6-6 Répartition des charges dans le noyau. Pour les noyaux de spin I = ½, les charges sont réparties uniformément dans le noyau. Pour les noyaux de spin I > ½, la répartition des charges est ellipsoïdale et conduit à l'apparition d'un moment électrique quadripolaire Q qui interagit avec le gradient de champ électrique q généré par le nuage électronique.

La relaxation quadripolaire est particulièrement efficace et conduit généralement à des raies très larges qui rendent les noyaux quadripolaires plus difficilement observables que les noyaux à spin ½. Le deutérium, isotope lourd de l'hydrogène, fait exception dans la mesure où, dans son cas, l'interaction quadripolaire reste modérée.

6.4. Mesure des temps de relaxation

6.4.1. La séquence d'Inversion-Récupération

La séquence d'Inversion-Récupération [41] est constituée de deux impulsions RF (figure 6-7a). La première (180°) amène l'aimantation suivant l'axe –z. Pendant le délai TI qui suit, l'aimantation est uniquement soumise à la relaxation longitudinale (TI est le temps d'inversion). La seconde bascule l'aimantation dans le plan transversale afin de pouvoir la détecter.

L'amplitude du signal détecté est donnée par :

$$S_{(TI)} = S_0.\left(1 - 2.\mathrm{e}^{-\frac{TI}{T_1}}\right) \tag{6-4}$$

6.4.2. Mesure du T_1 à l'aide de la séquence d'Inversion-Récupération

Pour mesurer le T_1 à l'aide de la séquence d'Inversion-Récupération, une série d'expériences doit être réalisée avec des valeurs de TI différentes, un ensemble de spectres, tel que celui représenté sur la figure 6-7c est alors obtenu. [41]

Pour chaque raie dont le T_1 doit être déterminé, l'amplitude du signal est mesurée sur chaque spectre et cette série de mesures est ajustée en prenant l'équation 6-4 comme modèle théorique (figure 6-7d).

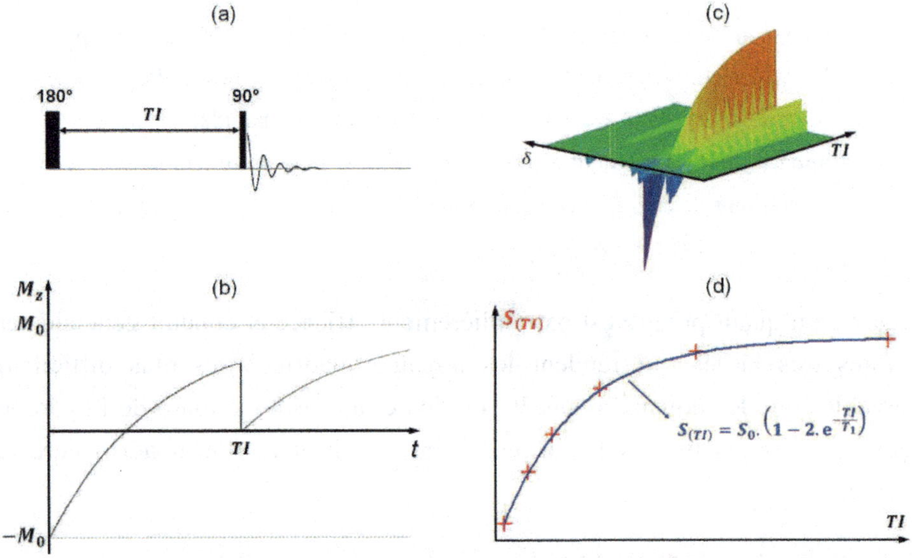

Figure 6-7 Mesure du T_1 par la séquence d'Inversion-Récupération : (a) séquence d'impulsion ; (b) évolution de l'aimantation M_z ; (c) ensemble des spectres obtenus avec différentes valeurs de TI ; (d) ajustement des mesures faites sur l'une des raies à l'aide de l'équation 6-4 afin d'extraire le T_1.

6.4.3. Estimation rapide du T_1

L'équation 6-4 montre que le signal observé lors d'une expérience d'inversion-récupération s'annule pour $TI_0 = T_1.Ln(2)$. Cela peut être mis à profit pour réaliser une estimation du T_1 ; il suffit pour cela de chercher par tâtonnement la valeur de TI qui conduit à un signal nul et une valeur approchée de T_1 peut en être déduite.

6.4.4. Echo de spin

La séquence d'écho de spin [8] est représentée sur la figure 6-8a. Elle est constituée de deux impulsions radiofréquence. La première provoque une rotation de 90° de l'aimantation et la seconde une rotation de 180°. L'impulsion de 180° est positionnée exactement au centre du délai qui sépare l'impulsion de 90° du début de l'observation du signal. Ce délai est appelé temps d'écho et noté TE.

Considérons deux aimantations, correspondant par exemple à deux déplacements chimiques différents. Leurs vitesses de précession dans le référentiel tournant sont donc différentes.

L'impulsion radiofréquence de 90°, bascule les deux aimantations dans le plan transversal (figure 6-8c). Il apparaît très rapidement un déphasage entre les aimantations puisqu'elles ont des vitesses de précession différentes (figure 6-8d). Elles tournent dans le plan (x'oy') en pointant des directions de plus en plus différentes, la plus rapide prenant de l'avance sur la plus lente. Après le 180°, les aimantations se retrouvent à des positions symétriques (*Cf.* section 3.3.) ; celle qui était en retard se retrouve en avance et celle qui était en avance se retrouve en retard (figure 6-8e). Ayant conservé sa vitesse de précession, cette dernière est toujours la plus rapide et va rattraper l'autre. Au bout du second intervalle $TE/2$, les deux aimantations vont se retrouver en phase, alignées suivant l'axe y' (figure 6-8f). Les deux aimantations occupent donc, à la fin de la séquence d'écho de spin, les mêmes positions que celles qu'elles occupaient juste après le 90°.

L'écho de spin refocalise donc les aimantations suivant l'un des axes du référentiel tournant. Le signal est enregistré au temps TE après le 90°. Le spectre est alors identique à celui qui aurait été obtenu en enregistrant le signal immédiatement après l'impulsion de 90°, exception faite de la relaxation transversale durant le temps TE.

La phase de l'impulsion à 180°, c'est-à-dire l'orientation du champ $\vec{B}_1$ durant cette impulsion, peut être identique à celle du 90° ou être décalée de $\pi/2$. Dans le premier cas les aimantations ont, à la fin de l'écho de spin, une phase opposée à celle qu'elles avaient immédiatement après l'impulsion à 90°. [8] Dans le second cas, les aimantations ont, à la fin de l'écho de spin, une phase identique à celle qu'elles avaient immédiatement après l'impulsion à 90°. [42] Cette seconde configuration est la plus utilisée en pratique et c'est elle qui est illustrée sur la figure 6-8.

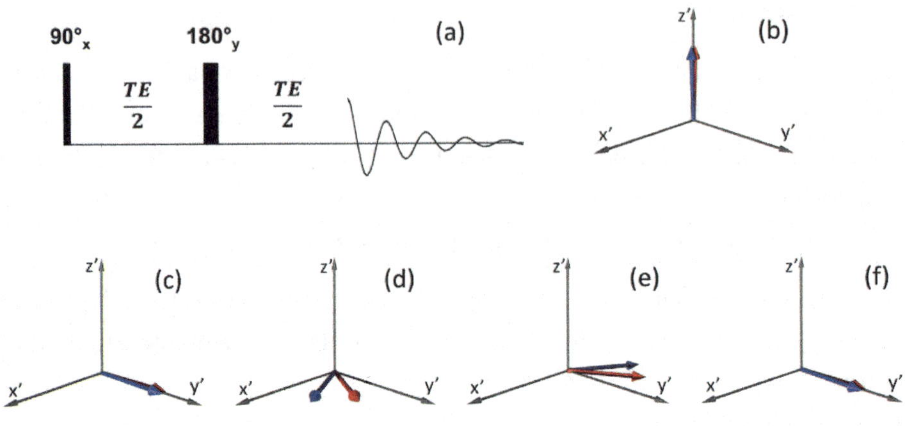

Figure 6-8 Séquence d'écho de Spin (a). Des aimantations évoluant à des fréquences angulaires différentes dans le référentiel tournant sont refocalisées au temps TE après le 90°. Aimantations avant le 90° (b), après le 90° (c), après le premier intervalle $TE/2$ (d), après le 180°$_y$ (e), après le second intervalle $TE/2$ (f).

6.4.5. Mesure du T_2

Pour mesurer le T_2 à l'aide de la séquence d'écho de spin, une série d'expériences doit être réalisée avec des valeurs de TE différentes, un ensemble de spectres est alors obtenu. Pour chaque raie dont le T_2 doit être déterminé, l'amplitude du signal est mesurée sur chaque spectre et cette série de mesures est ajustée en prenant une exponentielle décroissante comme modèle théorique.

Toutefois, certaines améliorations peuvent être apportées afin d'augmenter la justesse de cette mesure. Tout d'abord, comme nous l'avons évoqué dans la section 1.5.3., le champ magnétique n'est pas homogène, ce qui signifie que la fréquence de résonance varie légèrement d'un point à un autre de l'échantillon. Il faut ajouter à cela le phénomène d'auto-diffusion, qui amène une molécule à changer de position de manière aléatoire au cours du temps. Nous arrivons alors à la conclusion qu'un spin peut avoir une fréquence de résonance, et donc une vitesse d'évolution dans le référentiel tournant, qui est différente lors des deux moitiés de l'écho de spin. Dans ce cas, la refocalisation sera incomplète et un déphasage s'établira entre les aimantations correspondant à différentes positions.

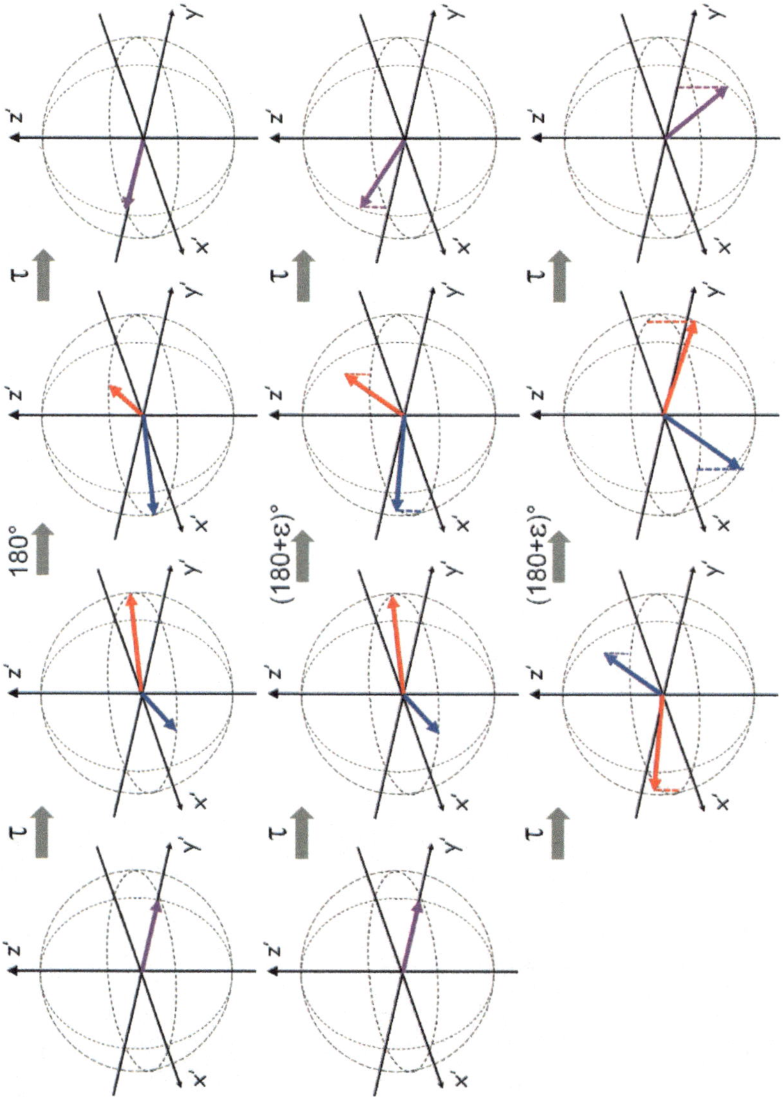

Figure 6-9 Evolution de deux aimantations lors d'un multi échos de spin de type Car-Purcell : au cours du premier écho dans le cas d'une impulsion de refocalisation ($180°_x$) parfaite (ligne du haut) ; au cours des deux premiers échos dans le cas d'une impulsion de

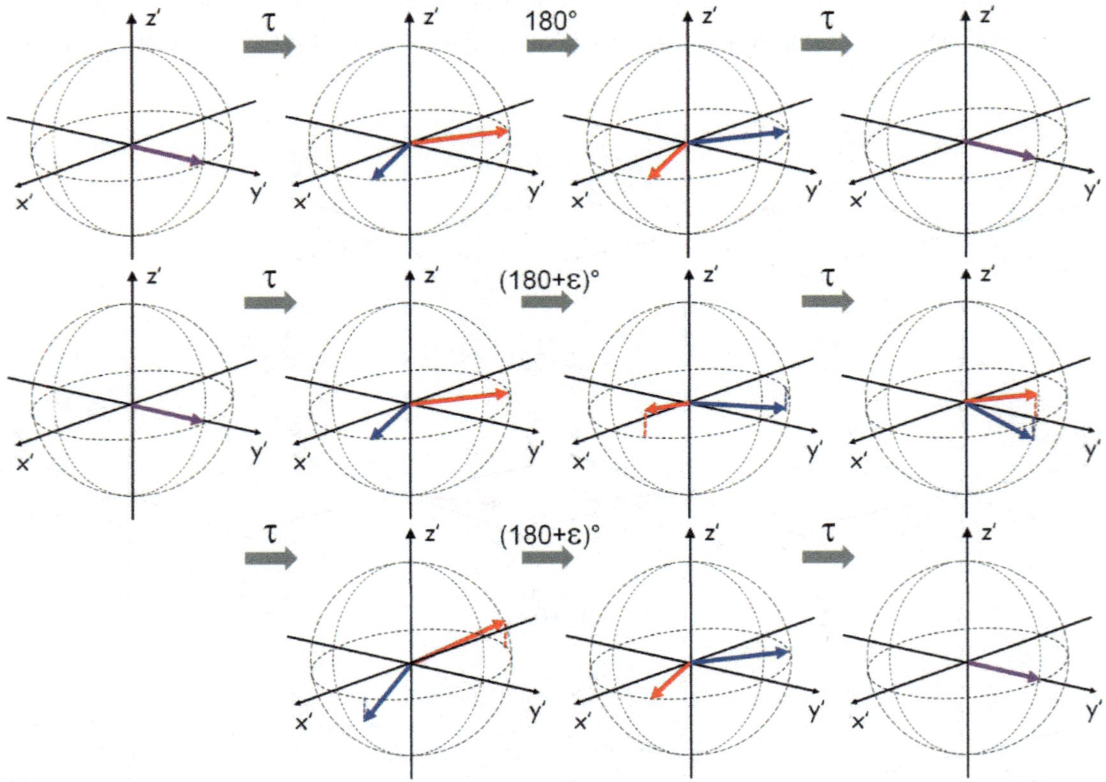

Figure 6-10 Evolution de deux aimantations lors d'un multi échos de spin de type Car-Purcell-Meiboom-Gill (CPMG) : au cours du premier écho dans le cas d'une impulsion de refocalisation ($180°_y$) parfaite (ligne du haut) ; au cours des deux premiers échos dans le

Ce déphasage conduit à une réduction de l'aimantation qui vient s'ajouter à l'effet de la relaxation transversale et bien entendu il est d'autant plus important que le TE est grand. Le T_2 mesuré sera donc plus petit que le T_2 vrai et l'erreur sera fonction de l'homogénéité du champ $\vec{B}_0$ et du coefficient d'auto-diffusion de la molécule considérée. [8]

Afin de résoudre ce problème, Carr et Purcell ont proposé d'obtenir un peu différemment le jeu de spectres nécessaires à la mesure du T_2. [43] Les mesures sont faites à l'aide d'un echo de spin multiple : après le 90°, le motif (τ-180°$_x$-τ) et répété n fois. Le temps τ est maintenu à une valeur faible afin d'éviter l'impact de l'auto-diffusion. Afin d'obtenir une évolution de l'aimantation de plus en plus longue dans le plan transversal, c'est le nombre d'échos (n_e) qui est augmenté entre deux acquisitions.

Si l'effet de la diffusion moléculaire est largement minoré par l'utilisation d'une séquence multi-échos, la mesure du T_2 n'est toujours pas fiable avec cette technique car un autre problème apparait avec la multiplication des impulsions à 180° dans la séquence.
Comme le montre la figure 6-9, si les impulsions de refocalisation ne sont pas parfaites (angle de nutation rigoureusement égal à 180°), les aimantations ne sont pas replacées dans le plan transversal après la refocalisation. Au moment de l'écho, toutes les aimantations sont bien rassemblées en un seul vecteur mais celui-ci fait un angle non nul avec le plan transversal et cet angle augmente à chaque écho. Cela conduit à une diminution progressive du signal au cours des échos qui vient encore une fois s'ajouter à la décroissance due à la relaxation et conduit à un T_2 apparent inférieur au vrai T_2.

L'effet d'accumulation des erreurs au cours du train d'écho de spin est directement lié à la phase du 180°, qui dans l'expérience de Carr et Purcell est identique à celle du 90° (figure 6-9). Ce problème peut être évité en utilisant la variante de l'écho de spin représentée sur la figure 6-8. Avec cette modification, proposée par Meiboom et Gill, [42] les impulsions de 180° provoquent une rotation des aimantations autour de l'axe y, et non l'axe x. Comme le montre la figure 6-10, le premier écho est autant affecté par une imperfection du 180° que dans l'écho de Hahn mais les défauts se compensent lors du second écho.

Ainsi, les aimantations sont refocalisées dans le plan transversal au moment du second écho et lors de tous les échos pairs. Pour une mesure juste du T_2, il faut donc utiliser une séquence multi-échos dont les impulsions de refocalisation ont une phase décalée de 90° par rapport à celle de l'impulsion initiale d'excitation. Et bien sûr, même avec cette méthode, il ne faut utiliser que les échos pairs. Cette séquence est appelée séquence CPMG pour Carr-Purcell-Meiboom-Gill.

6.5. Effet nucléaire Overhauser (nOe)

6.5.1. Définition

Considérons un système AX constitué de deux populations de spins ½ ayant des déplacements chimiques différents ; les spins A et X ne sont pas nécessairement couplés entre eux mais sont suffisamment proches pour s'influencer : chaque spin est soumis au champ magnétique induit par le spin de l'autre.

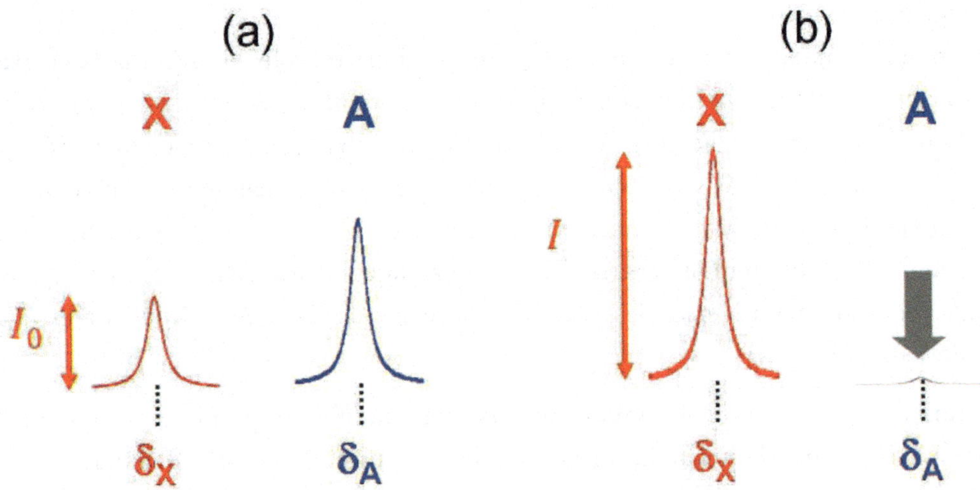

Figure 6-11 Effet nOe. (a) spectre d'un système de deux spins ½ non équivalents, non couplés mais suffisamment proches pour être en interaction dipolaire. (b) Spectre du même système après une irradiation continue et longue du spin A ; le noyau A est saturé et son signal disparait, l'intensité du signal du noyau X est modifiée.

Lorsque le spin A est perturbé (modification des populations des niveaux d'énergie impliqués dans les transitions de A), l'intensité du spin X est modifiée, et cela sans qu'aucune impulsion RF n'ait été appliquée à la fréquence du spin X. [39] La modification d'intensité de X est mesurée à l'aide du facteur nOe :

$$\eta = 100.\frac{I - I_0}{I_0} \ (\%)$$

où I est l'intensité de X en présence de la perturbation de A et I_0 est l'intensité de X en absence de la perturbation de A.

La manière la plus courant de perturber A, et la seule que nous évoquerons ici, est la saturation : égalisation des populations des niveaux d'énergie impliqués dans les transitions de A par application d'une impulsion RF de longue durée à la fréquence de A (figure 6-11).

6.5.2. Origine de l'effet nOe

L'effet nOe est intimement relié au mécanisme de relaxation dipolaire car c'est grâce à ce mécanisme que la perturbation du spin A se propage au spin X. La figure 6-12a représente le diagramme énergétique pour un système à deux spins ½ (AX). L'écart entre la population à l'équilibre et la population moyenne est indiqué pour chaque état.

Pour les transitions du spin A ($\alpha\alpha \leftrightarrow \beta\alpha$ et $\alpha\beta \leftrightarrow \beta\beta$) la différence de population entre les niveaux d'énergie est 2Δ et pour les transitions du spin X ($\alpha\alpha \leftrightarrow \alpha\beta$ et $\beta\alpha \leftrightarrow \beta\beta$) cette différence de population est 2δ. Comme nous l'avons montré au chapitre 1, Δ est proportionnel à γ_A et δ est proportionnel à γ_X. L'aimantation longitudinale est, quant à elle, directement proportionnelle à la différence de population entre les niveaux d'énergie. Lorsque les transitions du spin A sont saturées, cela annule la différence de populations pour ces transitions. Toutefois, en l'absence de relaxation dipolaire (ou si la saturation est très courte devant T_1), la différence de populations pour les transitions du spin X reste inchangée (figure 6-12b) et l'intensité du signal de X n'est pas affectée.

En revanche, si la saturation dure suffisamment longtemps et si la relaxation dipolaire est présente, celle-ci va redistribuer les populations pendant la saturation. [1, 2, 40] Supposons que la voie de relaxation prédominante soit la transition double quanta $\alpha\alpha \leftrightarrow \beta\beta$, celle-ci va réduire le nombre de spins sur $\beta\beta$ et augmenter celui de αα et cela en présence de la saturation qui maintiendra l'égalité de population entre αα et βα d'une part et entre βα et ββ d'autre part. Cela conduit à une nouvelle répartition des populations représentée sur la figure 6-12c. La différence de population pour les transitions de X passe donc de 2δ à 2δ+Δ, d'où une multiplication de l'intensité de X par $1 + {}^{\Delta}/_{2\delta} = 1 + {}^{\gamma_A}/_{2\gamma_X}$, et donc :

$$\eta = \frac{\gamma_A}{2\gamma_X}$$

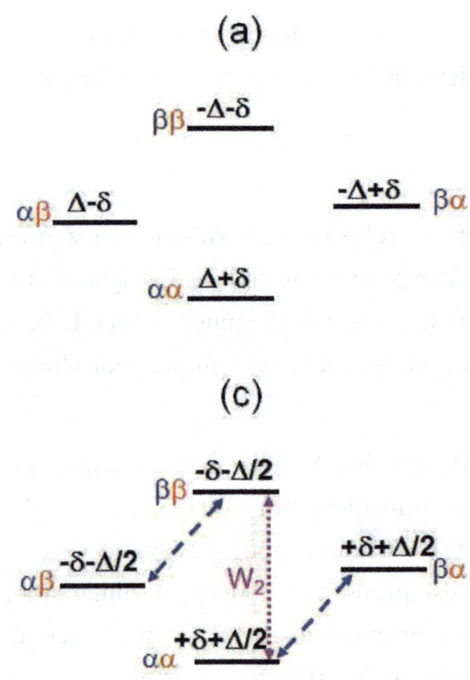

Figure 6-12 Mécanisme de l'effet nOe. (a) Diagramme énergétiques pour un système à deux spins ½ (AX). L'écart entre la population à l'équilibre et la population moyenne est indiqué pour chaque état. (b) Effet de la saturation de A sur les populations, en absence de relaxation. (c) Effet de la saturation de A sur les populations lorsque la principale voie de relaxation implique la transition entre ββ et αα. (d) Effet de la saturation de A sur les populations lorsque la principale voie de relaxation implique la transition entre αβ et βα.

Supposons maintenant que la voie de relaxation prédominante soit la transition zéro quanta $\alpha\beta \leftrightarrow \beta\alpha$, celle-ci va réduire le nombre de spins sur $\beta\alpha$ et augmenter celui de $\alpha\beta$ et cela en présence de la saturation qui maintiendra l'égalité de population entre $\alpha\alpha$ et $\beta\alpha$ d'une part et entre $\beta\alpha$ et $\beta\beta$ d'autre part. Cela conduit à une nouvelle répartition des populations représentée sur la figure 6-12d. La différence de population pour les transitions de X passe donc de 2δ à 2δ-2Δ, d'où une multiplication de l'intensité de X par $1 - \Delta/_\delta = 1 - \gamma_A/_{\gamma_X}$, et donc :

$$\eta = -\frac{\gamma_A}{\gamma_X}$$

Ces deux situations sont extrêmes et l'utilisation des équations de Solomon permet d'obtenir une relation générale pour le facteur nOe : [2]

$$\eta = 1 + \frac{W_2 - W_0}{2W_1^A + W_2 + W_0} . \frac{\gamma_A}{\gamma_X}$$

6.5.3. nOe et dynamique moléculaire

Dans le cas de petites molécules en solution dans un milieu fluide, (zone de rétrécissement extrême), la relaxation dipolaire s'effectue principalement via la transition double quanta avec la probabilité W_2.

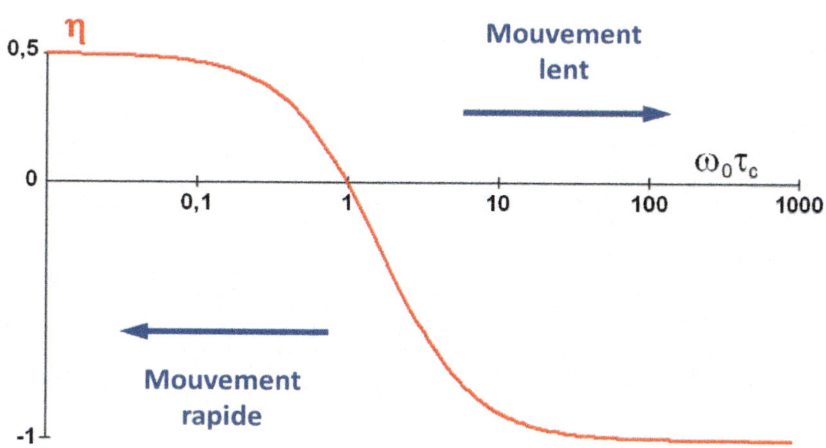

Figure 6-13 Evolution du facteur nOe théorique (η) pour un système homonucléaire en fonction de l'efficacité de la dynamique moléculaire

Le facteur nOe peut atteindre $\gamma_A/2\gamma_X$ si la relaxation est purement dipolaire. Dans le cas homonucléaire cela correspond à une augmentation de 50% de l'intensité mais dans le cas hétéronucléaire le gain en sensibilité est plus important (jusqu'à 3 pour un système $^{13}C/^{1}H$ par exemple).

Dans le cas de macromolécules, telles que les protéines par exemple, (mouvement lents ou zone de « diffusion de spins »), la relaxation dipolaire s'effectue principalement via la transition zéro quanta avec la probabilité W_0. Dans le cas homonucléaire (figure 6-13), cela peut conduire, dans le cas le plus défavorable, à une extinction de la raie X ($\eta = -1$).

6.6. Pour aller plus loin

- *Comprendre la RMN.* James Keeler. Presses polytechniques et universitaires romandes. Lausanne, 2015. Chapitre 9.
- *Spin dynamics: basic of nuclear magnetic resonance*. Malcolm H. Levitt. Wiley-Blackwell, Chichester, 2008. Chapitre 20.
- *High-Resolution NMR Techniques In Organic Chemistry*. Timothy D.W. Claridge. Elsevier, 2016. Chapitre 2.
- *La RMN : concepts, méthodes et applications*. Daniel Canet, Jean-Claude Boudel et Emmanuelle Canet Soulas. Dunod, Paris, 2002. Chapitres 4.

Chapitre 7 - RMN multi-impulsionnelle

Dans la plupart des méthodes d'acquisition de la RMN moderne, le signal n'est pas produit par une seule impulsion radiofréquence mais par une succession d'impulsions séparées par des délais d'évolution ; les « séquences d'impulsions ».

Ces séquences sont très nombreuses et visent à améliorer la sensibilité, sélectionner une partie du signal ou créer une ou plusieurs dimensions supplémentaires dans le spectre. [40] Nous avons déjà évoqué des séquences d'impulsions simples dans la partie du chapitre 6 consacrée à la mesure des temps de relaxation (*Cf.* section 6.4).

7.1. Echo de spin

L'écho de spin [8] est l'une des séquences mentionnées dans la section précédente, et elle constitue l'un des motifs de base de nombreuses techniques RMN multi-impulsionnelles. Comme nous allons le voir, un écho de spin permet de maîtriser les paramètres, déplacement et/ou couplage spin-spin, qui s'expriment durant une partie de la séquence d'impulsions.

7.1.1. Echo de spin sur un système couplé

Lorsque l'écho de spin est appliqué sur un système couplé, le résultat dépend des spins qui sont affectés par l'impulsion à 180°. [3] Pour illustrer cela, nous considèrerons un système AX constitué de deux noyaux de spin ½ couplés entre eux au premier ordre, et nous allons suivre l'évolution du signal du spin A.

Ce signal est constitué de deux raies séparées par la constante J (figure 7-1). La première correspond à l'aimantation A_1 : aimantation des noyaux A qui ont un voisin X dans l'état α. La vitesse de précession dans le référentiel tournant de l'aimantation correspondante est donc : $\nu_A + J/2$. Ici ν_A est la fréquence de résonance au déplacement chimique de A. La seconde raie correspond à l'aimantation A_2 : aimantation des noyaux A qui ont un voisin X dans l'état β. La vitesse de précession dans le référentiel tournant de l'aimantation correspondante est donc : $\nu_A - J/2$.

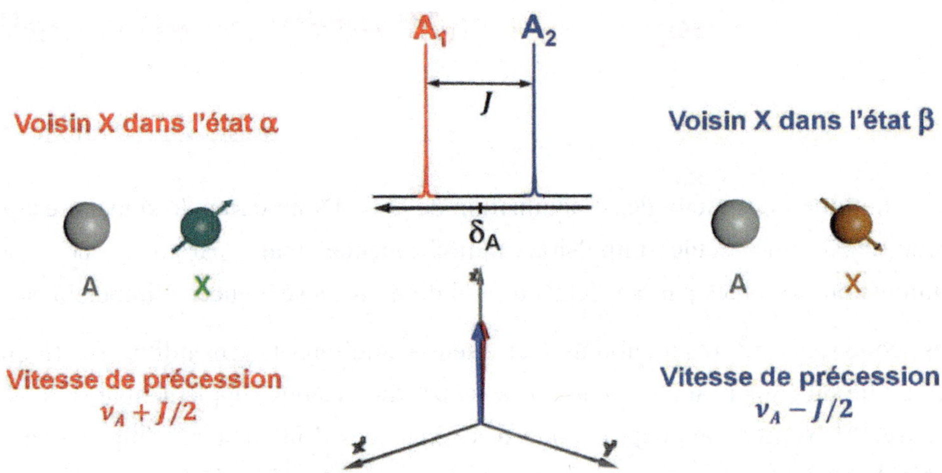

Figure 7-1 Massif et aimantations du spin A d'un système AX constitué de deux noyaux de spin ½ couplés entre eux au premier ordre.

Considérons tout d'abord le cas où l'impulsion à 180° affecte les spins A mais pas les spins X (figure 7-2a). Dans un premier temps, pour plus de clarté, nous allons artificiellement séparer l'évolution sous l'effet du déplacement chimique de l'évolution sous l'effet du couplage. L'impulsion à 90° de phase x bascule les deux aimantations suivant l'axe y' du référentiel tournant. Puis, pendant le premier intervalle $TE/2$, lorsque seul le déplacement chimique est pris en compte, les deux aimantations A_1 et A_2 vont parcourir un angle identique dans le plan transversal (figure 7-3a). Maintenant, négligeons l'influence du déplacement chimique et considérons uniquement l'influence du couplage. Pendant le premier intervalle $TE/2$, les deux aimantations vont parcourir deux angles égaux et opposés, puisqu'elles ont respectivement les vitesses $+J/2$ et $-J/2$ dans le référentiel tournant (figure 7-3b).

En pratique les effets du déplacement chimique et du couplage s'additionnent. Pendant le premier intervalle $TE/2$, cela conduit donc à l'évolution représentée sur la figure 7-3c.

Au moment de l'application de l'impulsion à 180°, le mouvement de précession autour du champ $\vec{B}_1$ replace les aimantations A_1 et A_2 dans le plan transversal mais dans des positions symétriques par rapport à $\vec{B}_1$ (figure 7-3d). Les vitesses de précession dans le plan transversal n'ayant pas changées, les aimantations vont donc parcourir, pendant la seconde partie de l'écho de spin, les mêmes angles que pendant la première. Comme le montre la figure 7-3d, les deux aimantations A_1 et A_2 sont alors refocalisées suivant l'axe y' à la fin du second intervalle $TE/2$. Le même résultat est obtenu quelle que soit la valeur du temps d'écho et quelle que soit la valeur du couplage. De même, la valeur du déplacement chimique n'a pas d'influence sur la position finale des aimantations. Ce type d'écho de spin refocalise donc les déplacements chimiques et les couplages.

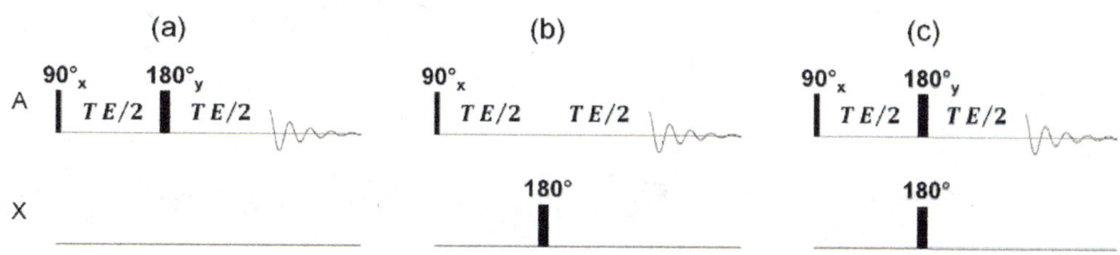

Figure 7-2 Séquences d'écho de spin appliquées à un système AX. L'impulsion à 180° peut affecter : uniquement le spin détecté (a), uniquement le spin couplé (b) ou les deux spins (c).

Considérons maintenant le cas où l'impulsion à 180° affecte les spins X mais pas les spins A (figure 7-2b). La première partie de la séquence, avant l'impulsion à 180°, est parfaitement identique au cas précédent.

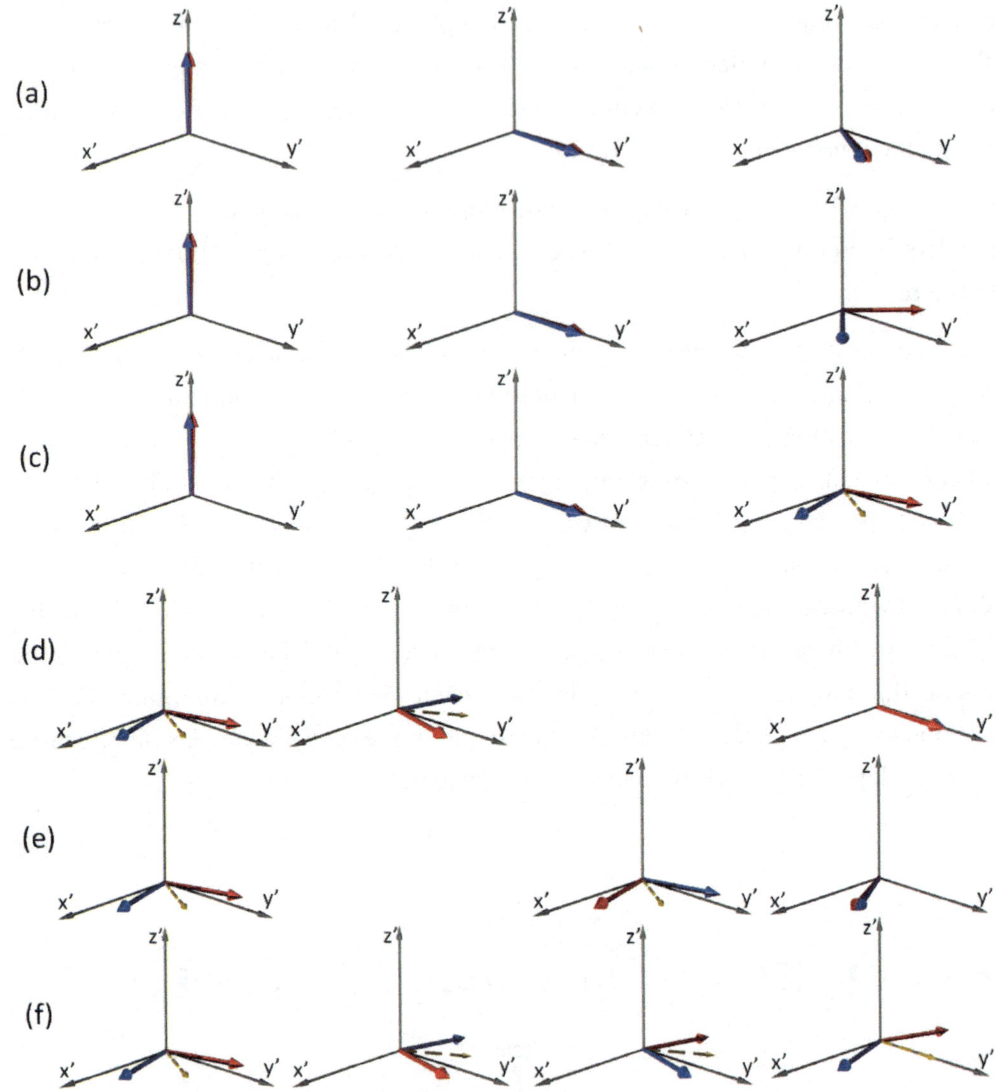

Figure 7-3 Evolution, pendant un écho de spin, des aimantations du spin A d'un système AX. Pendant la première moitié de l'écho (a, b, c) : à gauche, avant le 90° ; au centre après le 90° ; et à droite après le premier intervalle $TE/2$. En prenant en compte uniquement l'effet du déplacement chimique (a), l'effet du couplage (b) et l'effet du déplacement chimique et du couplage (c). Pendant le second intervalle $TE/2$ (d, e, f) : à gauche, avant le 180° ; au centre gauche, après le 180° sur A, au centre droit, après le 180° sur X ; et à droite après le second intervalle $TE/2$. L'impulsion à 180° affecte : le spin A (d), le spin X (e) ou les deux spins (f).

L'évolution des aimantations est donc la même. Cette fois, le 180° est appliqué à la fréquence du spin X, il n'affecte donc pas directement les aimantations du spin A. Cette impulsion va cependant conditionner l'évolution des aimantations A_1 et A_2 lors de la seconde partie de l'écho.

Pour le comprendre, revenons sur l'action d'une impulsion à 180°. Lorsqu'elle est appliquée, tous les moments magnétiques concernés subissent un mouvement de précession autour du champ $\vec{B}_1$, tel que les noyaux dans l'état α passent dans l'état β et les noyaux dans l'état β passent dans l'état α. A_1 provient des noyaux A qui avaient un voisin X dans l'état α avant l'application de l'impulsion à 180° sur les noyaux X. Après l'application de cette impulsion, ces mêmes noyaux A ont donc un voisin X dans l'état β. A_1 prend donc, après l'impulsion à 180° sur les noyaux X, la fréquence de précession qu'avait A_2 avant l'impulsion. De la même manière, A_2 provient des noyaux A qui avaient un voisin X dans l'état β avant l'application de l'impulsion à 180°. Elle correspond donc, après l'impulsion, aux noyaux A qui ont un voisin X dans l'état α et prend donc, après le 180°, la fréquence de précession qu'avait A_1 avant l'impulsion.

L'effet de l'impulsion à 180° sur les noyaux X est donc d'inverser les fréquences de précession dans le référentiel tournant des aimantations du noyau A (figure 7-4). En revanche, puisque le 180° n'affecte pas directement les noyaux A, les positions des aimantations ne sont pas modifiées par cette impulsion. De ce fait, l'effet du déplacement chimique n'est pas affecté par cette impulsion et s'exprime donc de la même manière dans les deux moitiés de l'écho.

A la fin du second intervalle $TE/2$, les deux aimantations A_1 et A_2 sont alors refocalisées mais suivant une direction qui n'est pas l'axe y' (figure 7-3e). L'angle que forment les aimantations avec y' est indépendant de la valeur du couplage. En revanche la position finale des aimantations dépend du déplacement chimique et du temps TE. Ce type d'écho de spin refocalise donc les couplages mais pas les déplacements chimiques.

Considérons maintenant le cas où l'impulsion à 180° affecte les spins X et les spins A. La première partie de la séquence, avant l'impulsion à 180°, est parfaitement identique aux cas précédents. L'évolution des aimantations est donc la même. L'impulsion à 180° sur les noyaux A, replace les aimantations A_1 et A_2 dans le plan transversal mais dans des positions symétriques par rapport à $\vec{B}_1$. Et comme dans le cas précédent, l'effet de l'impulsion à 180° sur les noyaux X est d'inverser les fréquences de précession des aimantations du noyau A. A la fin du second intervalle $TE/2$, les deux aimantations A_1 et A_2 prennent donc deux orientations différentes, symétriques par rapport à l'axe y' (figure 7-3f).

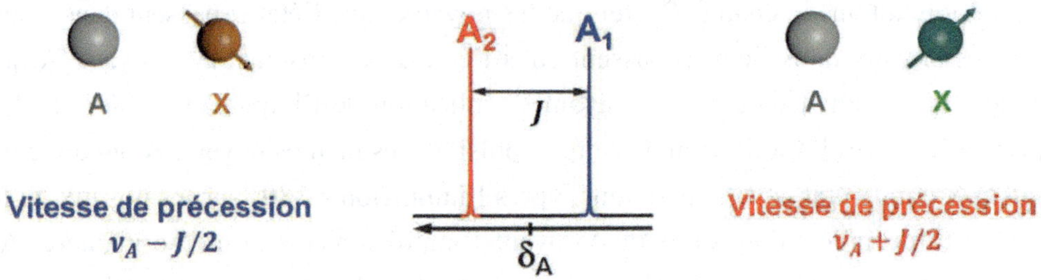

Figure 7-4 Impact sur le spin A d'une impulsion de 180° appliquée sur le spin X, dans un système AX constitué de deux noyaux de spin ½ couplés entre eux au premier ordre. Les noyaux X dans l'état α avant l'impulsion passent dans l'état β et les noyaux X dans l'état β avant l'impulsion passent dans l'état α. A_1 prend donc, après l'impulsion à 180° sur les noyaux X, la fréquence de précession qu'avait A_2 avant l'impulsion, et inversement.

L'angle que forment les aimantations avec y' est indépendant du déplacement chimique. En revanche la position finale des aimantations dépend de la constante de couplage et du temps TE. Ce type d'écho de spin refocalise donc les déplacements chimiques mais pas les couplages.

7.1.2. Edition de spectre

** Conséquences du découplage*

Le découplage large bande est très utilisé lors de l'acquisition de spectres de RMN du carbone 13. Notamment parce qu'il induit une augmentation significative du rapport signal sur bruit en regroupant sous une seule raie tous les pics d'un même déplacement chimique. [3] Toutefois le découplage large bande n'est pas sans inconvénient. Il a également comme conséquence une perte d'information.

Les spectres RMN-^{13}C représentés sur la figure 7-5 ont été obtenus sur un échantillon d'ibuprofène. Deux des carbones, le C6 et le C7 ont des déplacements chimiques très proches. Sur le spectre non découplé (en rouge), l'allure des massifs permet facilement de différencier le déplacement chimique du C6 (CH) de celui du C7 (CH_2). Le CH apparait sous forme d'un doublet de multiplets alors que le CH_2 apparait sous forme d'un triplet de multiplets. En revanche, sur le spectre découplé (en bleu), les deux carbones apparaissent sous forme de singulets et il n'est pas possible de se rendre compte que le CH_2 a un déplacement chimique légèrement supérieur à celui du CH.

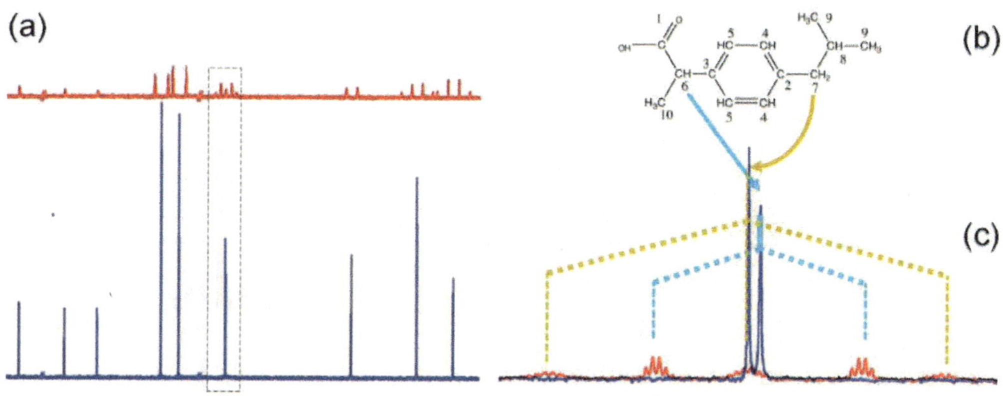

Figure 7-5 Spectres RMN-^{13}C (a), formule développée numérotée (b) et étalements (c) de l'ibuprofène dans le chloroforme deutéré. Spectres sans (en rouge) et avec découplage (en bleu).

Les techniques d'édition de spectre ont pour objectif de retrouver l'information du nombre de protons portés par chaque carbone, et cela sans perdre l'avantage du découplage large bande. La plus simple d'entre elles utilise l'écho de spin représenté sur la figure 7-2c. [44] Dans le cas de cette séquence, l'effet des couplages s'exprime pendant le temps TE mais pas celui des déplacements chimiques. Cette propriété peut être mise à profit afin de « marquer » les différents types de carbone sur un spectre RMN-^{13}C découplé proton. Le phénomène qui est utilisé s'appelle la J-modulation et dans un premier temps, nous allons l'illustrer dans le cas d'un CH.

* La J-modulation

En absence de découplage, le massif ^{13}C d'un CH est un doublet et chaque raie correspond à une aimantation. La première, que nous noterons M_1 évolue à la fréquence du déplacement chimique ^{13}C plus $J/2$, et la seconde, M_2, évolue à la fréquence du déplacement chimique ^{13}C moins $J/2$. Pendant l'écho de spin, l'effet des déplacements chimiques est annulé et la position des aimantations M_1 et M_2 à la fin de l'écho est donc uniquement fonction de l'effet du couplage entre le ^{13}C et le proton. Cela conduit à placer ces deux aimantations en positions symétriques par rapport à l'axe y', et l'angle φ est proportionnel à la valeur de la constante de couplage J mais aussi au temps d'écho.

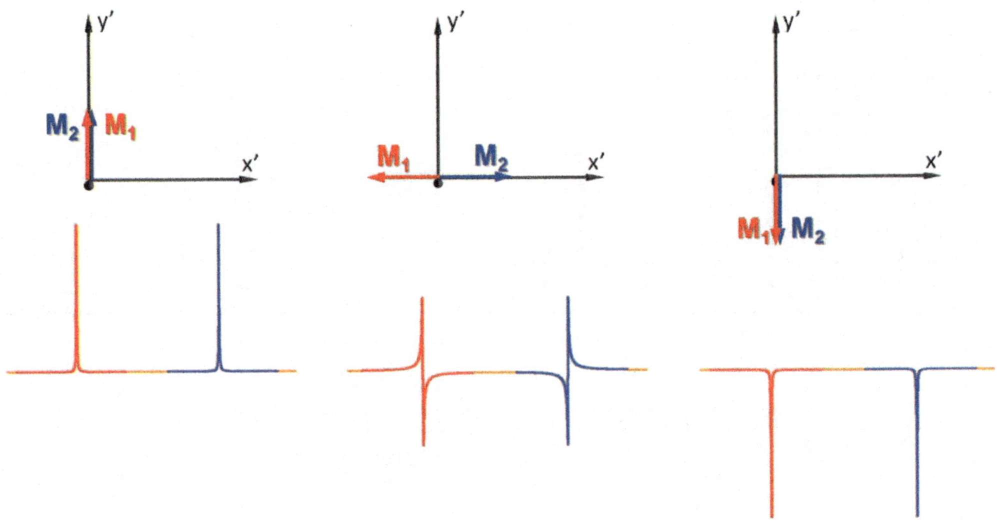

Figure 7-6 Massif et aimantations ^{13}C d'un CH obtenus après un écho de spin qui refocalise les déplacements chimiques mais pas les couplages ; pour $TE = 0$ (à gauche), pour $TE = 1/2J$ (au centre) et pour $TE = 1/J$ (à droite).

Si TE est égal à zéro, les deux aimantations M_1 et M_2 n'évoluent pas entre le moment où elles sont basculées dans le plan transversal et le début de l'acquisition du signal. Cela conduit à un doublet dans lequel les phases des deux raies sont identiques (figure 7-6 gauche). Si TE est égal à $1/2J$, les deux aimantations M_1 et M_2 évoluent entre le moment où elles sont basculées dans le plan transversal et le début de l'acquisition du signal. Elles parcourent chacune un angle égal à $\pi/2$ mais en sens opposés et se retrouvent donc, au début de l'acquisition, en opposition de phase suivant l'axe x'. Cela conduit à un doublet dont les deux raies ont des phases opposées, égales à $+\pi/2$ et $-\pi/2$ (figure 7-6 centre). Enfin, si TE est égal à $1/J$, les deux aimantations M_1 et M_2 évoluent encore plus longtemps entre le moment où elles sont basculées dans le plan transversal et le début de l'acquisition du signal. Elles parcourent chacune un angle égal à π mais en sens opposés et se retrouvent donc, au début de l'acquisition, en phase suivant l'axe -x'. Cela conduit à un doublet dans lequel les phases des deux raies sont identiques mais opposées à celles du premier cas $TE = 0$ (figure 7-6 droite).

** Edition de spectre ^{13}C*

Si maintenant le découplage est activé durant l'acquisition, les deux aimantations M_1 et M_2 ont la même fréquence durant l'enregistrement du signal. Elles se combinent donc pour former une aimantation M, somme vectorielle de M_1 et M_2 (figure 7-7). Une seule raie est alors observée sur le spectre et son intensité est proportionnelle à l'amplitude de M, qui dépend de l'angle que forment les aimantations M_1 et M_2. L'intensité de la raie observée est alors modulée en fonction du temps d'écho TE, et peut prendre des valeurs comprises entre M_1+M_2 et $-M_1-M_2$ (figure 7-7).

Considérons maintenant ce qui se passe pour un CH_2. En absence de découplage le multiplet observé est constitué de trois raies correspondant à trois aimantations. Pendant TE, M_1 évolue à la fréquence du déplacement chimique ^{13}C plus J, M_2 évolue à la fréquence du déplacement chimique ^{13}C et M_3 évolue à la fréquence du déplacement chimique ^{13}C moins J. Lorsque le découplage est activé, les trois aimantations M_1, M_2 et M_3 ont la même fréquence. Elles se combinent donc pour former une aimantation M, somme vectorielle de M_1, M_2 et M_3. Là encore, une seule raie est observée sur le spectre et son intensité est proportionnelle à l'amplitude de M. L'intensité de la raie observée est modulée en fonction du temps d'écho TE, et peut prendre des valeurs comprises entre 0 et $M_1+M_2+M_3$ (figure 7-7).

Enfin, que se passe-t-il pour un CH_3 ? En absence de découplage le multiplet observé est constitué de quatre raies correspondant à quatre aimantations. Pendant TE, M_1 évolue à la fréquence du déplacement chimique ^{13}C plus $3J/2$, M_2 évolue à la fréquence du déplacement chimique ^{13}C plus $J/2$, M_3 évolue à la fréquence du déplacement chimique ^{13}C moins $J/2$ et M_4 évolue à la fréquence du déplacement chimique ^{13}C moins $3J/2$. Lorsque le découplage est activé, les quatre aimantations ont la même fréquence. Elles se combinent donc pour former une aimantation M, somme vectorielle de M_1, M_2, M_3 et M_4. Là encore, une seule raie est observée sur le spectre et son intensité sera proportionnelle à l'amplitude de M. L'intensité de la raie observée est modulée en fonction du temps d'écho TE, et peut prendre des valeurs comprises entre $M_1+M_2+M_3+M_4$ et $-M_1-M_2-M_3-M_4$ (figure 7-7).

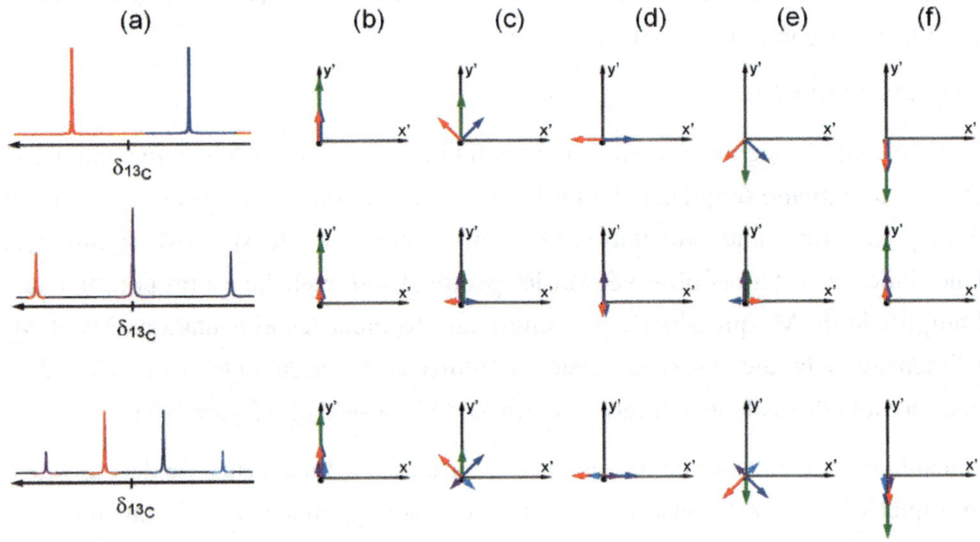

Figure 7-7 Massifs (en absence de découplage) (a) et aimantations ^{13}C d'un CH (1ère ligne), d'un CH_2 (2ème ligne) et d'un CH_3 (3ème ligne) obtenus après un écho de spin qui refocalise les déplacements chimiques mais pas les couplages. En présence de découplage, l'aimantation détectée est la somme vectorielle (en vert) des aimantations du massif. $TE = 0$ (b), $TE = 1/4J$ (c), $TE = 1/2J$ (d), $TE = 3/4J$ (e), $TE = 1/J$ (f),

En pratique la séquence utilisée est un petit peu différente. L'écho de spin présenté jusqu'à présent est en fait remplacé par la séquence *J*-mod représentée sur la figure 7-8a. [45] L'impulsion à 180° appliquée à la fréquence des protons est remplacée par un découplage durant la moitié du temps d'écho. L'effet du déplacement chimique carbone est toujours compensé par l'écho de spin et les couplages ^1H-^{13}C ne s'expriment que pendant une moitié de l'écho. Cette séquence produit donc la même modulation des intensités carbone que l'écho de spin précédent mais les intensités dépendent maintenant de la durée Δ (figure 7-8b).

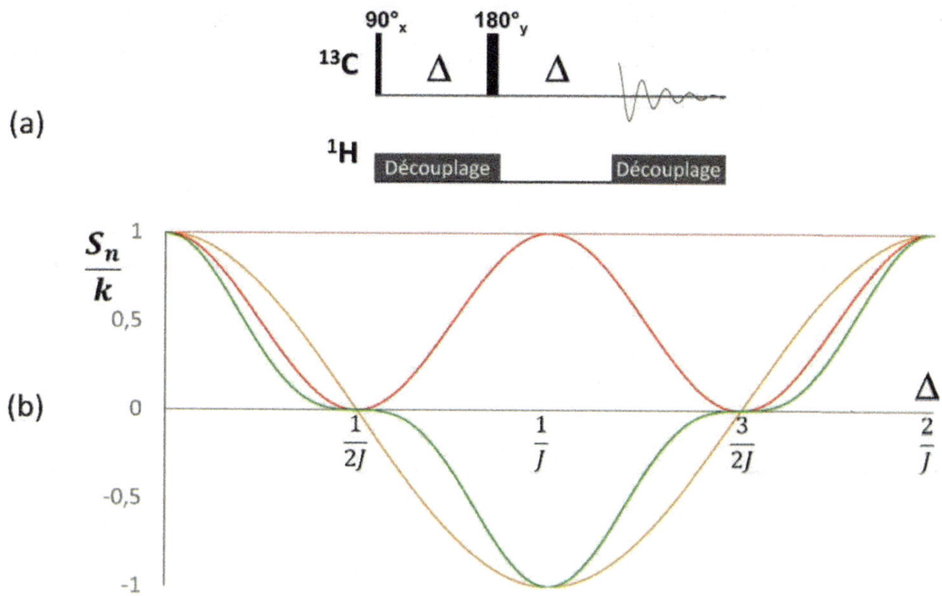

Figure 7-8 Séquence *J*-mod (a) et évolution, en fonction du délai Δ, de l'amplitude relative du signal des groupements CH_n (b). $n = 0$ (—), $n = 1$ (—), $n = 2$ (—) et $n = 3$ (—).

Avec ce type d'acquisition, les surfaces sous les raies des différents types de carbone prennent alors des valeurs différentes en fonction du nombre n de protons directement liés. En négligeant l'effet nOe et les couplages en ^2J ou ^3J, elles vérifient la relation suivante :

$$S_n = k.[cos(2.\pi.J.\Delta)]^n \qquad (7\text{-}1)$$

Comme le montre la figure 7-8b, les différents types de carbone ont des signaux qui évoluent de manière différente avec Δ et cela peut être exploité pour faire de l'édition de spectre. Si Δ est égal à zéro, le spectre obtenu sera un spectre RMN-^{13}C découplé standard (figure 7-9a). Si $\Delta = 1/2J$, le spectre ne comportera que les signaux provenant des carbones ne portant aucun hydrogène car pour cette valeur, les autres carbones ont une intensité nulle (figure 7-9b). Enfin, si Δ est égal $1/J$, les CH_2 et les carbones sans hydrogène seront en opposition de phase avec les CH et les CH_3 (figure 7-9c).

Le même résultat peut être obtenu avec les séquences INEPT [46] ou DEPT [47] qui induisent de plus une augmentation significative du rapport signal sur bruit (*Cf.* section 7.2). Mais ces séquences ne permettent pas de visualiser les carbones qui ne portent pas d'hydrogène.

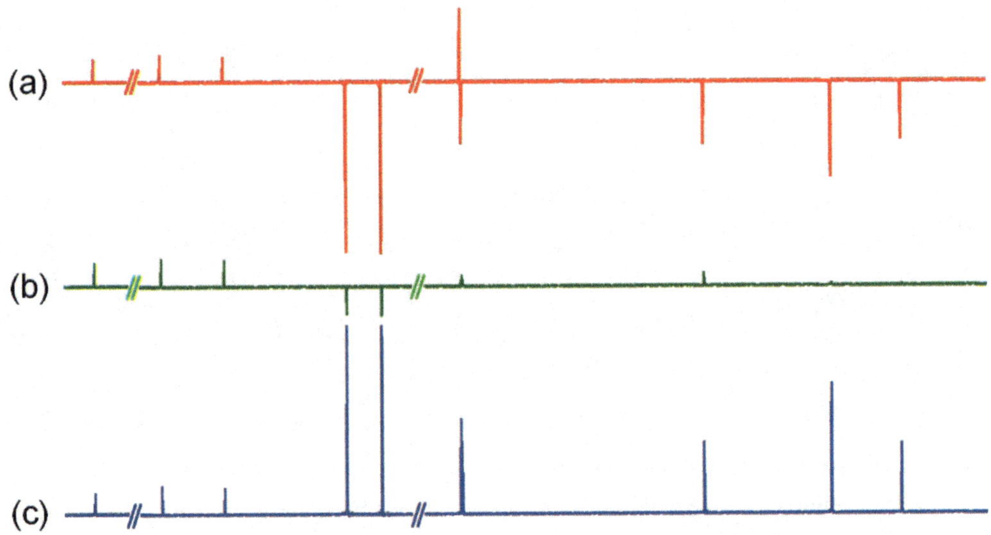

Figure 7-9 Spectre RMN-^{13}C découplés obtenus avec la séquence *J*-mod sur un échantillon d'ibuprofène. (a) $\Delta = 0$, (b) $\Delta = 1/2J$ et (c) $\Delta = 1/J$.

7.2. Transfert de polarisation

7.2.1. Impact de la méthode d'acquisition sur la sensibilité

De nombreuses méthodes ont été proposées afin de transférer la polarisation d'un noyau A sur un noyau X. L'objectif est alors d'augmenter la sensibilité de l'expérience et/ou de faire de l'édition de spectres telle que décrite dans la section 7.1.2.

Comme nous l'avons vu au chapitre 1, le module de l'aimantation d'un noyau A est donné par la relation suivante :

$$M_0 = \frac{1}{2}.(n_\alpha - n_\beta.).\mu_A = \frac{\Delta.\mu_A}{2}$$

$\Delta = n_\alpha - n_\beta$, appelée polarisation, est proportionnel au rapport gyromagnétique. Le module de l'aimantation est donc proportionnel au produit de la valeur du moment magnétique et de la polarisation. Pour le noyau X, tout ceci reste valable qualitativement. Si le rapport gyromagnétique de X est plus petit, μ_x sera plus faible et la polarisation, δ, sera également plus faible que Δ. Cela conduira à une aimantation nettement moins grande et donc à une sensibilité plus faible puisque c'est l'aimantation qui est mesurée en RMN.

Le transfert de polarisation entre deux noyaux permet d'en exciter un et d'observer l'autre. La quantité d'aimantation présente dans le plan transversal au moment de la détection, et donc l'amplitude du signal détecté, dépend de trois facteurs : [33]

- *La polarisation initiale* : elle est proportionnelle au rapport gyromagnétique du noyau excité (γ_{exc}) et au coefficient de saturation partielle $\left(1 - e^{-TR/T_1^{exc}}\right)$;
- *Le moment magnétique du noyau observé (μ_{obs}) :* il est proportionnel au rapport gyromagnétique du noyau observé (γ_{obs}).
- *La sensibilité de détection à la fréquence d'observation :* elle est proportionnelle à la racine carrée de la fréquence d'observation et donc à $\gamma_{obs}{}^{1/2}$.

Il est donc possible d'écrire :

$$\frac{S}{B} = k.\gamma_{exc}.\gamma_{obs}{}^{3/2}.\left(1 - e^{-TR/T_1^{exc}}\right). \qquad (7\text{-}2)$$

Dans le cas d'un système de deux noyaux A et X couplés, plusieurs situations peuvent alors se présenter en fonction de la méthode d'acquisition utilisée.

- *Acquisition simple* ; observation directe du noyau X, $\gamma_{obs} = \gamma_{exc} = \gamma_X$ et donc :

$$\frac{S}{B} = k.\gamma_X{}^{5/2}.\left(1 - e^{-TR/T_1^X}\right).$$

- *Transfert de la polarisation de A sur X* ; $\gamma_{obs} = \gamma_X$ mais $\gamma_{exc} = \gamma_A$ et donc :

$$\frac{S}{B} = k.\gamma_A.\gamma_X{}^{3/2}.\left(1 - e^{-TR/T_1^A}\right).$$

Généralement A est un noyau abondant et à haut γ, tel que ^1H ou ^{19}F, et X est un noyau peu abondant et à faible γ, comme ^{13}C ou ^{15}N. De plus, le T_1 de A est le plus souvent nettement inférieur à celui de X. Le transfert de la polarisation de A sur X conduit donc à un gain potentiel de rapport signal-sur-bruit dans le rapport :

$$\frac{\gamma_A.\left(1-e^{-TR/T_1^A}\right)}{\gamma_X.\left(1-e^{-TR/T_1^X}\right)}. \tag{7-3}$$

- *Transfert de la polarisation de A sur X puis transfert de X sur A* (détection inverse) ; $\gamma_{obs} = \gamma_{exc} = \gamma_A$ et donc :

$$\frac{S}{B} = k.\gamma_A{}^{5/2}.\left(1 - e^{-TR/T_1^A}\right).$$

Comme nous le verrons dans la section 7.5, cette technique est, malgré les apparences, une détection de X dans la mesure où seule l'aimantation des noyaux A couplés à un noyau X est retenue. C'est avec ce type de séquence d'impulsions que la meilleure sensibilité est obtenue puisque le gain potentiel en rapport signal-sur-bruit est :

$$\frac{\gamma_A{}^{5/2}.\left(1-e^{-TR/T_1^A}\right)}{\gamma_X{}^{5/2}.\left(1-e^{-TR/T_1^X}\right)}. \tag{7-4}$$

7.2.2. Système de deux spins ½ couplés

Considérons un système constitué de deux spins ½, A et X, faiblement couplés entre eux et supposons que γ_X est plus petit que γ_A. Les écarts à la population moyenne sont indiqués sur la figure 7-10 (avec : $\Delta = \frac{\gamma_A.\hbar.B_0.N}{4.k.T}$ et $\delta = \frac{\gamma_X.\hbar.B_0.N}{4.k.T}$). Ils résultent de la combinaison des effets de l'orientation du spin A et de celle du spin X.

Ainsi l'état le plus peuplé sera l'état αα. Ce niveau d'énergie est celui des molécules pour lesquelles le spin A est dans l'état α et le spin X est dans l'état α. Les molécules pour lesquelles le spin A est dans l'état α et le spin X est dans l'état β occupent le niveau αβ. Pour celles qui occupent le niveau βα c'est le spin A qui est dans l'état β et le spin X qui est dans l'état α. Enfin, le niveau ββ est occupé par les molécules ayant les deux spins dans l'état β. Il s'agit donc du niveau d'énergie le moins peuplé.

Les spins A qui occupent les états αα et βα sont tous voisins d'un spin X dans l'état α. Ils ont donc tous la même vitesse de précession autour de B_0 : $\nu_A + J/2$. L'ensemble de ces spins donnent donc naissance à une aimantation A_1 dont le module dépend de la différence de population entre les deux niveaux αα et βα, soit 2Δ (figure 7-10).

Les spins A avec un voisin X dans l'état β occupent les niveaux αβ et ββ. Ils ont tous une vitesse de précession égale à $\nu_A - J/2$. Ils donnent donc naissance à une aimantation A_2 dont le module dépend de la différence de population entre les deux niveaux αβ et ββ, qui est de nouveau égale à 2Δ (figure 7-10).

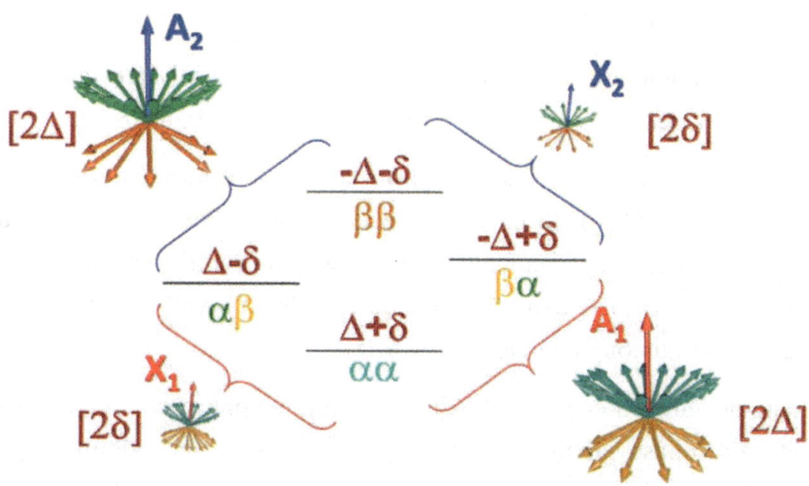

Figure 7-10 Système AX à l'équilibre. Les écarts à la population moyenne sont indiqués sur chaque niveau d'énergie et les polarisations correspondant aux quatre aimantations sont indiquées entre crochets.

En ce qui concerne les spins X, ceux qui sont voisins d'un spin A dans l'état α occupent les états αα et αβ et donnent naissance à l'aimantation X_1, dont le module dépend de la différence de population entre les deux niveaux αα et αβ, qui est égale cette fois à 2δ (figure 7-10).

Enfin, les spins X qui sont voisins d'un spin A dans l'état β occupent les états βα et ββ et donnent naissance à l'aimantation X_2, dont le module dépend de la différence de population entre les deux niveaux βα et ββ, qui est de nouveau égale à 2δ (figure 7-10).

Ce système génère donc quatre aimantations, deux pour A et deux pour X. Le spectre de A obtenu après une impulsion RF est donc constitué de deux raies, séparées par la constante J, les deux intensités sont identiques et sont proportionnelles à la valeur du moment magnétique μ_A et à la polarisation Δ. De même, après excitation du système par une impulsion RF à la fréquence de X, le spectre obtenu est constitué de deux raies, séparées par la constante J, les deux intensités sont identiques et sont proportionnelles à la valeur du moment magnétique μ_X et à la polarisation δ.

7.2.3. La séquence INEPT

Considérons maintenant la séquence d'impulsion INEPT (*Insensitive Nuclei Enhanced by Polarization Transfer*) [46] représentée sur la figure 7-11a.

La première partie de cette séquence (entre la première impulsion et la fin de la deuxième période $1/4J_{AX}$) est en fait un écho de spin. Pendant cette partie de la séquence l'effet des déplacements chimiques est annulé et la position des aimantations A_1 et A_2 juste avant la seconde impulsion à 90° est donc uniquement fonction de l'effet du couplage entre A et X.

Compte tenu du temps d'écho ($1/2J_{AX}$), cela conduit à placer ces deux aimantations en opposition de phase suivant l'axe y' (figure 7-11c). La seconde impulsion à 90° concerne encore les spins A et elle a une phase y. Elle place les deux aimantations A_1 et A_2 en opposition suivant l'axe z' (figure 7-11d).

Cela revient à avoir inversé les états de spins qui produisent l'aimantation A_1 sans avoir touché à ceux qui produisent l'aimantation A_2. Ce qui a des conséquences sur les populations des différents niveaux d'énergie. Les populations des moments magnétiques impliqués dans la formation de l'aimantation A_2 sont inchangées. En revanche, en ce qui concerne les moments magnétiques qui forment l'aimantation A_1, ceux qui étaient dans l'état α sont passés dans l'état β et réciproquement.

Les populations des niveaux αα et βα ont donc été échangées (figure 7-12).

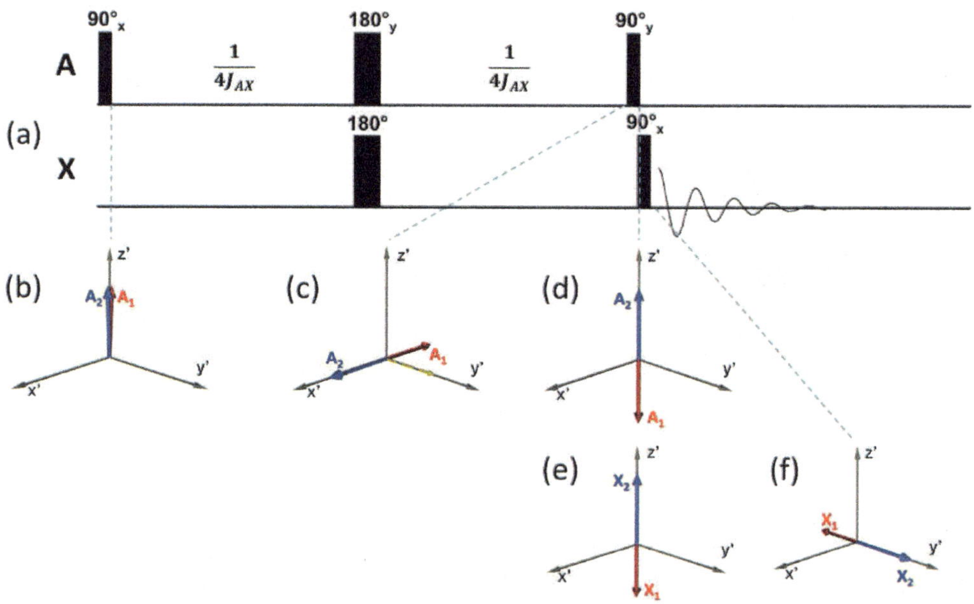

Figure 7-11 Séquence INEPT (a) et positions des aimantations de A (b, c, d) et de X (e, f), après le premier 90° sur A (b), avant le second 90° sur A (c), après le second 90° sur A (d et e) et après le 90° sur X (f).

Considérons maintenant les conséquences sur les aimantations X_1 et X_2. La différence de populations entre l'état αα et l'état αβ est maintenant égale à 2 fois δ-Δ. L'aimantation X_1 est donc dirigée suivant –z et son amplitude a été multipliée par le facteur (δ-Δ)/δ par rapport à sa valeur à l'équilibre. En ce qui concerne X_2, la différence de populations entre l'état βα et l'état ββ est maintenant égale à 2 fois δ+Δ. L'amplitude de cette aimantation a donc été multipliée par le facteur (δ+Δ)/δ par rapport à sa valeur à l'équilibre (figure 7-12).

La dernière partie de la séquence INEPT est une impulsion à 90° sur les spins X. Elle bascule donc dans le plan transversal les aimantations X_1 et X_2. Le spectre obtenu pour le noyau X est constitué de deux raies, séparées par la constante J. Les intensités sont proportionnelles à la valeur du moment magnétique μ_X mais aussi aux nouvelles polarisations. Par rapport au spectre obtenu avec une simple impulsion sur X, l'intensité de la raie X_1 est multipliée par $(\delta-\Delta)/\delta$, et celle de la raie X_2 est multipliée par $(\delta+\Delta)/\delta$. En moyenne, l'intensité a donc été multipliée par Δ/δ et tout se passe donc comme si la polarisation du noyau X avait été remplacée par la polarisation du noyau A. C'est pourquoi on parle de séquence de transfert de polarisation. [3]

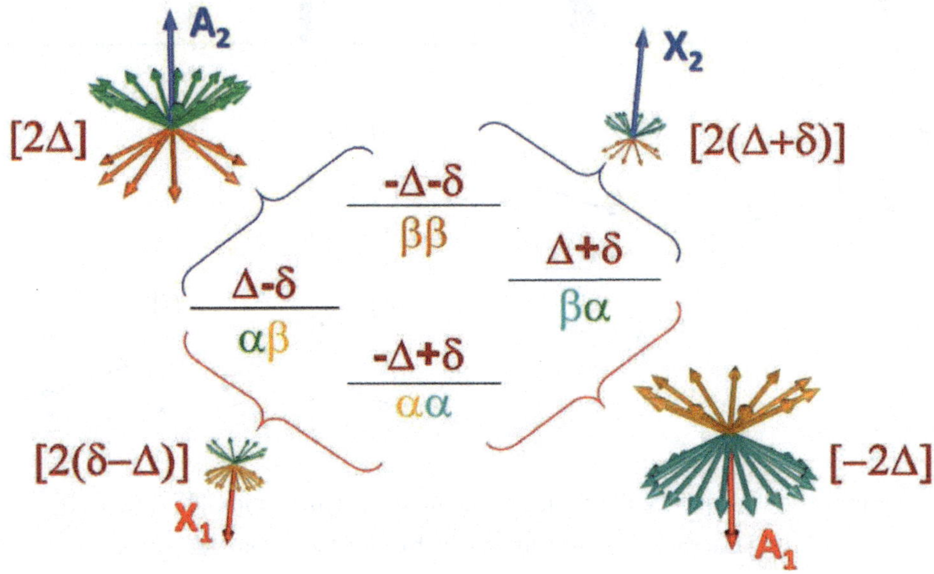

Figure 7-12 Système AX à la fin d'une séquence INEPT. Les écarts à la population moyenne sont indiqués sur chaque niveau d'énergie et les polarisations correspondant aux quatre aimantations sont indiquées entre crochets.

Comme nous l'avons vu, la polarisation est proportionnelle au rapport gyromagnétique, le gain de sensibilité est donc égal au rapport des rapports gyromagnétiques γ_A/γ_X. Si A est un noyau sensible, tel que le ^1H ou le ^{19}F et X un noyau à faible rapport gyromagnétique, comme le ^{13}C ou le ^{15}N, la séquence INEPT conduit à une augmentation significative de sensibilité.

Le principe de l'INEPT a été ici illustré pour un système AX, mais il fonctionne qualitativement de la même manière pour des systèmes A_2X ou A_3X (cas des CH_2

ou des CH_3 par exemple). Toutefois l'allure des massifs obtenus est différente de ce que produit une excitation simple de X (figure 7-17a).

7.2.4. L'INEPT refocalisée

Pour obtenir toutes les raies du spectre dans le même sens, c'est-à-dire avec la même phase, il faut mettre en œuvre l'INEPT refocalisée. [48]

Un second écho de spin est ajouté à la séquence INEPT (figure 7-13). Comme pour le premier écho, seuls les couplages AX s'expriment et l'effet des déplacements chimiques est donc compensé à la fin de l'écho.

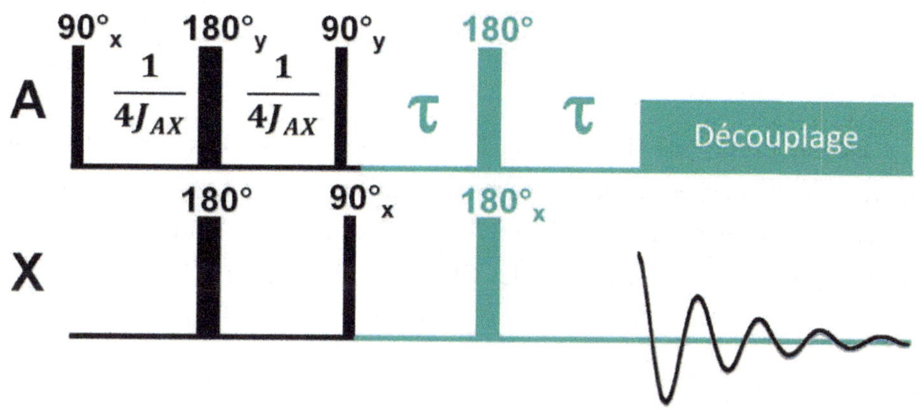

Figure 7-13 Séquence INEPT refocalisée. Un second écho de spin est ajouté et le découplage peut alors être utilisé.

Un découplage peut alors être mis en œuvre pendant l'acquisition des données sans produire une annulation mutuelle des différentes composantes des multiplets.

Dans le cas d'une séquence INEPT-refocalisée, les intensités recueillies vérifient la relation suivante.

$$S_n = k.n.sin(2.\pi.J.\tau).[cos(2.\pi.J.\tau)]^{(n-1)} \quad (7\text{-}5)$$

Comme le montre la figure 7-14, les différents systèmes A_nX ont des signaux qui évoluent de manières différentes avec τ et cela peut être exploité pour faire de l'édition de spectre.

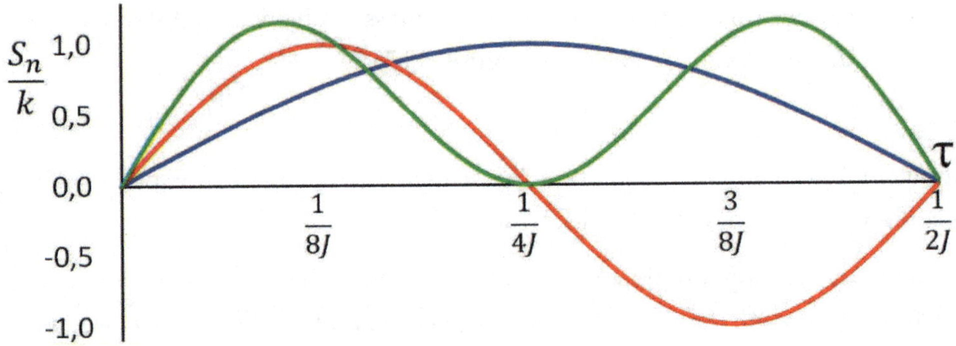

Figure 7-14 Evolution en fonction de τ de l'intensité recueillie avec la séquence INEPT-refocalisée pour les systèmes A_nX. $n = 1$ (—), $n = 2$ (—) et $n = 3$ (—).

Si τ est de l'ordre de $1/6J$, tous les carbones auront des intensités voisines (figure 7-15a). Un spectre INEPT carbone acquis avec $\tau = 1/4J$ ne comportera que les signaux provenant des CH (figure 7-15b). Et si τ est de l'ordre de $3/8J$, les CH_2 seront en opposition de phase avec les CH et les CH_3 (figure 7-15c).

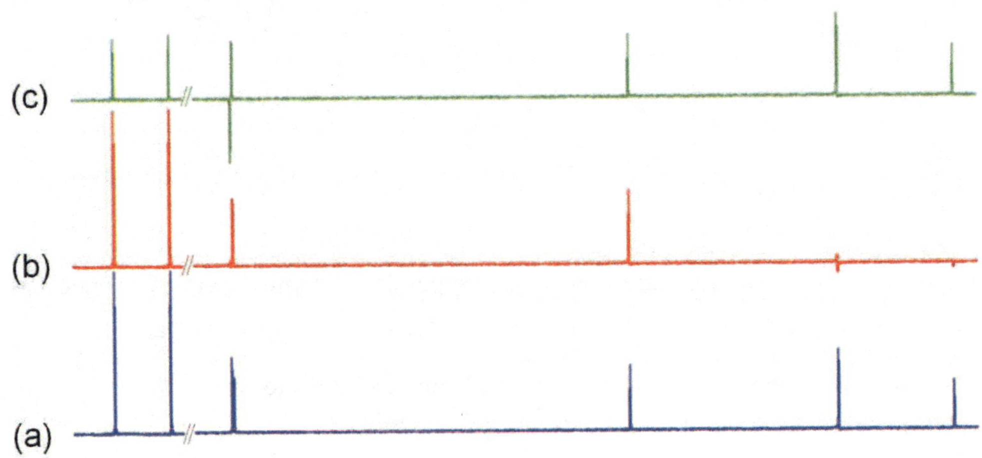

Figure 7-15 Spectre RMN-^{13}C découplés obtenus avec la séquence INEPT refocalisée sur un échantillon d'ibuprofène. (a) $\tau = \frac{1}{6J}$, (b) $\tau = \frac{1}{4J}$ et (c) $\tau = \frac{3}{8J}$.

Des combinaisons linéaires de ces différents spectres permettent alors de séparer les sous-spectres CH, CH_2 et CH_3. Toutefois cela suppose que tous les groupements aient des constantes de couplage J_{CH} identiques (ou en tout cas très proches) ce qui n'est pas toujours vérifié.

7.2.5. La séquence DEPT

La séquence DEPT (*Distorsionless Enhancement Polarization Transfer*) [47] a été proposée afin de résoudre le problème de phase évoqué à la fin de la section 7.2.3 et illustré sur la figure 7-17b. Le fonctionnement de cette séquence ne peut pas être expliqué sans utiliser des outils de mécanique quantique, toutefois, la figure 7-16 montre comment la DEPT peut être dérivée de l'INEPT par modifications successives.

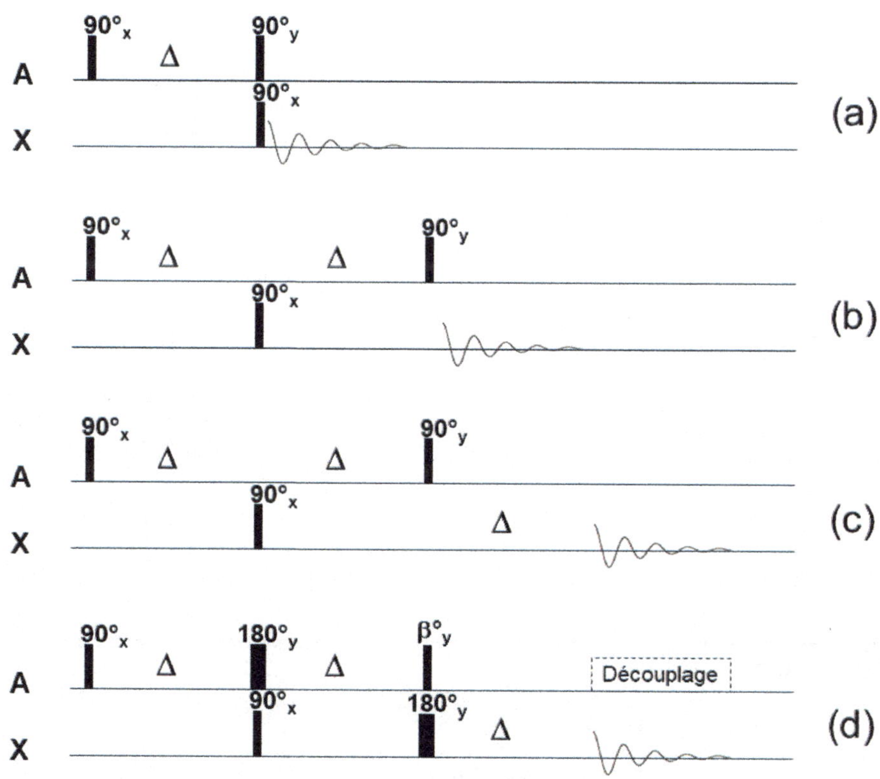

Figure 7-16 Déformation progressive de l'INEPT (a) pour obtenir la DEPT (d). $\Delta = \frac{1}{2J}$.

La figure 7-16a représente une séquence INEPT dans laquelle les 180° ont été omis (en pratique, ceux-ci ne servent qu'à refocaliser l'effet des déplacements chimiques et ils peuvent n'être réintroduits qu'à la fin du processus). Les deux derniers 90° sont présentés comme simultanés sur cette figure mais le 90° sur *I* peut être décalé vers la droite sans que cela ne change significativement le fonctionnement de la séquence. Au moment de l'application du 90° sur X, le système passe dans un état double-quanta. Nous ne détaillerons pas ici les caractéristiques de ce type d'état mais il faut savoir que la fréquence d'évolution dans le référentiel tournant est modifiée par ce passage. Ainsi, pour un système AX, l'évolution dans le plan transversal se fait avec des vitesses de précession égales à $\nu_A + \nu_X$ pour l'état double quanta. L'application du 90° sur A rebascule le système dans un état classique mais le transfert de polarisation s'est opéré (figure 7-16b).

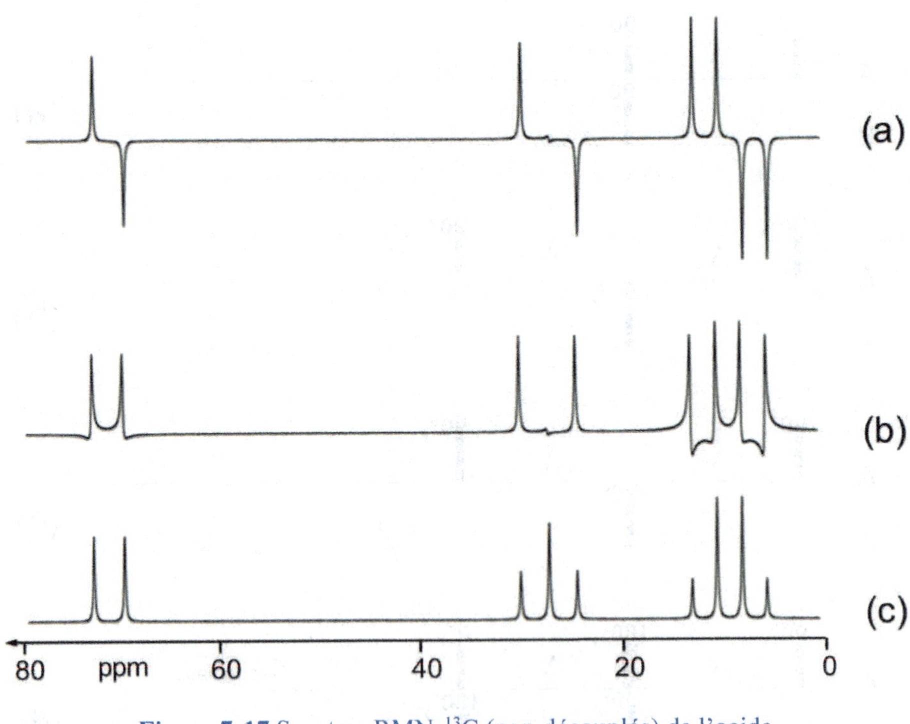

Figure 7-17 Spectres RMN-^{13}C (non découplés) de l'acide 2-hydroxybutyrique. (a) à partir d'une séquence INEPT ; (b) à partir d'une séquence INEPT-refocalisée (le compromis dans le choix de τ induit des distorsions de phase) ; (c) à partir d'une séquence DEPT.

Le délai Δ entre le 90° sur X et le second 90° sur A est généralement choisi égal à $1/2J_{AX}$; le même délai est introduit entre le second 90° sur A et le début de la période d'échantillonnage. Ainsi, l'aimantation recueillie évolue à la fréquence ν_A pendant Δ et à la fréquence $\nu_A + \nu_X$ pendant Δ (après le passage à l'état multi quanta). L'insertion d'un 180° entre ces deux périodes permet d'annuler l'influence des déplacements chimiques de A. De même, l'aimantation recueillie évolue à la fréquence $\nu_A + \nu_X$ pendant le second délai Δ et à la fréquence ν_X pendant le troisième (après transfert de A vers X). L'insertion d'un 180° entre ces deux dernières périodes permet d'annuler l'influence des déplacements chimiques de X.

La séquence DEPT est moins sensible à la dispersion des valeurs de J_{AX} que la séquence INEPT et permet donc d'obtenir des spectres couplés avec moins de distorsion d'intensité et de phase (figure 7-17c). [47]

L'intensité du signal détecté pour un système A_nX dépend de la valeur de β, angle de bascule de la dernière impulsion sur A (figure 7-18), et vérifie l'équation :

$$S_n = k.n.sin^2(\pi.J.\Delta).sin(\beta).[cos^2(\pi.J.\Delta) + sin^2(\pi.J.\Delta).cos(\beta)]^{(n-1)} \quad (7\text{-}6)$$

ou : $S_n = k.n.sin(\beta).[cos(\beta)]^{(n-1)}$ pour Δ = 1/2J

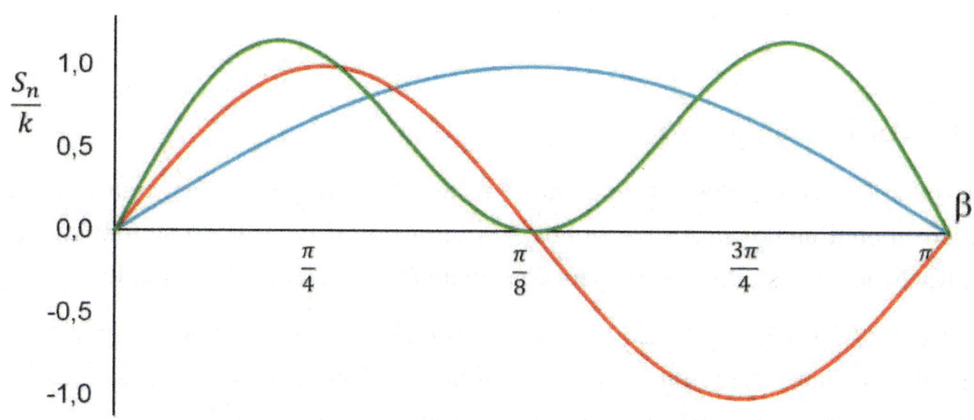

Figure 7-18 Evolution en fonction de β de l'intensité recueillie avec la séquence DEPT pour les systèmes A_nX. $n = 1$ (—), $n = 2$ (—) et $n = 3$ (—) ; pour $\Delta = \frac{1}{2J}$.

Les différentes évolutions des systèmes A_nX (figure 7-18) sont mises à profit pour faire de l'édition de spectre (figure 7-19). Ainsi, des combinaisons linéaires des spectres RMN-^{13}C obtenus avec $\beta = \pi/4$ (figure 7-19a), $\pi/2$ (figure 7-19b) et $3\pi/4$ (figure 7-19c) permettent de séparer les signaux des CH, CH_2 et CH_3.

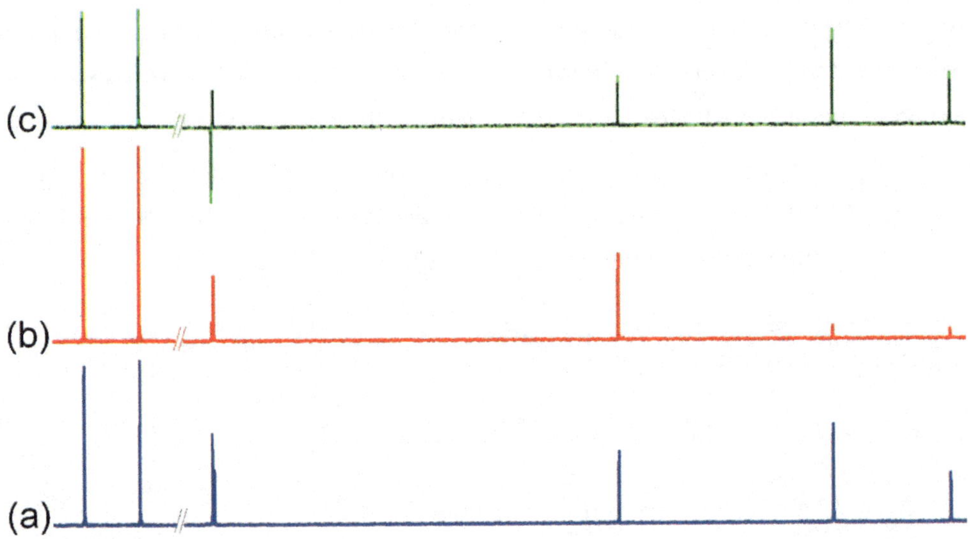

Figure 7-19 Spectre RMN-^{13}C découplés obtenus avec la séquence DEPT refocalisée sur un échantillon d'ibuprofène. (a) $\beta = \frac{\pi}{4}$, (b) $\beta = \frac{\pi}{2}$ et (c) $\beta = \frac{3\pi}{4}$.

7.2.6. Polarisation croisée

La polarisation croisée est une autre technique qui permet de transférer la polarisation d'un noyau A vers un noyau X moins sensible. Elle est surtout utilisée en RMN de l'état solide [1] mais peut également être utilisée à l'état liquide.

La figure 7-20 présente la séquence mise en œuvre. L'aimantation du spin A est basculée suivant l'axe y' du référentiel tournant par l'impulsion $90°_x$. L'application d'un champ radiofréquence à la fréquence du spin A et tel que $\vec{B}_1^A$ est dirigé suivant l'axe y', permet de « verrouiller » l'aimantation de A suivant l'axe y'. Tout mouvement (induit par la précession autour de $\vec{B}_0$ ou par la relaxation) est immédiatement contré par la précession autour de $\vec{B}_1^A$. Ce procédé est appelé « spin-lock ». [49]

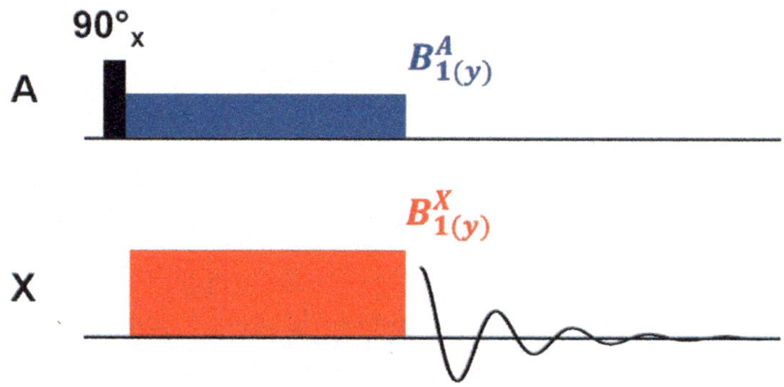

Figure 7-20 Polarisation croisée. Lorsque les deux champs $\vec{B}_1$ vérifient la relation de Hartmann-Hahn $\gamma_A.\vec{B}_1^A = \gamma_X.\vec{B}_1^X$, un transfert de polarisation s'opère entre les deux spins si ceux-ci sont en interaction dipolaire.

Dans le même temps, un champ $\vec{B}_1^X$ est appliqué à la fréquence du spin X et $\vec{B}_1^X$ est dirigé suivant l'axe y' du référentiel tournant. Lorsque les deux champs $\vec{B}_1$ vérifient la relation de Hartmann-Hahn $\gamma_A.\vec{B}_1^A = \gamma_X.\vec{B}_1^X$, [50] les aimantations des spins A et X sont alors animées d'un mouvement de précession à la même vitesse et autour du même axe. Dans de telles conditions, un transfert de polarisation s'opère entre les deux populations de spins si A et X sont en interaction dipolaire. A l'état liquide, le transfert de polarisation peut également être observé et il conduit à une augmentation de l'aimantation de A dans le rapport γ_A/γ_X.

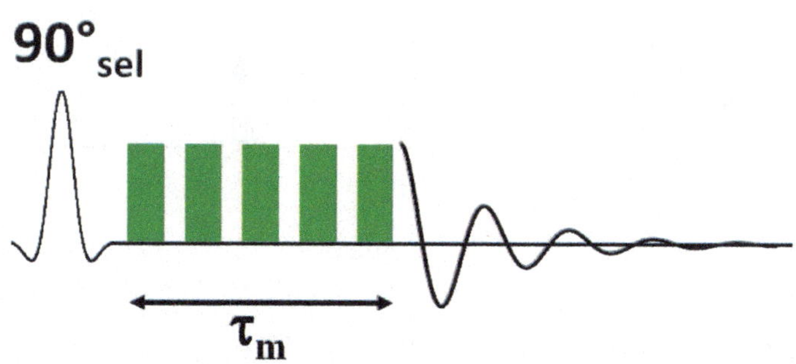

Figure 7-21 Séquence HoHaHa-1D. A l'aide d'une impulsion sélective, l'aimantation d'un seul déplacement chimique ^{1}H est basculée selon l'axe y'. Lors du spin-lock qui suit, le transfert de polarisation s'opère vers tout le système des spins qui ont été excités.

La figure 7-21 présente la version homonucléaire appelée HoHaHa-1D (pour *Homonuclear Hartmann Hahn*). A l'aide d'une impulsion sélective, l'aimantation d'un seul déplacement chimique ^1H est basculée selon l'axe y'.

Lors du spin-lock qui suit, le transfert de polarisation s'opère vers les spins qui sont couplés aux spins qui ont été excités. Pour un système AMX, si les spins A sont excités, l'aimantation sera tout d'abord transférée de A vers M. Puis, si le spin-lock est appliqué pendant une durée suffisamment longue, l'aimantation passera de M vers X. Ainsi l'aimantation de A diffusera vers tous les déplacements chimiques appartenant au même système de spins, ce qui permettra d'observer un sous-spectre comme l'illustre la figure 7-22.

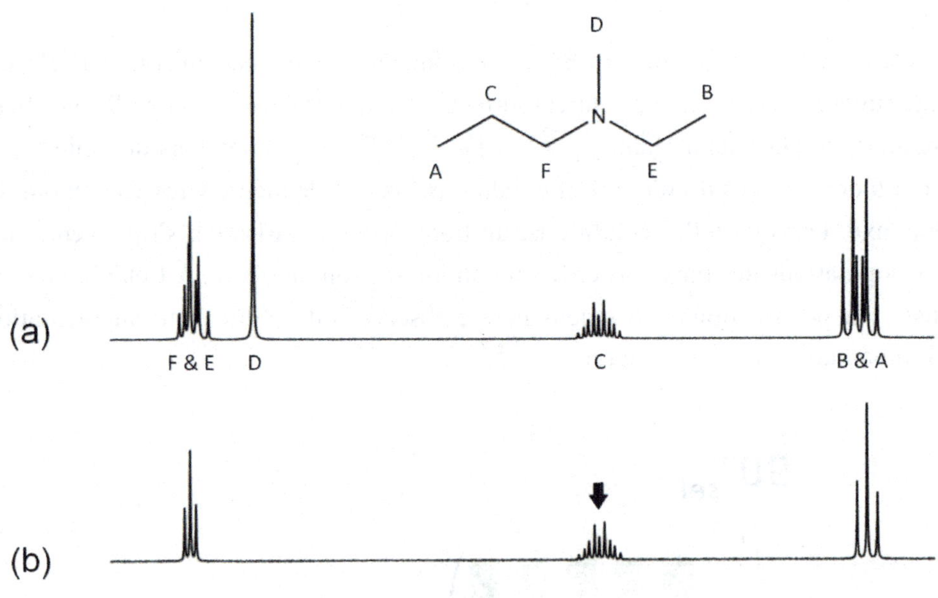

Figure 7-22 Spectre RMN-^1H d'une molécule à trois systèmes de spins (A, C et F ; E et B ; et D) ; avec une séquence de base à une impulsion (a) et avec une séquence HoHaHa-1D (b). La flèche indique le déplacement excité par l'impulsion sélective.

Notons que dans un système homonucléaire, la condition de Hartmann-Hahn est automatiquement vérifiée. Pour que le champ $\vec{B}_1$ affecte tous les déplacements chimiques de manière uniforme, il est nécessaire d'utiliser durant le spin-lock un train d'impulsion à 180° tel que ceux qui sont utilisés pour le découplage hétéronucléaire large bande (*Cf.* sections 9.2.2. et 9.5.4). [3]

7.3. Cycle de phase

7.3.1. Spectroscopie de différence

Considérons la séquence de la figure 7-23. [51] Lorsque les phases des deux impulsions 90° ^{13}C sont identiques (φ = x) l'ensemble de ces deux impulsions est équivalent à un 180°. Cette séquence est alors simplement un écho de spin qui compense, pendant TE, l'effet des déplacements chimiques ^{1}H mais pas celui des couplages ^{13}C-^{1}H (*Cf* section 7.1.1.). L'aimantation d'un proton porté par un ^{12}C (pas de couplage ^{12}C-^{1}H) est donc alignée sur l'axe y' à la fin du TE (figure 7-24a). Par ailleurs, pour $TE = 1/J$, les aimantations d'un proton porté par un ^{13}C ($J = {}^{1}J_{CH}$) sont alignées suivant l'axe –y' (figure 7-24b).

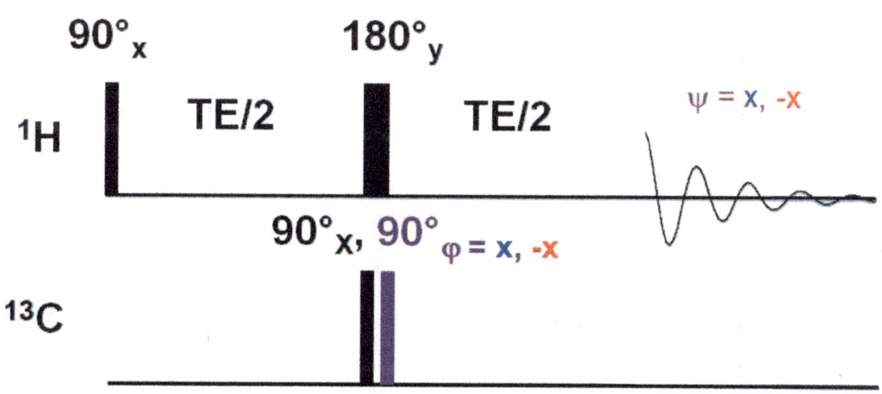

Figure 7-23 Séquence d'impulsions permettant de sélectionner le signal des protons portés par des ^{13}C et d'éliminer le signal des protons portés par des ^{12}C. Pour cela il suffit de réaliser deux fois la séquence : une première fois avec φ = x et ψ = x et une seconde fois avec φ = -x et ψ = -x et en sommant les deux FIDs obtenus.

En revanche, lorsque les deux impulsions 90° ^{13}C ont des phases opposées (φ = -x) elles s'annulent mutuellement. Cette séquence est alors un écho de spin qui compense, pendant TE, l'effet des déplacements chimiques ^{1}H et celui des couplages ^{13}C-^{1}H (*Cf* section 7.1.1.).

L'aimantation d'un proton porté par un ^{12}C (pas de couplage ^{12}C-^{1}H) est donc alignée suivant l'axe y' à la fin du TE (figure 7-24c) et il en est de même pour les aimantations d'un proton porté par un ^{13}C (figure 7-24d).

Pour obtenir le signal des protons portés par des ^{13}C et éliminer celui des protons portés par des ^{12}C il suffit donc de soustraire du FID obtenu avec $\varphi = x$ le FID obtenu avec $\varphi = -x$. Cette opération est effectuée en réalisant deux fois la séquence de la figure 7-23 : une première fois avec $\varphi = x$ et $\psi = x$ (ψ est la phase de réception) et une seconde fois avec $\varphi = -x$ et $\psi = -x$ et en sommant les deux FIDs obtenus.

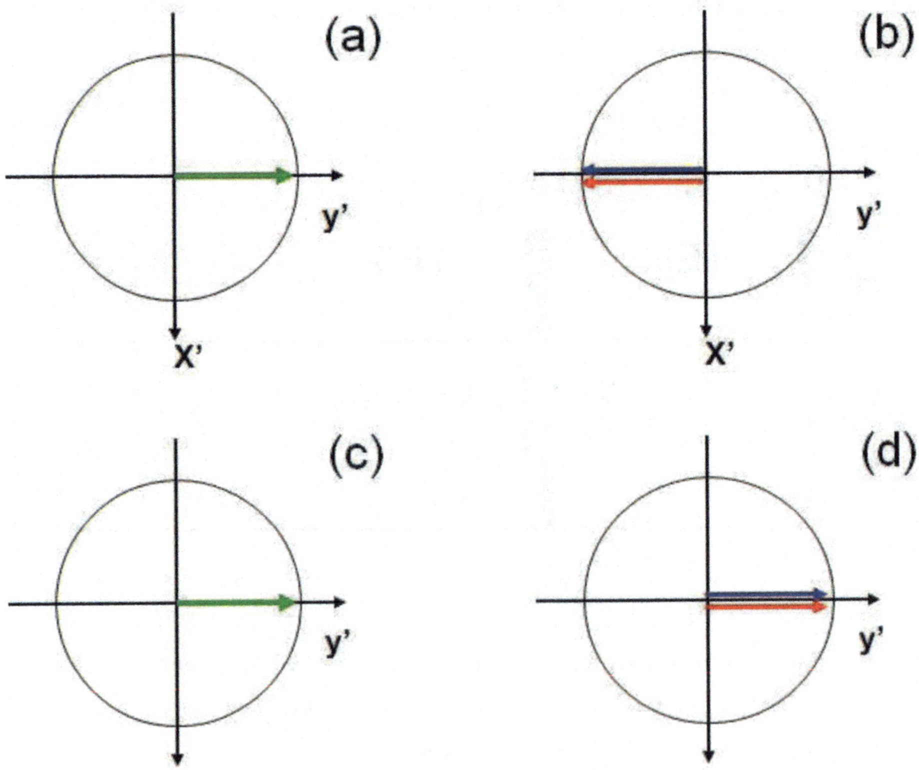

Figure 7-24 Position des aimantations à la fin de la séquence de la figure 7-23 : pour $\varphi = x$ (a et b) et $\varphi = -x$ (c et d) et pour un ^{1}H lié à un ^{12}C (a et c) ou à un ^{13}C (b et d).

Nous avons là un exemple de cycle de phase. De manière générale, la séquence est répétée en changeant la phase de l'une des impulsions et celle du récepteur de manière concertée afin que le signal intéressant soit conservé et le signal « parasite » soit éliminé. Le terme de signal « parasite » désigne ici tout signal indésirable ; cela peut être le résultat d'une imperfection de l'appareillage mais plus généralement, une séquence multi-impulsionnelle génère plusieurs types de signaux et un seul doit être retenu pour l'application désirée.

7.3.2. EXORCYCLE

Le premier cycle de phase proposé, et sans doute l'un des plus utilisés, est EXORCYCLE (tableau 7-1). [52] Il est mis en œuvre pour éliminer les signaux parasites générés par une imperfection des impulsions RF dans un écho de spin.

Tableau 7-1 EXORCYCLE. Cycle de phase utilisé pour éliminer les signaux parasites générés par une imperfection RF dans un écho de spin. φ : phase du 180° et ψ : phase de réception.

φ	x	y	-x	-y
ψ	x	-x	x	-x

Lorsque la phase, φ, du 180° passe de x à y (alors que la phase du 90° est maintenue constante), la phase du signal détecté est inversée (*Cf.* section 6.4.4). Une inversion simultanée de la phase de réception permet d'additionner les deux échos de spin mais annulera un signal non refocalisé par un 180° imparfait.

Par ailleurs, si les impulsions RF sont imparfaites, le 90° laissera une partie de l'aimantation suivant l'axe z et le 180° basculera une partie de cette aimantation longitudinale dans le plan transversal. Cela donnera naissance à un FID qui pourrait interférer avec l'écho. Une inversion de la phase φ, en maintenant la phase de réception, inverse le signe de ce FID parasite alors qu'elle n'affecte pas la phase de l'écho.

7.3.3. CYCLOPS

CYCLOPS [53] est également un cycle de phase très utilisé. Il vise à éliminer l'effet des imperfections d'appareillage associées à la détection en quadrature (liées à un déséquilibre entre les gains ou à un mauvais décalage de phase entre les deux détecteurs). CYCLOPS est donné dans le tableau 7-2 pour une séquence de base (une impulsion).

Tableau 7-2 CYCLOPS. Cycle de phase utilisé pour compenser les défauts de quadrature. φ : phase de l'impulsion d'excitation et ψ : phase de réception.

φ	x	y	-x	-y
ψ	x	y	-x	-y

7.3.4. Combinaison de cycles de phase

Il est fréquent que plusieurs cycles de phase doivent être combinés pour éliminer tous les signaux parasites. Dans ce cas, le nombre d'acquisitions à combiner est égal au produit des nombres de pas de chaque cycle. Par exemple, pour éliminer les défauts de quadrature et l'effet de l'imperfection du 180° dans un écho de spin, un cycle de phase à 16 pas doit être utilisé (tableau 7-3).

Tableau 7-3 Cycle de phase combinant EXORCYCLE et CYCLOPS afin d'éliminer les défauts de quadrature et l'effet de l'imperfection du 180° dans un écho de spin. φ_1 : phase du 90°, φ_2 : phase du 180° et ψ : phase de réception.

φ_1	x	y	-x	-y	x	y	-x	-y	x	y	-x	-y	x	y	-x	-y
φ_2	x	y	-x	-y	y	-x	-y	x	-x	-y	x	y	-y	x	y	-x
ψ	x	y	-x	-y	-x	-y	x	y	x	y	-x	-y	-x	-y	x	y
	CYCLOPS sur φ_1 et ψ EXORCYCLE sur φ_2 et ψ ; pas 1				CYCLOPS sur φ_1 et ψ EXORCYCLE sur φ_2 et ψ ; pas 2				CYCLOPS sur φ_1 et ψ EXORCYCLE sur φ_2 et ψ ; pas 3				CYCLOPS sur φ_1 et ψ EXORCYCLE sur φ_2 et ψ ; pas 4			

7.4. Impulsions de gradient de champ magnétique

7.4.1. Principe

On appelle gradient de champ un champ magnétique additionnel qui se superpose au champ statique ($\vec{B}_0$). Ce champ, dont l'intensité varie linéairement suivant l'une des directions de l'espace, le plus souvent l'axe z, n'est généralement activé que pendant quelques millisecondes.

Le champ appliqué a alors la même direction dans tout le volume sensible mais son intensité dépend du point considéré (figure 7-25a). Ainsi, pendant l'application d'un gradient G_z suivant la direction z, l'amplitude du champ magnétique B à la coordonnée z est donnée par $B_{(z)} = B_0 + z.G_z$ et la fréquence de résonance devient donc dépendante de la position : $\nu_{(z)} = \nu_0 + z.\gamma.G_z$ (figure 7-25b). Il est important de noter que tous les points ayant la même coordonnée z ont la même fréquence de résonance pendant l'application du gradient de champ magnétique G_z.

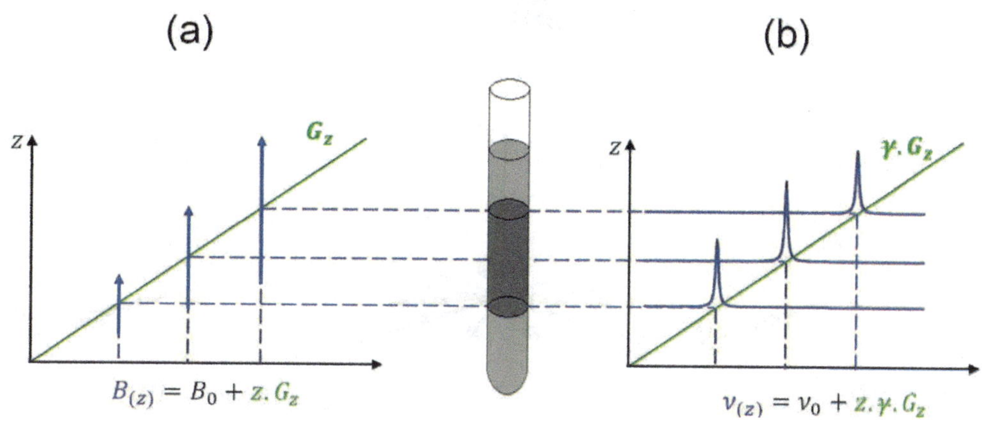

Figure 7-25 Gradient de champ magnétique. Un champ additionnel induit une variation linéaire de l'amplitude du champ magnétique statique suivant l'une des directions de l'espace (a). La fréquence de résonance dépend alors linéairement de la position suivant cette direction (b).

7.4.2. Défocalisation et refocalisation par des impulsions de gradient

Considérons une séquence d'écho de spin comportant des impulsions de gradients de champ magnétique, telle que celle représenter sur la figure 7-26a. Le 90° bascule l'aimantation dans le plan transversal suivant l'axe y' du référentiel tournant (figure 26b). Durant l'application de la première impulsion de gradient, les noyaux baignent dans un champ magnétique qui dépend de leur position dans le tube (figure 7-25a). Les noyaux situés en haut du tube (z positif) baignent dans un champ magnétique plus élevé que ceux qui sont en bas du tube (z négatif). La fréquence de résonance dépend alors de la position z et il faut associer une aimantation à chaque valeur de z. Chacune de ces aimantations évolue dans le plan transversal avec sa propre vitesse, à la fin de l'impulsion toutes ces aimantations occupent donc des positions différentes (figure 7-26c) : l'aimantation est défocalisée.

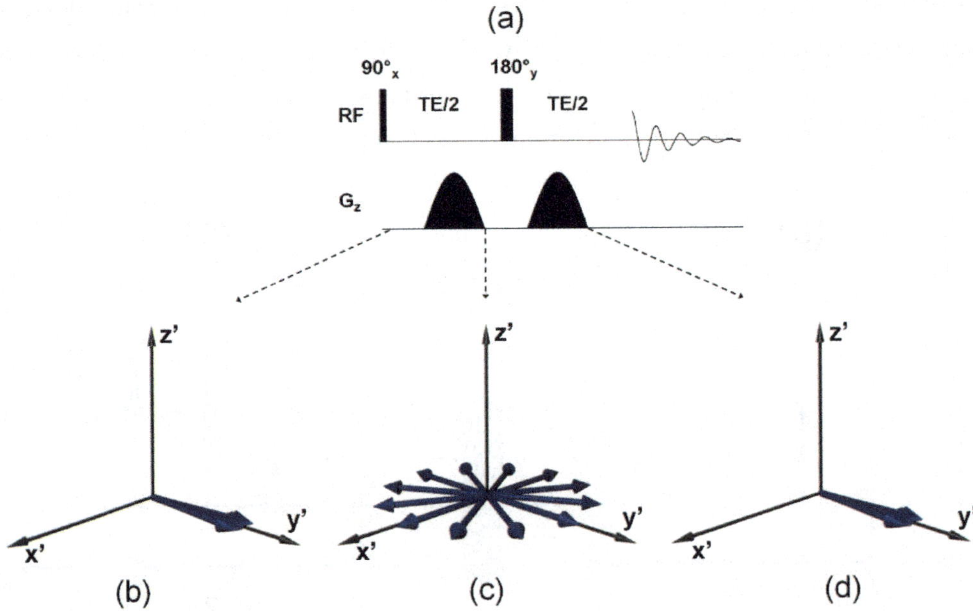

Figure 7-26 Séquence d'écho de spin avec des impulsions gradient de champ magnétiques (a). L'aimantation, initialement basculée suivant l'axe y' par le 90° (b) est défocalisée dans le plan transversal par la première impulsion de gradient (c). Après inversion des phases des aimantations par le 180°, la seconde impulsion de gradient refocalise toutes les aimantations suivant l'axe y' (d).

Plus l'impulsion de gradient est longue, ou plus elle est intense, et plus les aimantations sont dispersées dans le plan transversal. Quelle que soit la forme de l'impulsion, c'est sa surface qui détermine l'ampleur de la dispersion. [40] Si cette surface est suffisamment grande, les différentes aimantations sont distribuées dans toutes les directions du plan transversal et leur somme vectorielle est nulle. L'aimantation transversale a donc été détruite. Une impulsion de gradient peut donc être utilisée pour éliminer une aimantation transversale.

Toutefois, après que le 180° ait inversé les phases de toutes les aimantations, la seconde impulsion de gradient provoque une refocalisation suivant l'axe y' (figure 7-26d). En effet, durant cette seconde impulsion de gradient, chaque aimantation parcoure exactement le même angle que celui qu'elle a parcouru pendant la première impulsion de gradient (à condition bien entendu que les noyaux qui génèrent cette aimantation n'aient pas changé de position). Pour le signal formant l'écho, tout se passe donc comme s'il n'y avait pas d'impulsion de gradient.

Pour les signaux induits par les imperfections des impulsions RF, il en va tout autrement. Pour la composante non-refocalisée par un 180° imparfait, l'effet des deux impulsions de gradient s'additionne au lieu de se compenser (puisque sa phase n'est pas inversée). Par ailleurs, toute aimantation transversale générée par le 180° subira uniquement la seconde impulsion de gradient et sera donc détruite. L'incorporation d'impulsions de gradient à la séquence d'écho de spin permet donc d'éliminer les signaux parasites comme le fait le cycle de phase EXORCYCLE (*Cf.* section 7.3.2) mais cette fois en un seul passage. Nous avons là un exemple d'une autre grande application des impulsions de gradient : la sélection des signaux désirés en éliminant les signaux parasites (appelé sélection de cohérence).

7.5. Détection inverse

Comme nous l'avons vu dans la section 7.2.1 l'amplitude du signal détecté (à la suite d'une séquence d'impulsions affectant des spins A et X) est proportionnelle à $\gamma_{exc}.\gamma_{obs}^{3/2}$.

Si $\gamma_X < \gamma_{A,}$ le signal le plus important est donc obtenu pour $\gamma_{exc} = \gamma_{obs} = \gamma_A$.

Deux séquences permettent d'observer, de manière indirecte, les noyaux X en recueillant uniquement le signal des spins A couplés à un spin X (par exemple : observation du signal des ^1H couplés à un ^{13}C et élimination des signaux des ^1H couplés à un ^{12}C).

7.5.1. HMQC

Nous avons vu dans la section 7.3 que la séquence de la figure 7-23 permet d'atteindre cet objectif grâce au cycle de phase approprié.

Cette séquence est à l'origine de la méthode HMQC [54] utilisée pour la détection inverse hétéronucléaire en spectroscopie 2D (*Cf.* chapitre 8).

7.5.2. HSQC

Nous avons également vu dans la section 7.2.3 que la séquence INEPT [46] transfère la polarisation du spin A vers le spin X. De la même manière, une séquence symétrique permet de réaliser un transfert de X vers A (retro – INEPT).

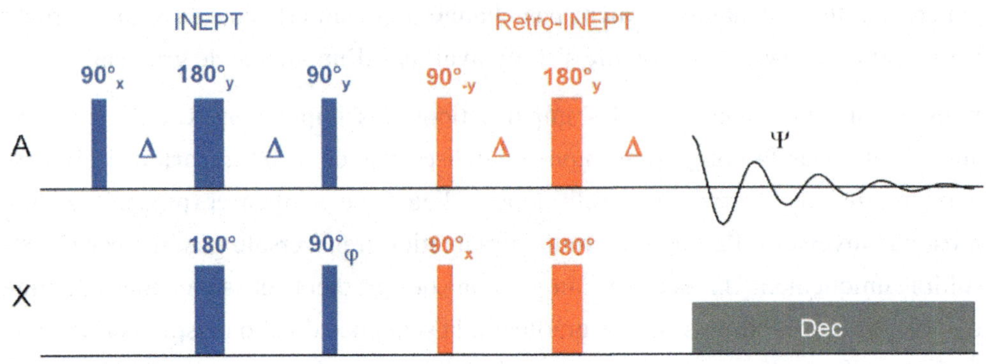

Figure 7-27 Séquence HSQC. La première moitié (en bleu) est une séquence INEPT et la seconde moitié (en rouge) est une retro-INEPT. Les phases φ et Ψ suivent le cycle de phase du tableau 7-4 afin d'éliminer le signal des spins A non couplés à un spin X.

La séquence de la figure 7-27 comporte une première moitié qui n'est autre qu'une séquence INEPT et une seconde moitié qui est une retro-INEPT. Après l'excitation du spin A, son aimantation est donc tout d'abord transférée au spin X puis ramenée sur le spin A. Grâce à un cycle de phase tel que celui du tableau 7-4, le signal des spins A non couplés à un spin X peut alors être éliminé.

Cette séquence est à l'origine de la méthode HSQC [55] utilisée pour la détection inverse hétéronucléaire en spectroscopie 2D (*Cf.* chapitre 8).

Tableau 7-4 Cycle de phase de la séquence HSQC. Cycle de phase utilisé pour éliminer le signal des spins A non couplés à un spin X. φ : phase du 1er 90° sur X et ψ : phase de réception.

φ	x	-x
ψ	x	-x

7.6. Pour aller plus loin

- *La RMN : concepts, méthodes et applications*. Daniel Canet, Jean-Claude Boudel et Emmanuelle Canet Soulas. Dunod, Paris, 2002. Chapitre 5.
- *SpinChoreography: Basic steps in high resolution NMR*. Ray Freeman. Oxford University Press, Oxford, 1998. Chapitre 4.
- *Modern NMR spectroscopy. A Guide for Chemists*. Jeremy K.M. Sanders and Brian K. Hunter. Oxford University Press, Oxford, 1993. Chapitre 3.
- *Comprendre la RMN*. James Keeler. Presses polytechniques et universitaires romandes. Lausanne, 2015. Chapitres 7 et 11.

Chapitre 8 - RMN multidimensionnelle

Dès son introduction [56, 57] la RMN multidimensionnelle s'est avérée être un excellent outil pour étendre les potentialités, déjà importantes, de la RMN impulsionnelle à une dimension. Le passage à plusieurs dimensions permet non seulement de mieux séparer les informations mais aussi d'établir des corrélations entre ces informations : entre les couplages et les déplacements chimiques ou entre les spectres obtenus pour différents noyaux par exemple. [40, 58]

Des spectres à deux dimensions sont obtenus en routine et l'utilisation de trois voire quatre dimensions n'est pas rare pour certaines applications telles que la détermination de la structure tridimensionnelle de macromolécules. Nous traiterons dans ce chapitre uniquement le cas de la RMN à deux dimensions (RMN-2D) mais l'extension à la RMN-nD ne nécessite pas de concepts supplémentaires.

8.1. Généralités

8.1.1. Principe

Comme nous l'avons vu dans le chapitre 3, le signal RMN détecté (le FID) est décrit par une fonction $S_{(t)}$ dépendant du temps. Le spectre est alors obtenu après une transformation de Fourier de $S_{(t)}$ et correspond à une fonction $F_{(\Omega)}$.

L'obtention d'un spectre RMN-2D, $F_{(\Omega_1,\Omega_2)}$, suppose donc : d'une part, l'obtention d'un FID à deux dimensions décrit par une fonction $S_{(t_1,t_2)}$ dépendant de deux variables temporelles indépendantes t_1 et t_2 ; et d'autre part, une double transformation de Fourier de $S_{(t_1,t_2)}$ (Figure 8-1). [2, 57]

Cependant, il ne peut y avoir physiquement qu'un seul temps lors d'une expérience. Il est donc nécessaire d'utiliser un artifice pour créer une seconde dimension temporelle qui correspondra à t_1 ; t_2 correspondant conventionnellement au temps t durant l'enregistrement du signal.

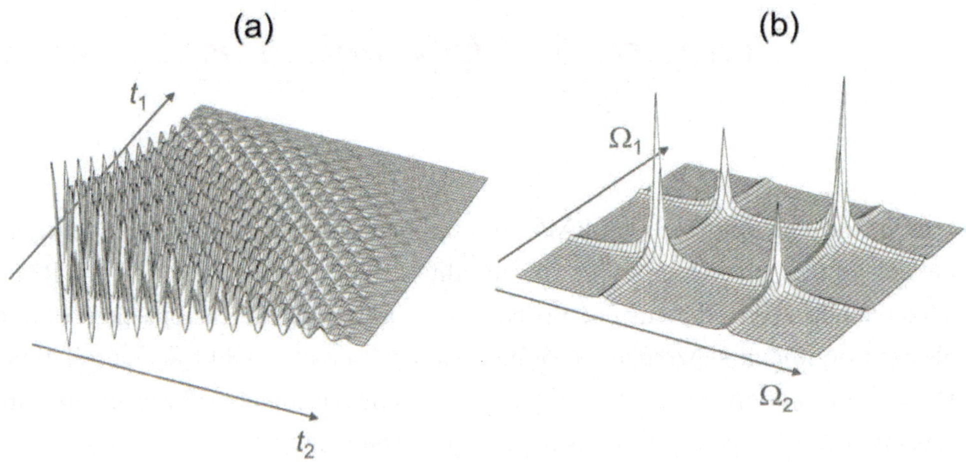

Figure 8-1 FID à deux dimensions (a) et spectre RMN à deux dimensions correspondant (b).

Afin de comprendre la manière dont ce pseudo temps (t_1) est créé, nous allons utiliser une analogie. Supposons que nous voulions enregistrer la chute d'une pierre du haut de la tour de Pise. La méthode la plus simple consiste à se munir d'une caméra vidéo et à filmer la tour au cours du mouvement de la pierre depuis le sommet jusqu'à la base. La caméra enregistrera ainsi une série d'images représentant la tour et la pierre et sur chacune d'elles la position de la pierre sera différente, de plus en plus près du sol au fur et à mesure que l'on progressera dans le film (Figure 8-2a).

Il est possible d'établir un parallèle entre ce film et l'enregistrement d'un signal RMN. Après la bascule de l'aimantation dans le plan transversal, celle-ci est animée d'un mouvement de précession autour de l'axe z. La projection de cette aimantation suivant l'axe de détection est mesurée à intervalles réguliers et stockée. La mesure de cette projection est une sorte de « photographie » de la position de l'aimantation à l'instant *t*, et le FID, qui est la succession de ces mesures, est alors comparable à un film de la rotation de l'aimantation dans le référentiel tournant (Figure 8-2b).

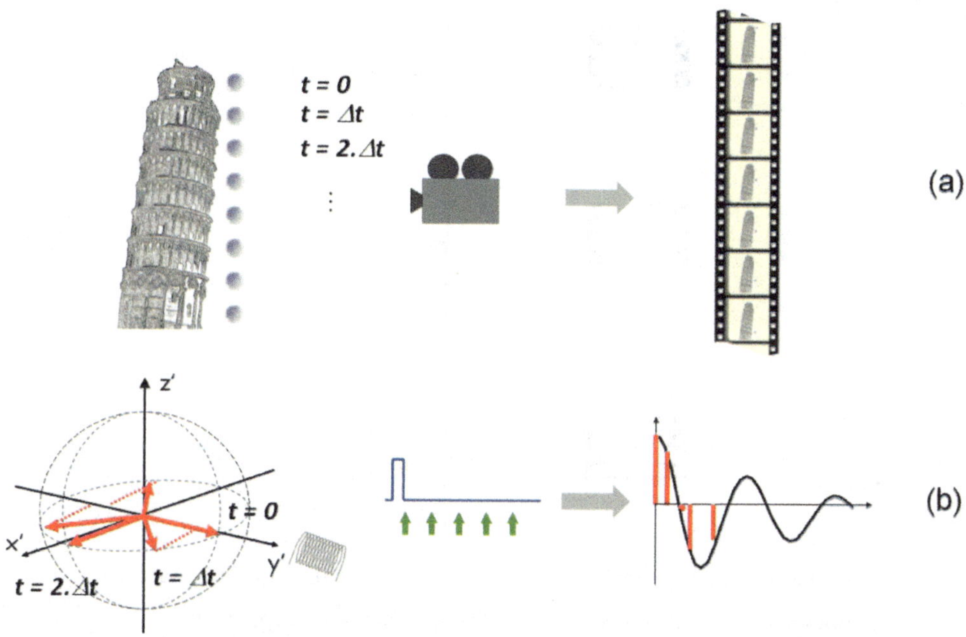

Figure 8-2 Analogie entre l'enregistrement d'un FID en RMN-1D et le film de la chute d'une pierre.

Supposons maintenant que nous ne disposions pas de caméra pour filmer la chute de la pierre mais seulement d'un appareil photo (qui de plus ne peut pas enchaîner rapidement les prises de vue). Afin d'enregistrer la chute de la pierre du haut de la tour de Pise nous devons élaborer une nouvelle stratégie. Nous allons réaliser plusieurs fois la séquence d'événements suivante : ascension de la tour avec la pierre, lâcher de la pierre depuis le sommet, prise d'une photo au temps t après le lâcher de la pierre. De plus, le temps séparant le lâcher de la pierre et la prise de la photographie (t) sera incrémenté de Δt entre deux photographies. Nous disposerons ainsi d'une série d'images représentant la tour et la pierre et sur chacune d'elles la position de la pierre sera différente (Figure 8-3). Cette nouvelle stratégie permet donc d'obtenir la même série d'images que celles que contient le film de la chute de la pierre enregistré par une caméra.

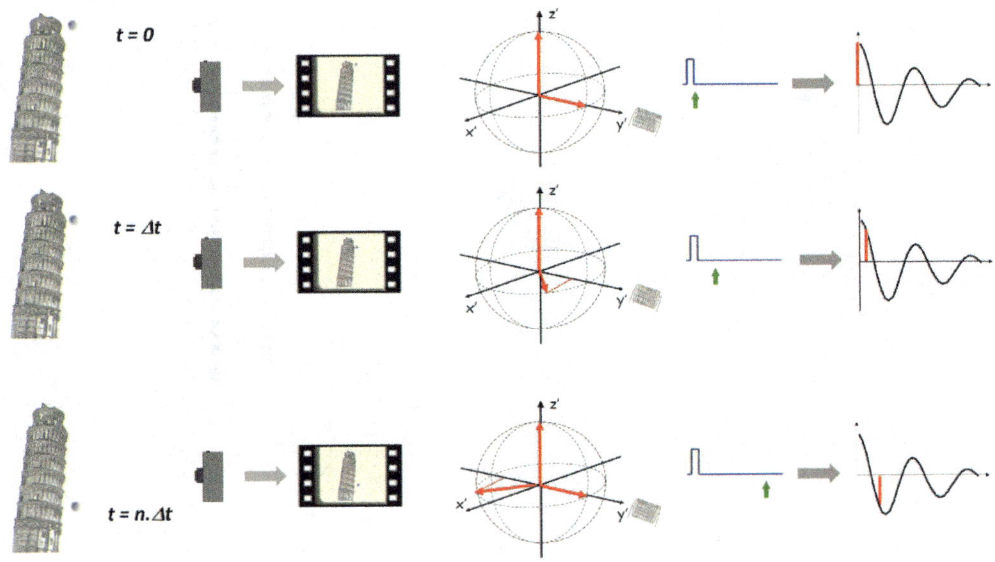

Figure 8-3 Analogie entre l'enregistrement d'un FID dans la dimension supplémentaire d'un spectre 2D et une série de photographies de la chute d'une pierre.

Par analogie, la partie droite de la figure 8-3 représente une autre méthode pour l'enregistrement d'un FID. Une série d'expériences est réalisée dans lesquelles l'aimantation est basculée dans le plan transversal (lâcher de la pierre) et sa projection est mesurée (prise de la photographie) une seule fois au temps t après l'impulsion RF. Entre les différentes expériences, un délai permet à l'aimantation de revenir à l'équilibre (ascension de la tour). Cette stratégie est bien entendu beaucoup plus lente et fastidieuse que l'enregistrement classique d'un FID, mais elle permet d'obtenir exactement la même information ; lorsque toutes les mesures effectuées sont placées dans le même fichier celui-ci est identique à celui résultant de l'échantillonnage d'un FID.

C'est cette méthode qui est utilisée en RMN-2D pour créer la dimension 1 indépendamment de la dimension 2 (correspondant à l'échantillonnage du FID). Une série d'expériences est réalisée. Chaque expérience consiste en une séquence de RMN multi-impulsionnelle dans laquelle l'un des délais est incrémenté régulièrement d'une expérience à l'autre.

Une séquence de RMN-2D est ainsi constituée de quatre périodes (Figure 8-4) : [25, 40]

- une période de préparation qui comporte au minimum un délai (permettant la relaxation du système) et l'excitation d'une population de spins,
- une période d'évolution dont la durée t_1 est incrémentée régulièrement (cette période est soit un simple délai soit un écho de spin),
- une période de mélange qui permettra un échange d'aimantation entre deux populations de spins (cette période peut être absente de la séquence),
- une période de détection durant laquelle le signal est physiquement enregistré.

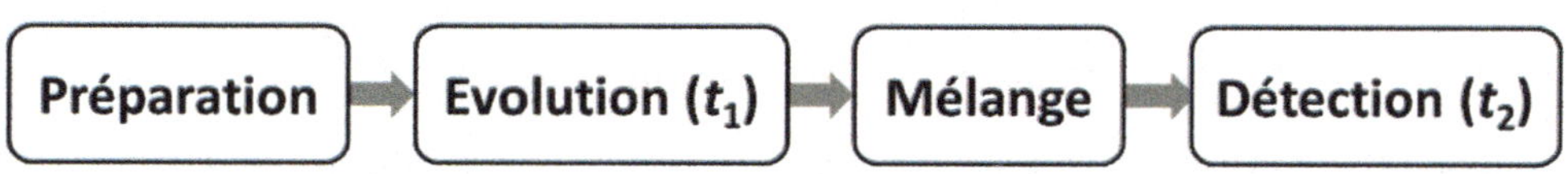

Figure 8-4 Structure de base d'une séquence de RMN-2D. Durant la période de détection, le signal est détecté comme lors d'une acquisition de RMN-1D. L'expérience est répétée un grand nombre de fois en faisant varier régulièrement t_1 (durée de la période d'évolution).

8.1.2. Modes de représentation

Un spectre 2D est une surface et peut être représenté comme tel (Figure 8-5a). Ce mode de présentation, également appelé « stacked plot » est assez esthétique mais pas très fonctionnel. Il est beaucoup plus pratique de représenter un spectre 2D en traçant des courbes de niveau comme sur une carte géographique (Figure 8-5b). Ce mode de présentation est également appelé « contour plot » et est de loin le plus utilisé.

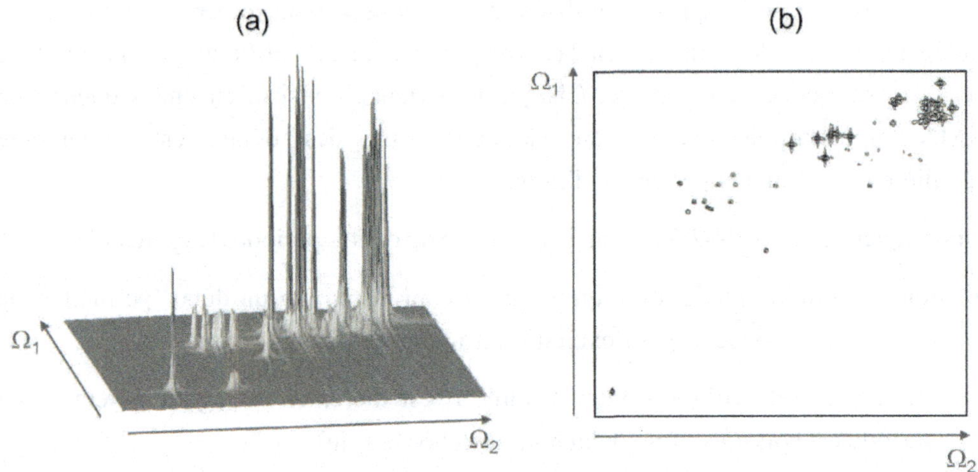

Figure 8-5 Modes de représentation d'un spectre RMN-2D. Représentation en surface, ou « stacked plot » (a) et représentation en courbes de niveau, ou « contour plot » (b).

8.1.3. Transformation de Fourier à deux dimensions

Le recueil du signal s'effectue durant le temps t_2 en utilisant la détection en quadrature. La dépendance de ce signal en t_2 est donc de la forme :

$$e^{i.(\Omega_2.t_2+\phi_2)}.e^{-\frac{t_2}{T_2^*}}$$

En ce qui concerne la dépendance du signal en t_1, elle dépend de la procédure expérimentale mise en œuvre. [2, 59] Dans certains cas, elle est de la forme :

$$e^{i.(\Omega_1.t_1+\phi_1)}.e^{-\frac{t_1}{T_2^*}}$$

Il s'agit d'une modulation de phase qui est en fait l'équivalent d'une détection en quadrature dans la dimension 1. Le signal est donc de la forme :

$$S_{(t_1,t_2)} = A.e^{i.(\Omega_1.t_1+\phi_1)}.e^{-\frac{t_1}{T_2^*}}.e^{i.(\Omega_2.t_2+\phi_2)}.e^{-\frac{t_2}{T_2^*}} \quad (8\text{-}1)$$

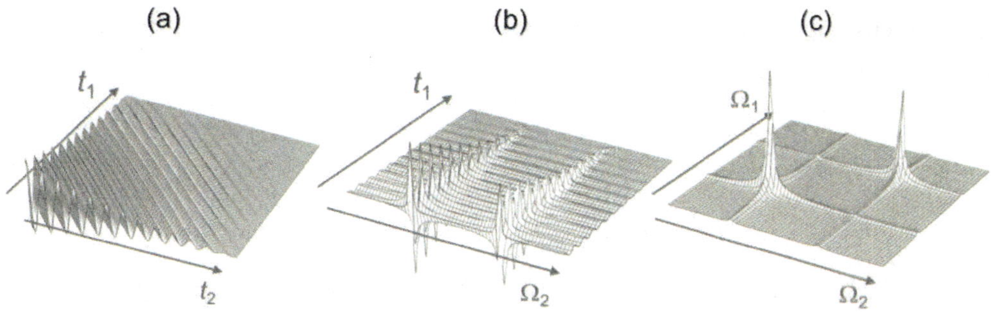

Figure 8-6 Double transformation de Fourier. (a) FID à deux dimensions, (b) après une première transformation de Fourier (dans la dimension 2), (c) après la seconde transformation de Fourier (dans la dimension 1).

Dans d'autres cas, la dépendance du signal en t_1 est donnée par :

$$cos(\Omega_1.t_1 + \phi_1).e^{-\frac{t_1}{T_2^*}}$$

Il s'agit d'une modulation d'amplitude qui est l'équivalent d'une détection simple dans la dimension 1. Le signal est donc de la forme :

$$S_{(t_1,t_2)} = A.cos(\Omega_1.t_1 + \phi_1).e^{-\frac{t_1}{T_2^*}}.e^{i.(\Omega_2.t_2+\phi_2)}.e^{-\frac{t_2}{T_2^*}} \quad (8\text{-}2)$$

Quel que soit le type de modulation, le FID 2D (Figure 8-6a) est tout d'abord transformé dans la dimension 2 ; ce qui conduit à une série de spectres présentant les pulsations Ω_2 mais dont l'amplitude, ou la phase, varie en fonction de t_1 (Figure 8-6b). Puis ces données subissent une transformation dans la dimension 1 pour donner le spectre RMN-2D (Figure 8-6c). La forme des raies sur ce spectre dépend du type de modulation.

Dans le cas d'une modulation en amplitude, un traitement adapté (*Cf.* section 8.1.4) permettra d'obtenir des raies en absorption dans les deux dimensions (Figure 8-7a).

Dans le cas d'une modulation en phase, les raies sont de la forme : [2]

$$F_{(\Omega_1,\Omega_2)} = \left(A_{(\Omega_1)}.A_{(\Omega_2)} - D_{(\Omega_1)}.D_{(\Omega_2)}\right) + i.\left(D_{(\Omega_1)}.A_{(\Omega_2)} + A_{(\Omega_1)}.D_{(\Omega_2)}\right) \quad (8\text{-}3)$$

Elles résultent alors d'un mélange d'absorption et de dispersion dans les deux dimensions : « Phase twist » (Figure 8-7b), ce qui conduit à un spectre imphasable qui doit être représenté en valeur absolue (Figure 8-7c). Ceci produit des raies dont le pied est très large et donc à une perte de résolution.

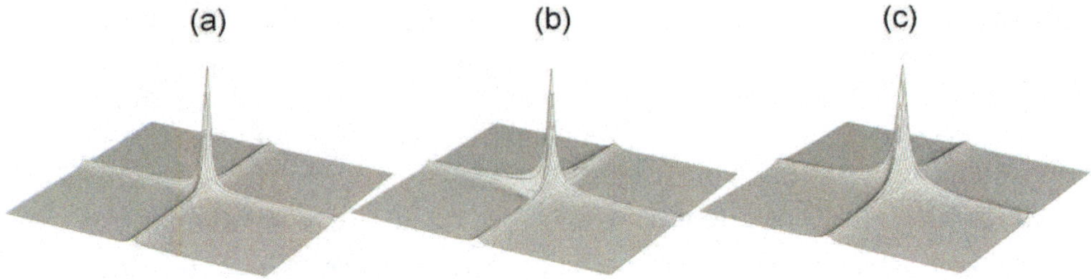

Figure 8-7 Formes de raies 2D. (a) Partie réelle d'une lorentzienne-2D en absorption pure ; (b) Partie réelle d'une lorentzienne-2D comportant un mélange d'absorption et de dispersion ; (c) raie (b) en valeur absolue.

8.1.4. Discrimination des signes des fréquences dans la dimension 1

Un signal modulé en amplitude présente l'inconvénient de ne pas pouvoir discriminer deux fréquences de signes opposés (*Cf.* section 3.1.). En effet, la fonction cosinus est une fonction paire, c'est-à-dire qu'elle prend la même valeur pour Ω_1 et $-\Omega_1$. En conséquence la transformation de Fourier dans la dimension 1 ne sera pas en mesure de distinguer deux raies situées de part et d'autre de la fréquence du référentiel tournant. Si l'offset est placé au centre de la gamme des déplacements chimiques, le spectre obtenu présentera donc deux jeux de raies, symétrique l'un de l'autre par rapport à la fréquence du référentiel tournant (Figure 8-8a).

Afin de résoudre ce problème, pour chaque incrément de t_1 deux acquisitions peuvent être réalisées en changeant de 90° la phase de l'impulsion qui suit la période d'évolution. [60]

L'un des signaux obtenus sera de la forme :

$$S^{cos}_{(t_1,t_2)} = A.cos(\Omega_1.t_1 + \phi_1).e^{-\frac{t_1}{T_2^*}}.e^{i.(\Omega_2.t_2+\phi_2)}.e^{-\frac{t_2}{T_2^*}} \quad (8\text{-}4)$$

Alors que l'autre s'écrira :

$$S^{sin}_{(t_1,t_2)} = A.sin(\Omega_1.t_1 + \phi_1).e^{-\frac{t_1}{T_2^*}}.e^{i.(\Omega_2.t_2+\phi_2)}.e^{-\frac{t_2}{T_2^*}} \quad (8\text{-}5)$$

Il suffit alors, comme en RMN 1D, de reconstruire un signal complexe à partir de ces deux signaux pour pouvoir distinguer les fréquences positives des fréquences négatives. [2, 40]

$$S_{(t_1,t_2)} = S^{cos}_{(t_1,t_2)} + i.S^{sin}_{(t_1,t_2)} = A.e^{i.(\Omega_1.t_1+\phi_1)}.e^{-\frac{t_1}{T_2^*}}.e^{i.(\Omega_2.t_2+\phi_2)}.e^{-\frac{t_2}{T_2^*}}$$

Toutefois, le signal est alors modulé en phase, ce qui induit (comme évoqué dans la section précédente) un mélange d'absorption et de dispersion dans les deux dimensions (Figure 8-7b), et donc un spectre imphasable.

Afin d'obtenir des spectres 2D phasables dans les deux dimensions, à partir d'un signal modulé en amplitude, deux méthodes ont été proposées. [61, 62, 2, 40]

** La méthode TPPI*

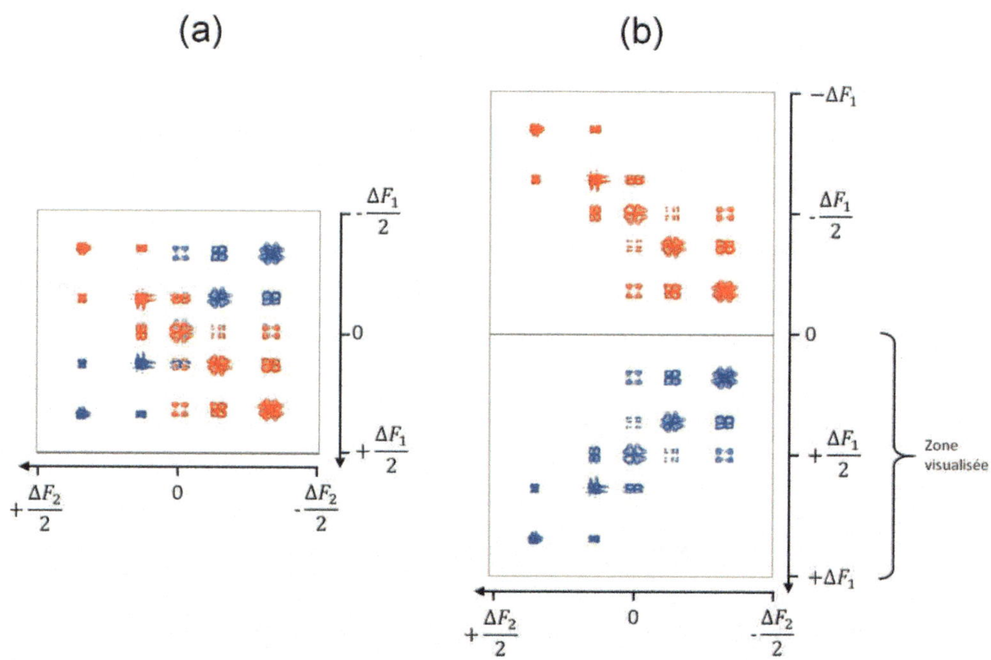

Figure 8-8 Méthode TPPI. (a) Sans l'incrémentation de phase, une acquisition 2D modulée en amplitude produit un spectre présentant deux jeux de raies, symétriques l'un de l'autre par rapport à la fréquence du référentiel tournant. (b) Lorsque la phase de l'impulsion qui suit la période d'évolution est incrémentée à chaque changement de valeur de t_1, les raies comprises entre $-\frac{\Delta F_1}{2}$ et $+\frac{\Delta F_1}{2}$ vont apparaitre entre 0 et ΔF_1, seule zone visualisée.

Dans la méthode TPPI (*Time Proportional Phase Incrémentation*), [61] également appelée méthode Marion-Wüthrich, seul le signal $S^{cos}_{(t_1,t_2)}$ est acquis, mais la phase de l'impulsion qui suit la période d'évolution est incrémentée à chaque changement de valeur de t_1. Le signal obtenu prend alors la forme :

$$S^{TPPI}_{(t_1,t_2)} = A.cos\big((\Omega_1 + k).t_1\big).e^{-\frac{t_1}{T_2^*}}.e^{i.(\Omega_2.t_2+\phi_2)}.e^{-\frac{t_2}{T_2^*}} \qquad (8\text{-}6)$$

L'équation 8-6 est identique à l'équation 8-4 à ceci près que la pulsation Ω_1 est remplacé par $\Omega_1 + k$. Les signaux sont alors décalés de la valeur k dans la dimension 1. Donc, pour $k = \frac{2.\pi.\Delta F_1}{2} = \pi.\Delta F_1$ (ΔF_1 étant la gamme de fréquences observées dans la dimension 1), les raies comprises entre $-\frac{\Delta F_1}{2}$ et $+\frac{\Delta F_1}{2}$ vont apparaitre entre 0 et ΔF_1.

Du fait de la modulation en amplitude, des signaux symétriques apparaissent également entre $-\Delta F_1$ et 0, mais seule la zone entre 0 et ΔF_1 est représentée et elle contient alors des raies en absorption dans les deux dimensions après phasage.

** La méthode States*

Dans la méthode States (ou *SHR pour states-Haberkorn-Ruben*), [62] les deux signaux $S^{cos}_{(t_1,t_2)}$ et $S^{sin}_{(t_1,t_2)}$ sont acquis (figure 8-9). La transformation de Fourier dans la dimension 2 produit alors :

$$f^{cos}_{(t_1,\Omega_2)} = A.cos(\Omega_1.t_1 + \phi_1).e^{-\frac{t_1}{T_2^*}}.(A_{(\Omega_2)} + i.D_{(\Omega_2)})$$

et

$$f^{sin}_{(t_1,\Omega_2)} = A.sin(\Omega_1.t_1 + \phi_1).e^{-\frac{t_1}{T_2^*}}.(A_{(\Omega_2)} + i.D_{(\Omega_2)})$$

Le signal complexe est alors formé à partir des parties réelles de ces deux signaux :

$$S'_{(t_1,\Omega_2)} = Re\big(f^{cos}_{(t_1,\Omega_2)}\big) + i.Re\big(f^{sin}_{(t_1,\Omega_2)}\big) = A.e^{i.(\Omega_1.t_1+\phi_1)}.e^{-\frac{t_1}{T_2^*}}.A_{(\Omega_2)}$$

La transformation de Fourier dans la dimension 1 produit donc des raies décrites par l'équation 8-7 :

$$F_{(\Omega_1,\Omega_2)} = A_{(\Omega_1)}.A_{(\Omega_2)} + i.A_{(\Omega_1)}.D_{(\Omega_2)} \qquad (8\text{-}7)$$

La partie réelle de cette expression correspond bien à une raie en absorption dans les deux dimensions (Figure 8-7a).

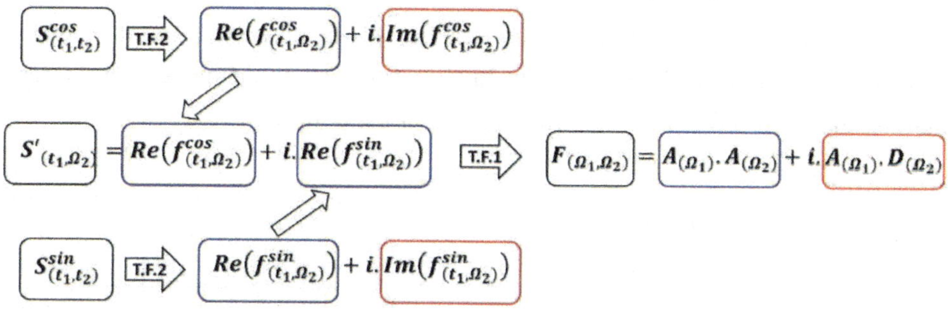

Figure 8-9 Méthode States (ou SHR). Après acquisition des signaux $S^{cos}_{(t_1,t_2)}$ et $S^{sin}_{(t_1,t_2)}$ et transformation de Fourier dans la dimension 2, un signal complexe est constitué des deux parties réelles obtenues. Sa transformation de Fourier dans la dimension 1 produit des raies dont la partie réelle est en absorption dans les deux dimensions.

8.1.5. Exemple de techniques 2D

Afin d'illustrer les notions précédentes, nous allons considérer la séquence HETCOR (Figure 8-10a). [63]

- La période de préparation de cette séquence est constituée d'un délai permettant le retour à l'équilibre de l'aimantation et d'une impulsion à 90° qui bascule l'aimantation proton dans le plan transversal.
- La période d'évolution est un écho de spin tel que celui de la figure 7-2b. Pendant cette période, seuls les déplacements chimiques proton s'expriment (*Cf.* section 7.1.1).
- La période de mélange est une séquence INEPT refocalisée telle que celle de la figure 7-13. Comme nous l'avons vu dans la section 7.2, cette séquence provoque un transfert de la polarisation des protons vers les carbones auxquels ils sont directement couplés.
- Enfin, durant la période de détection, le signal RMN-^{13}C est détecté en présence d'un découplage ^1H et donc, seuls les déplacements chimiques ^{13}C s'expriment durant t_2.

La position de la raie dans la dimension 2 sera donc déterminée par le déplacement chimique du carbone considéré (compte tenu de la nature de la période de détection) et la position de la raie dans la dimension 1 sera déterminée par le(s) déplacement(s) chimique(s) du (des) proton(s) directement lié(s) à ce carbone (compte tenu de la nature de la période d'évolution et du fait que la période de mélange transfère la polarisation des protons vers le carbone qui leur est couplé).

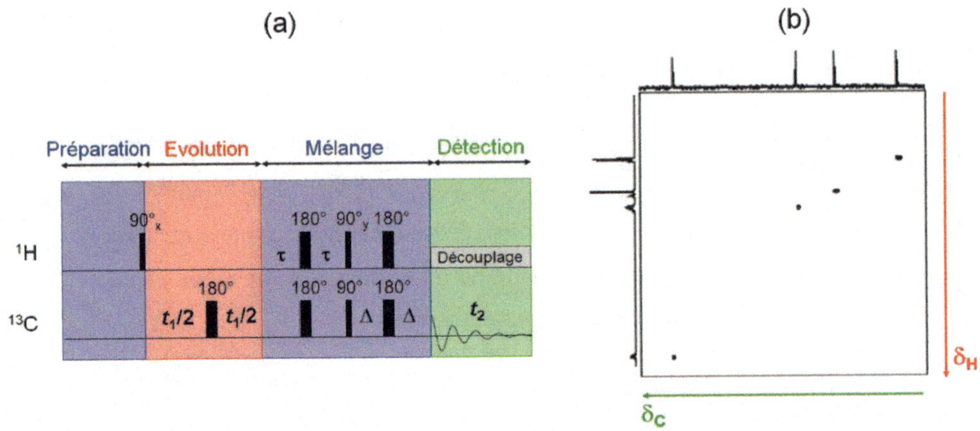

Figure 8-10 HETCOR. (a) Séquence : corrélation $\delta_{(^{13}C)}$-$\delta_{(^1H)}$. La période de préparation comporte un délai de relaxation et une excitation des ^1H. La période d'évolution est un écho de spin qui ne laisse évoluer que les $\delta_{(^1H)}$. La période de mélange est un motif INEPT qui transfère l'aimantation des ^1H vers les ^{13}C. La période de détection comporte un découplage large bande ^1H. (b) Spectre HETCOR du 2-chlorobutane. Les δ_{1H} s'expriment dans la dimension 1 et les δ_{13C} dans la dimension 2.

8.1.6. Conséquences sur le temps d'acquisition, la résolution et le bruit

** Temps d'acquisition*

Par principe, l'obtention d'un FID à deux dimensions implique l'acquisition d'un grand nombre de FID à une dimension (un par valeur de t_1). Avant de pouvoir répéter l'expérience RMN il est indispensable d'attendre un temps TR (*Cf.* section 3.4). Le temps nécessaire pour l'acquisition d'un FID à deux dimensions est donc :

$$T_a = TR.ns.N_1 \qquad (8\text{-}8)$$

Dans cette expression :

- ns est le nombre de fois où la séquence d'impulsions est répétée avec la même valeur de t_1 (pour augmenter le rapport signal sur bruit et/ou pour réaliser un cycle de phase).
- N_1 est le nombre d'incréments de t_1.

** Echantillonnage dans la dimension 1*

Lors de l'enregistrement d'un FID, que ce soit en 1D ou en 2D, le signal est échantillonné à intervalles réguliers afin d'être numérisé (Figure 8-11).

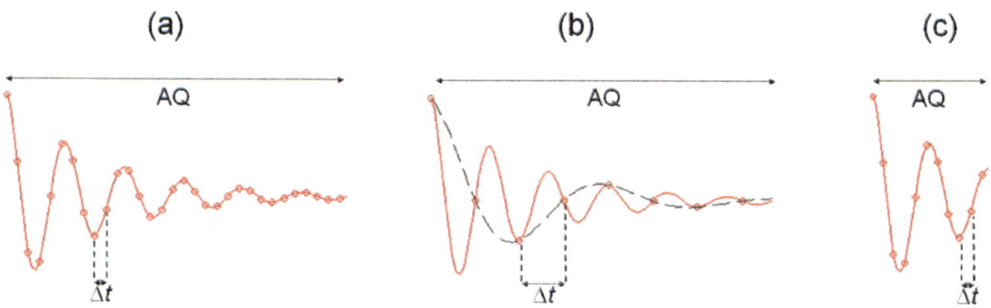

Figure 8-11 Echantillonnage du FID avec un nombre de points suffisant et un intervalle Δt (entre deux points d'échantillonnage) convenablement choisi (a). Lorsque Δt est trop grand les fréquences ne sont pas correctement reconnues (b). Lorsque le nombre de points d'échantillonnage (et donc AQ) est insuffisant, le FID est tronqué (c).

Il est assez facile de percevoir intuitivement que si l'intervalle entre deux échantillonnages (Δt) est trop grand, une perte d'information est à craindre. La figure 8-11b montre comment un Δt trop grand peut conduire à une mauvaise détermination de la fréquence échantillonnée, et donc de la position d'une raie sur le spectre.

Le théorème de Nyquist nous indique qu'une fréquence sera correctement numérisée seulement si au moins deux points sont mesurés au cours de sa période. Une autre manière d'exprimer ceci est de dire que la plus grande fréquence correctement numérisée (υ^{max}) est donnée par la relation 8-9.

$$\nu^{max} = \frac{1}{2.\Delta t} \qquad (8\text{-}9)$$

Si la fréquence du champ B_1 est choisie au centre de la gamme observée (ΔF), ν^{max} doit alors être égale à $\Delta F/2$ ce qui nous donne une relation entre la gamme spectrale et l'intervalle d'échantillonnage :

$$\Delta t = \frac{1}{\Delta F} \qquad (8\text{-}10)$$

L'équation 8-9 est valable en RMN-2D comme en RMN-1D et c'est elle qui va par exemple déterminer l'incrément Δt_1 entre deux valeurs de t_1.

Par ailleurs, la durée totale pendant laquelle le FID-2D sera échantillonné dans la dimension 1 est :

$$AQ_1 = N_1.\Delta t_1 = \frac{N_1}{\Delta F_1} \qquad (8\text{-}11)$$

Ainsi, plus la gamme observée dans la dimension 1 sera grande et plus N_1 devra être grand pour obtenir une valeur de AQ_1 donnée. Si AQ_1 est trop faible, cela conduit à des problèmes de troncature dans la dimension 1 (*Cf.* section 3.2.1.).

Une gamme importante dans la dimension 1 conduira donc souvent à un temps d'expérience élevé puisque T_a est proportionnel à N_1.

** Rapport signal sur bruit*

Une valeur de N_1 élevée n'est pas qu'un inconvénient. En effet, plus le nombre de points échantillonnés est important et meilleur est le rapport signal/bruit. [33] La logique de cette affirmation est similaire à celle développée dans la section 3.4.1 concernant l'accumulation de FID identiques.

Toutefois, cela n'est vrai que si les FIDs obtenus à deux t_1 différents ne diffèrent que par la valeur du t_1. C'est ce qui est effectivement recherché dans une expérience de RMN-2D mais les instabilités (de l'appareillage ou de l'échantillon) induisent des variations supplémentaires de l'intensité et/ou de la phase du signal. Ce phénomène est connu sous le nom de bruit-t_1 car il conduit à une augmentation du niveau de bruit dans la dimension 1 (Figure 8-12).

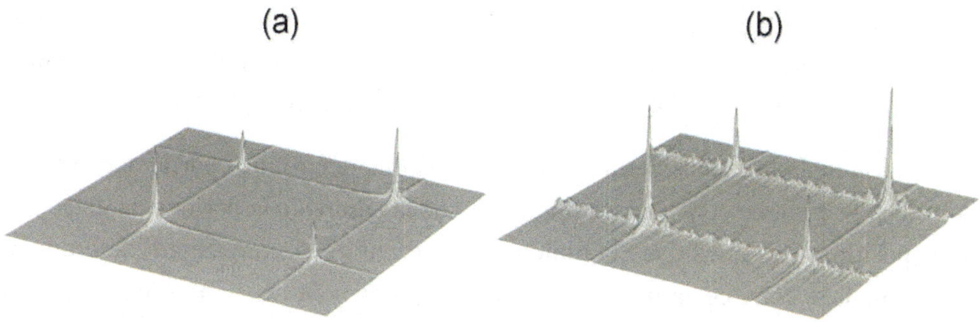

Figure 8-12 Influence des instabilités de l'appareillage sur la qualité d'un spectre RMN-2D. (a) faibles instabilités ; (b) fortes instabilités entrainant un bruit t_1 important.

8.2. Les principales corrélations 2D

Nous distinguerons dans ce chapitre deux grandes familles de méthodes 2D. Dans le cas des corrélations homonucléaires les deux dimensions concernent le même noyau. La famille des corrélations hétéronucléaires est quant à elle constituée de techniques pour lesquelles les deux dimensions concernent deux noyaux différents.

Les différentes méthodes présentées dans cette partie peuvent être appliquées à de nombreux noyaux. Nous avons choisi de les illustrer dans le cas du ^{1}H pour les corrélations homonucléaires et dans le cas ^{1}H-^{13}C pour les corrélations hétéronucléaires car il s'agit des situations les plus fréquentes.

8.2.1. Corrélations hétéronucléaires

** J-résolue*

Considérons la séquence de la figure 8-13a. [64]

- La période de préparation de cette séquence est constituée d'un délai permettant le retour à l'équilibre de l'aimantation et d'une impulsion à 90° qui bascule l'aimantation carbone dans le plan transversal.
- La période d'évolution est un écho de spin tel que celui de la figure 7-2c. Ainsi, pendant cette période, seuls les couplages carbone-proton s'expriment pendant le temps t_1, l'effet des déplacements chimiques carbone est refocalisé (*Cf.* section 7.1.1).

- Enfin, durant la période de détection, le signal RMN-^{13}C est détecté en présence d'un découplage ^{1}H et donc, seuls les déplacements chimiques ^{13}C s'expriment durant t_2. Cette séquence ne comporte pas de période de mélange.

La position de la raie dans la dimension 2 sera donc déterminée par le déplacement chimique du carbone considéré (compte tenu de la nature de la période de détection) et les positions des raies dans la dimension 1 seront donc uniquement déterminées par le couplage entre ce carbone et les protons qui lui sont liés. Un groupement CH_3 donnera donc naissance à un quadruplet dans la dimension 1, un CH_2 à un triplet, un CH à un doublet et un carbone ne portant pas de proton à un singulet (Figure 8-13b). La projection dans la dimension 2 est un spectre carbone découplé proton.

Cette technique permet donc d'obtenir à la fois les avantages d'un spectre carbone découplé proton (dans la dimension 2) et ceux d'un spectre couplé (identification du nombre de protons portés par chaque carbone).

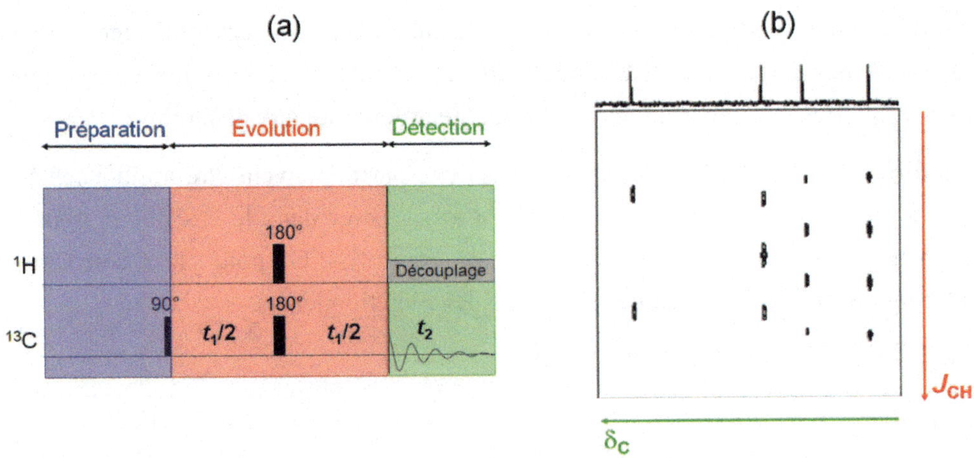

Figure 8-13 *J*-Res hétéronucléaire. (a) séquence d'impulsions ; (b) spectre du 2-chlorobutane.

La gamme qui doit être correctement échantillonnée dans la dimension 1 est relativement modeste (environ 500 Hz) ce qui conduit à des valeurs faibles pour N_1 et donc à des temps de mesure comparables à ceux d'un spectre 1D RMN-^{13}C découplé proton.

* HETCOR

Nous avons déjà évoqué cette technique dans la section 8.1.5. Elle permet de corréler les déplacements chimiques ^1H et ^{13}C d'un même groupement. Toutefois, pour des raisons de sensibilité (*Cf.* section 7.2.1), les techniques présentées dans les sections suivantes lui sont le plus souvent préférées.

* HSQC, HMQC et HMBC

Cette famille de séquences permet d'atteindre le même type d'informations que celles fournies par la séquence HETCOR. Cependant, il s'agit maintenant de détection inverse, ce qui assure une sensibilité nettement meilleure (*Cf.* section 7.2.1).

Considérons tout d'abord la séquence représentée sur la figure 8-14a (*HSQC : Heteronuclear Single-Quantum Correlation*). [55]

- La période de préparation de cette séquence est constituée d'un délai permettant le retour à l'équilibre de l'aimantation et d'un motif INEPT qui transfère la polarisation des protons vers les carbones auxquels ils sont directement liés. Pour cela le délai τ doit être ajusté à la valeur $1/4J$ (*Cf.* section 7.2.3) avec $J = {}^1J_{CH}$.
- La période d'évolution, de durée t_1, est un écho de spin tel que celui de la figure 7-2b. Ainsi, seuls les déplacements chimiques carbone s'expriment pendant le temps t_1, l'effet des couplages carbone-proton est refocalisé (*Cf.* section 7.1.1.).
- La période de mélange est un motif retro-INEPT, il permet de transférer l'aimantation des carbones-13 vers les protons qui leur sont couplés. Grâce au cycle de phase indiqué sur la figure 8-14, le signal des protons liés à des carbones-12 est éliminé (*Cf.* section 7.3.).
- Enfin, durant la période de détection, le signal RMN-^1H est détecté en présence d'un découplage ^{13}C et donc, durant t_2, les couplages proton-carbone-13 sont éliminés.
- La position de la raie dans la dimension 1 sera donc déterminée par le déplacement chimique du carbone considéré (compte tenu de la nature de la période d'évolution). La position de la raie (ou des raies) dans la dimension 2 sera déterminée par le(s) déplacement(s) chimique(s) du(des) proton(s) directement lié(s) à ce carbone (compte tenu de la nature de la période de détection et du double transfert de polarisation entre les protons vers le carbone qui leur est couplé (Figure 8-14b)).

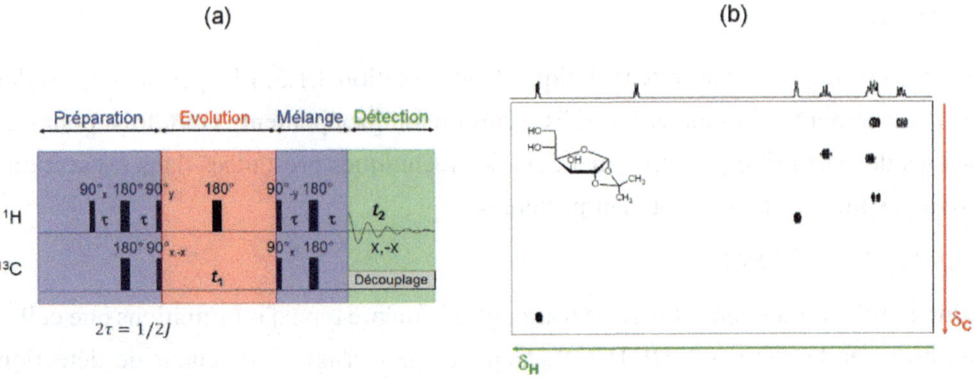

Figure 8-14 HSQC-$^1H/^{13}C$. (a) séquence d'impulsions ; (b) spectre du diacétyle glucose.

La figure 8-15a représente une autre séquence (*HMQC : Heteronuclear* Multi-Quanta *Correlation*) [54] permettant d'obtenir sensiblement le même spectre 2D (figure 8-15b) que la séquence HSQC.

Il s'agit en fait de la séquence de la figure 7-23 (décrite dans la section 7.3) dans laquelle un délai t_1 a été introduit entre les deux 90° carbones. Le délai τ doit être égal à $1/2\ ^1J_{CH}$ pour une efficacité maximale.

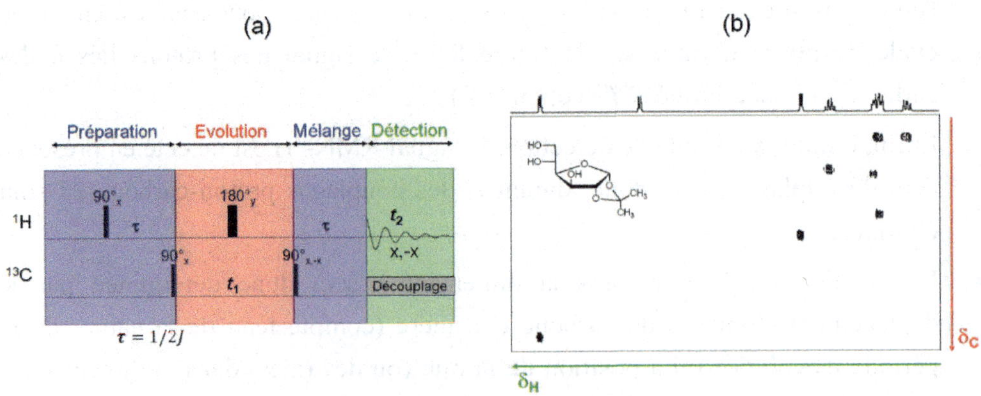

Figure 8-15 HMQC-$^1H/^{13}C$. (a) séquence d'impulsions ; (b) spectre du diacétyle glucose.

- Dans cette séquence, la période d'évolution est là encore un écho de spin tel que celui de la figure 7-2b. Ainsi, seuls les déplacements chimiques carbone s'expriment pendant le temps t_1, l'effet des couplages carbone-proton est refocalisé (*Cf.* section 7.1.1). Durant cette période, l'aimantation est dans un état multi-quanta, ce qui implique une relaxation plus rapide dans le cas de macromolécules. En pratique on réservera donc l'usage de cette méthode aux petites ou moyennes molécules.
- La période de mélange, constituée d'un 90° carbone et d'un délai τ (égal à $1/2\ {}^1J_{CH}$) provoque le retour à l'état simple quanta et une remise en phase des aimantations. Grâce au cycle de phase indiqué sur la figure 8-15, le signal des protons liés à des carbones-12 est éliminé (*Cf.* section 7.3).
- Le découplage carbone peut ainsi être activé durant la détection du signal RMN-^{1}H et donc, durant t_2 les couplages proton-carbone-13 sont éliminés.

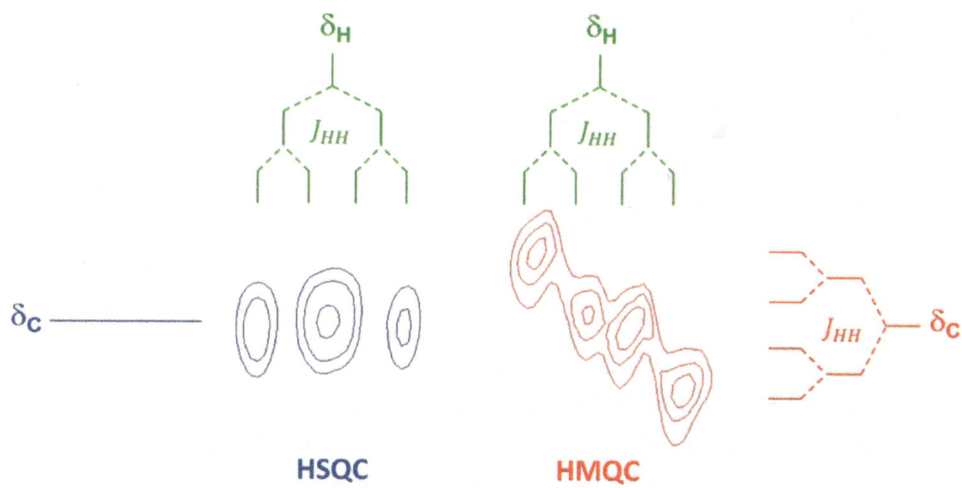

Figure 8-16 HSQC *vs* HMQC. Sur le spectre HMQC (à droite), les couplages ^{1}H-^{1}H s'expriment dans la dimension 1. Ceci conduit à une allure différente des massifs.

Comme nous l'avons déjà mentionné, la séquence HMQC produit sensiblement le même spectre 2D que la séquence HSQC. Les deux séquences diffèrent cependant sur deux points : le nombre d'impulsions RF nécessaires (qui est plus faible pour l'HMQC) et l'expression des couplages ^1H-^1H dans la dimension 1. En effet, dans le cas de la séquence HSQC, ces couplages sont refocalisés durant t_1 alors qu'ils s'expriment durant la période d'évolution de l'HMQC. Ceci conduit à une allure différente des massifs (figure 8-16).

Les deux techniques précédentes permettent de corréler les carbones aux protons qui leur sont directement liés via les couplages $^1J_{CH}$. La séquence de la figure 8-17a permet quant à elle une corrélation via les couplages $^2J_{CH}$ ou $^3J_{CH}$ (*HMBC : Heteronuclear MultiBond Correlation*). [65] Elle permet ainsi d'établir les connectivités entre les différents groupes CH_n de la molécule (y compris pour n = 0).

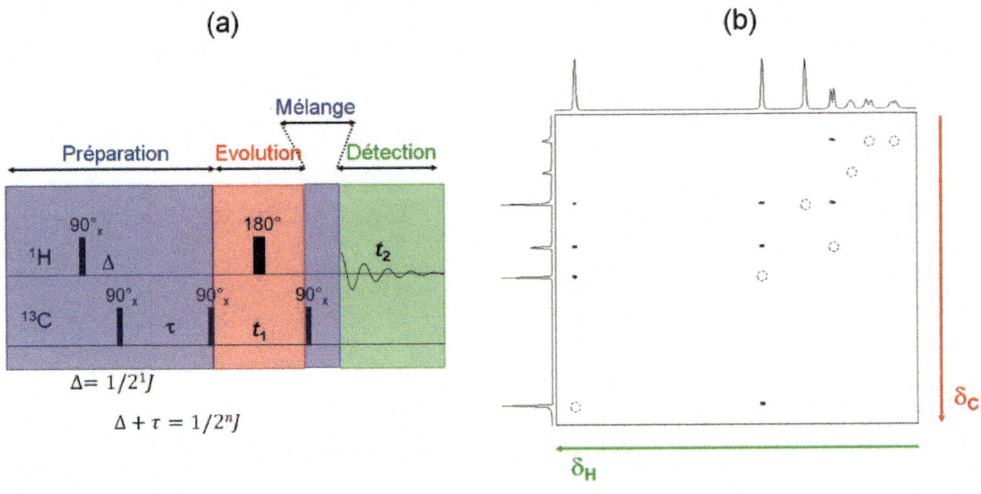

Figure 8-17 HMBC-$^1H/^{13}C$. (a) séquence d'impulsions ; (b) spectre du diacétyle glucose. La position des raies du spectre HMQC correspondant est indiquée par les cercles pour information.

Il s'agit essentiellement d'une séquence HMQC dans laquelle le délai τ de la période de préparation est allongé pour être égal à $1/2\ ^nJ_{CH}$.

Ce changement d'apparence mineur a deux conséquences importantes : les couplages homonucléaires ^1H-^1H (qui sont du même ordre de grandeur que les couplages $^nJ_{CH}$) ont le temps de s'exprimer significativement ce qui induit des variations de phase importantes sur le spectre proton. Ce problème est réglé en représentant le spectre en valeur absolue (*Cf.* section 8.1.3). Par ailleurs, si (Δ+τ) est un multiple impair de $1/2\ ^{n}J_{CH}$, toute l'aimantation est transférée sur le proton directement lié. Ce second problème est réglé par l'introduction d'une impulsion 90° carbone supplémentaire à $\Delta = 1/2\ ^{1}J_{CH}$ après la première impulsion proton. Il s'agit d'un filtre qui, à l'aide d'un cycle de phase approprié, permet d'éliminer les taches de corrélation avec les protons directement liés.

- La période d'évolution est identique à celle de la séquence HMQC ainsi que la période de mélange.
- Lors de la période de détection, l'application d'un découplage carbone supposerait d'ajuster la période de mélange à $1/2\ ^{n}J_{CH}$ pour refocaliser les multiplets CH ; cela conduirait à une perte significative de signal par la relaxation transversale. Ces spectres sont donc acquis sans découplage. De plus, le fait de ne pas découpler les carbones permet de mieux identifier les taches résiduelles provenant des corrélations avec les protons liés en ^{1}J.

Les trois méthodes que nous venons de décrire (HSQC, HMQC et HMBC) ont toutes les trois en commun le fait que le carbone est détecté dans la dimension 1. Le spectre carbone s'étale sur une gamme de fréquences beaucoup plus importante que la gamme proton (à 500 MHz, $\Delta F_{^{1}H} \approx 6$ kHz et $\Delta F_{^{13}C} \approx 30$ kHz). Si toute la gamme ^{13}C doit être couverte, ceci conduit à une valeur de N_1 très importante et réduit donc l'intérêt de la détection inverse. Il est donc particulièrement important, dans ce type de techniques, de limiter au maximum la gamme de déplacements chimiques ^{13}C à explorer.

8.2.2. Corrélations homonucléaires

** COSY*

La COSY (*COrrelated SpectroscopY*) [56] est la première méthode 2D qui ait été proposée. Elle peut être considérée comme la version homonucléaire de la technique HETCOR. La séquence d'impulsions est représentée sur la figure 8-18a.

- La période de préparation de cette séquence est constituée d'un délai permettant le retour à l'équilibre de l'aimantation et d'une impulsion à 90° qui bascule l'aimantation proton dans le plan transversal.

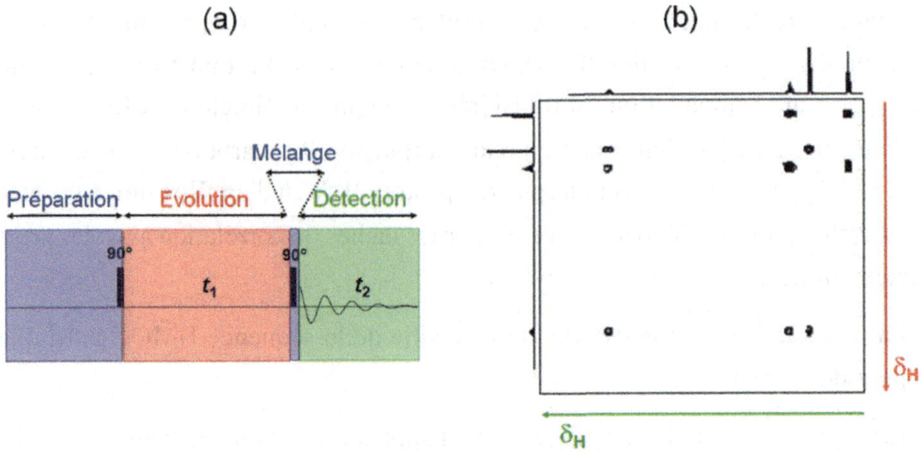

Figure 8-18 COSY. (a) séquence ; (b) spectre du 2-chlorobutane.

- La période d'évolution est un simple délai t_1. Pendant cette période, les déplacements chimiques proton et les couplages ^1H-^1H s'expriment librement.
- La période de mélange est constituée d'une impulsion à 90°. Cette impulsion touche toutes les fréquences du spectre. Pour chaque déplacement chimique, elle affecte donc les protons correspondants et les protons qui leur sont couplés. Par analogie avec la séquence HETCOR il apparaît donc que ce 90° provoque un transfert de cohérence (variante homonucléaire du transfert de polarisation) de chaque proton vers les protons auxquels il est couplé.
- Enfin, au cours de la période de détection, le signal RMN-^1H est détecté. Les déplacements chimiques proton et les couplages ^1H-^1H s'expriment donc durant t_2.

Considérons deux groupes de protons (A et X) couplés entre eux et de déplacements chimiques respectifs δ_A et δ_X. L'aimantation du groupe A est basculée par la première impulsion et évolue donc à la fréquence ν_A pendant le délai t_1. Lors de la seconde impulsion, cette aimantation est transférée vers les protons X mais ce transfert n'est pas total et son ampleur dépend de la valeur de t_1. Durant le délai t_2, une partie de cette aimantation évolue donc à la fréquence ν_X mais une partie continue à évoluer à la fréquence ν_A. Ceci conduit donc à l'apparition de deux massifs sur le spectre RMN-2D : l'un à $\nu_1 = \nu_A$ et $\nu_2 = \nu_X$ et l'autre à $\nu_1 = \nu_A$ et $\nu_2 = \nu_A$. De la même manière, l'aimantation initialement à la fréquence ν_X donnera naissance à deux massifs sur le spectre RMN-2D : l'un à $\nu_1 = \nu_X$ et $\nu_2 = \nu_A$ et l'autre à $\nu_1 = \nu_X$ et $\nu_2 = \nu_X$.

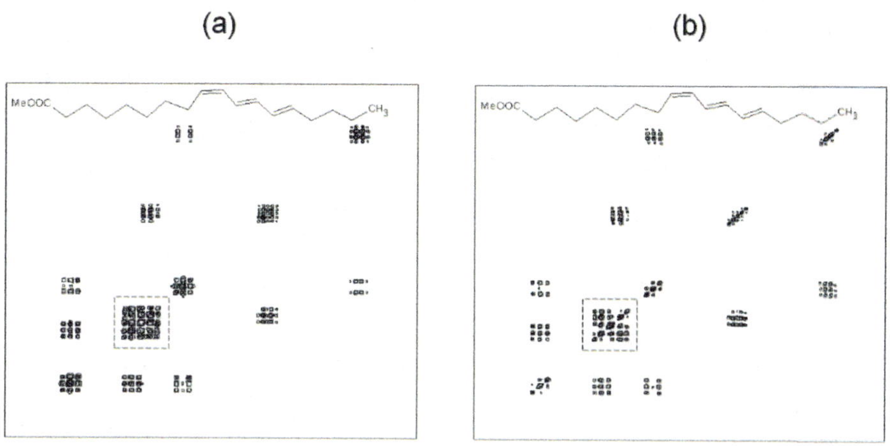

Figure 8-19 COSY 45. Spectres COSY (a) et COSY-45 (b) d'un ester d'acide gras. Le massif entouré est beaucoup mieux interprété sur la COSY-45.

Un spectre COSY présente donc des massifs sur la diagonale ($\nu_1 = \nu_A$ et $\nu_2 = \nu_A$ ou $\nu_1 = \nu_X$ et $\nu_2 = \nu_X$) et des massifs hors diagonale qui sont symétriques par rapport à celle-ci ($\nu_1 = \nu_A$ et $\nu_2 = \nu_X$ ou $\nu_1 = \nu_X$ et $\nu_2 = \nu_A$) et qui sont appelés massifs (ou taches) de corrélation puisqu'ils indiquent les déplacements chimiques corrélés entre eux par une relation de couplage spin-spin (Figure 8-18b).

Lorsque la résolution est suffisante, comme sur la figure 8-19, le spectre COSY révèle une structure fine. Les massifs sont constitués par la combinaison des massifs 1D des déplacements chimiques couplés. En ce qui concerne les massifs diagonaux, ils ont donc une structure carrée et les raies de ces massifs qui ne sont pas directement sur la diagonale sont appelées raies ou taches d'auto-corrélation. Celles-ci peuvent réduire la visibilité des massifs de corrélation entre deux déplacements chimiques voisins puisque les taches de corrélation sont alors très proches de la diagonale. C'est par exemple le cas sur la figure 8-19a pour la corrélation entre les protons situés à 6,12 et 6,17 ppm (zone entourée). Le massif qui apparaît pourrait être pris pour un massif diagonal compte tenu de sa forme.

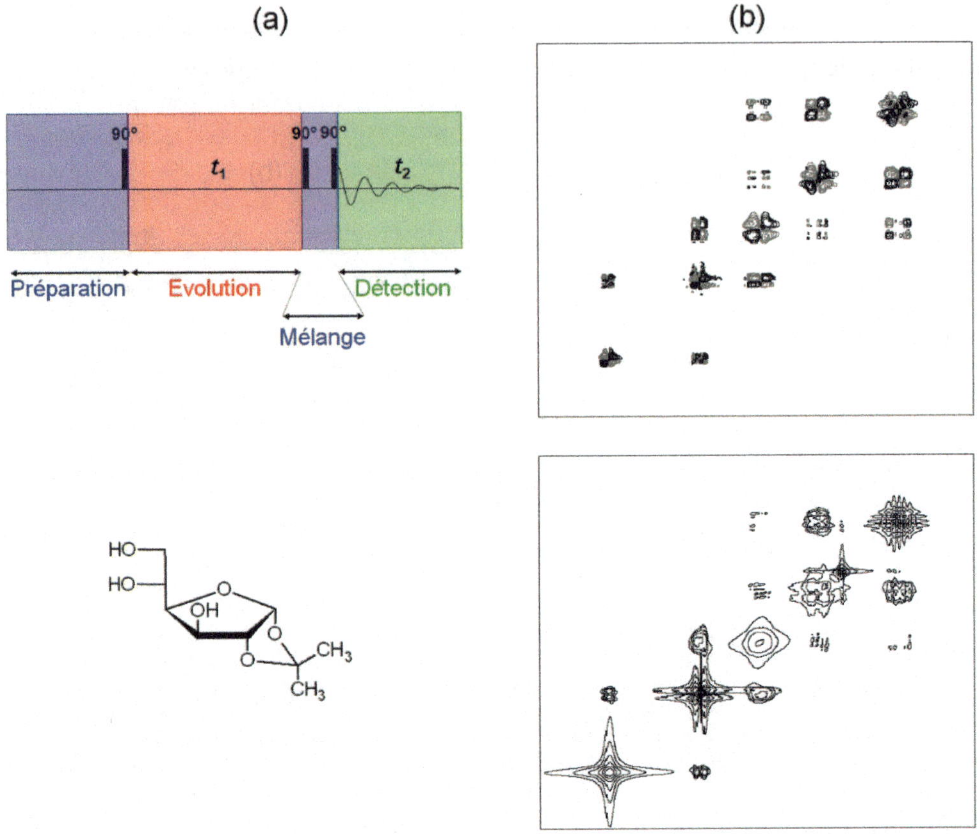

Figure 8-20 COSY DQF. (a) séquence d'impulsions ; (b) spectre du diacétyle glucose. Le spectre COSY du même composé est représenté en dessous pour comparaison.

Si la seconde impulsion de la séquence COSY ne provoque plus qu'une bascule de 45° (COSY-45), [66] les intensités de certaines raies sont réduites et en particulier les taches d'auto-corrélation sont considérablement atténuées (Figure 8-19b). Les massifs de corrélation proches de la diagonale sont ainsi mieux mis en évidence.

D'autre part, dans le spectre COSY les raies des massifs diagonaux sont un mélange d'absorption et de dispersion (phase-twist) ce qui conduit à une représentation en valeur absolue de ce type de spectres (*Cf.* section 8.1.3). De plus la phase de toutes les raies diagonales est identique ce qui conduit à un renforcement mutuel des raies qui se chevauchent. En revanche, les raies des massifs de corrélation sont en antiphase ce qui peut conduire à des annulations partielles lorsque les constantes de couplage sont faibles. Le spectre COSY présente donc des massifs diagonaux larges et intenses susceptibles de masquer des massifs de corrélation proches de la diagonale. Ce problème peut être résolu par l'utilisation d'une variante de la séquence COSY qui inclut un filtre double quanta (Figure 8-20a).

Dans la COSY-DQF (*Double Quanta Filtered COSY*), [67] la seconde impulsion à 90° est remplacée par deux impulsions 90°. A l'aide d'un cycle de phase adapté seul le signal ayant transité par un état double-quanta (entre ces deux derniers 90°) est retenu. L'une des caractéristiques d'un état multi-quanta est qu'il ne peut exister que pour un système couplé. Ainsi, tous les singulets sont éliminés du spectre (ou au moins fortement atténués) ce qui contribue à la réduction du signal diagonal. Mais surtout, les phases de toutes les raies du spectre sont cohérentes et celui-ci peut donc être phasé. Le passage à la valeur absolue n'est plus nécessaire ce qui améliore considérablement la finesse des raies et donc la résolution (Figure 8-20b).

** TOCSY*

La séquence TOCSY (*TOtal Correlation SpectroscopY*) [68] est représentée sur la figure 8-21a. Il s'agit en fait de la version 2D de la séquence HoHaHa décrite dans la section 7.2.6.

- La période de préparation de cette séquence est constituée d'un délai permettant le retour à l'équilibre de l'aimantation et d'une impulsion à 90° qui bascule l'aimantation proton dans le plan transversal.
- La période d'évolution est un simple délai t_1. Pendant cette période, les déplacements chimiques proton et les couplages ^{1}H-^{1}H s'expriment librement.
- La période de mélange est un train d'impulsions à 180° qui constitue un « spin-lock ». Durant cette période, un transfert de polarisation s'opère vers les protons appartenant au même système de spins. Comme dans la version 1D, il est utile d'utiliser un train d'impulsion à 180° tel que ceux qui sont utilisés pour le découplage hétéronucléaire large bande (*Cf.* sections 9.2.2. et 9.5.4).
- Enfin, au cours de la période de détection, le signal RMN-^{1}H est détecté. Les déplacements chimiques proton et les couplages ^{1}H-^{1}H s'expriment donc durant t_2.

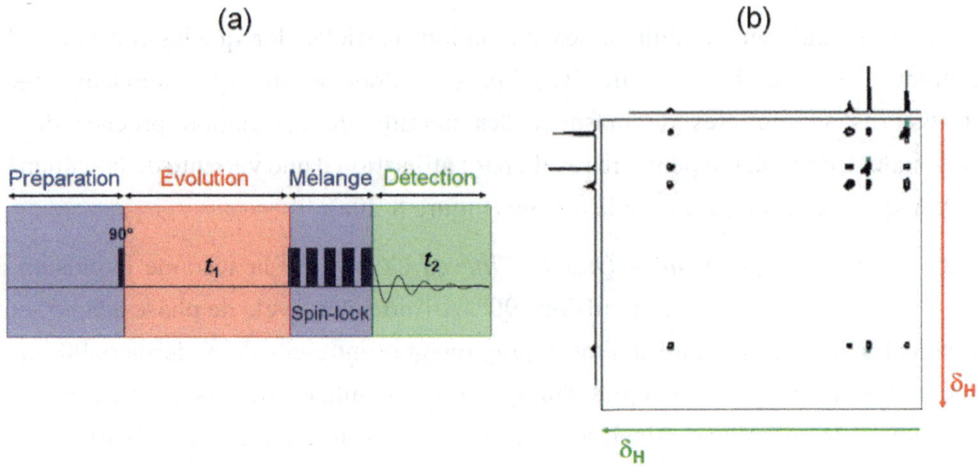

Figure 8-21 TOCSY. (a) séquence d'impulsions ; (b) spectre du 2-chlorobutane.

Au cours de la période de mélange, l'aimantation d'un groupe de protons diffuse donc sur tous les groupes de protons faisant partie du même système de spins. Ainsi, pour un système AMX, l'aimantation des protons A évolue à la fréquence ν_A pendant le délai t_1. Puis durant le spin-lock, cette aimantation sera tout d'abord transférée de A vers M. Et si le spin-lock est appliqué pendant une durée suffisamment longue, l'aimantation passera de M vers X et cela même si A et X ne sont pas directement couplés. Durant le délai t_2, une partie de cette aimantation évolue donc à la fréquence ν_A mais une partie évolue à la fréquence ν_M et une autre à la fréquence ν_X. Ceci conduit donc à l'apparition de trois massifs sur le spectre RMN-2D : un à $\nu_1 = \nu_A$ et $\nu_2 = \nu_A$, un deuxième à $\nu_1 = \nu_A$ et $\nu_2 = \nu_M$ et un troisième à $\nu_1 = \nu_A$ et $\nu_2 = \nu_X$. De la même manière que pour la COSY, ceci conduit à un spectre 2D symétrique par rapport à la diagonale (Figure 8-21b).

Le spectre TOCSY présente plusieurs avantages par rapport au spectre COSY. Tout d'abord, cette séquence conduit à des raies en absorption pure et toutes positives (avec la méthode tppi et un phasage du spectre) ; ce qui permet une résolution maximale et évite des annulations en cas de chevauchement de raies.

De plus, le spectre TOCSY permet de lever des ambiguïtés qui existent sur le spectre COSY dans certaines configurations. Considérons par exemple deux systèmes de spins AMX et A'M'X' dans lesquels $J_{AX} = J_{A'X'} = 0$. Si tous les déplacements chimiques sont différents, il n'y aura aucune ambiguité sur le spectre COSY. Il est alors évident que A, M et X appartiennent au même système de spins et il en va de même pour A', M' et X'. En revanche, si $\delta_M = \delta_{M'}$, deux schémas de connexions différents sont compatibles avec le spectre COSY et il n'est plus possible de savoir si c'est X ou X' qui appartient au système de spins de A. Le spectre TOCSY ne présente pas cette difficulté. [2]

** J-résolue*

La séquence *J*-résolue homonucléaire (figure 8-22a) [69] a la même structure que son équivalent hétéronucléaire.

- La période de préparation de cette séquence est constituée d'un délai permettant le retour à l'équilibre de l'aimantation et d'une impulsion à 90° qui bascule l'aimantation proton dans le plan transversal.
- La période d'évolution est un écho de spin tel que celui de la figure 7-2c puisque l'impulsion à 180° affecte à la fois les spins observés et les spins couplés. Ainsi, pendant le délai t_1, seuls les couplages proton-proton s'expriment alors que l'effet des déplacements chimiques est refocalisé (*Cf.* section 7.1.1).

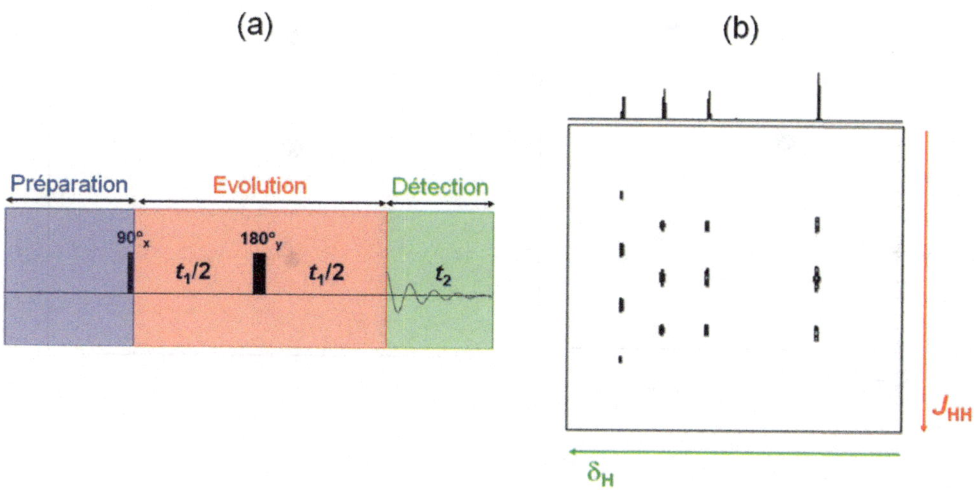

Figure 8-22 *J*-résolue homonucléaire. (a) séquence d'impulsions ; (b) spectre *J*-res ^1H du 3-bromopropionate d'éthyle.

- Enfin, au cours de la période de détection, le signal RMN-^{1}H est détecté. Les déplacements chimiques proton et les couplages ^{1}H-^{1}H s'expriment donc durant t_2.

Cette séquence ne comporte pas de période de mélange.

Les positions des raies dans la dimension 2 seront donc déterminées par les déplacements chimiques des protons considérés et les couplages ^{1}H-^{1}H (compte tenu de la nature de la période de détection). Les positions des raies dans la dimension 1 seront quant à elles uniquement déterminées par les couplages ^{1}H-^{1}H.

Considérons un groupe de protons couplés à deux voisins avec la même constante de couplage *J*, ce groupe donnera donc naissance à un triplet tel que représenté sur la figure 8-23a. Une rotation de 45° de la matrice contenant les données (Tilt) [66] permet d'aligner le multiplet perpendiculairement à la dimension 2. La projection de ce spectre 2D est alors un spectre proton découplé proton (tous les couplages ^{1}H-^{1}H ont disparus de cette projection).

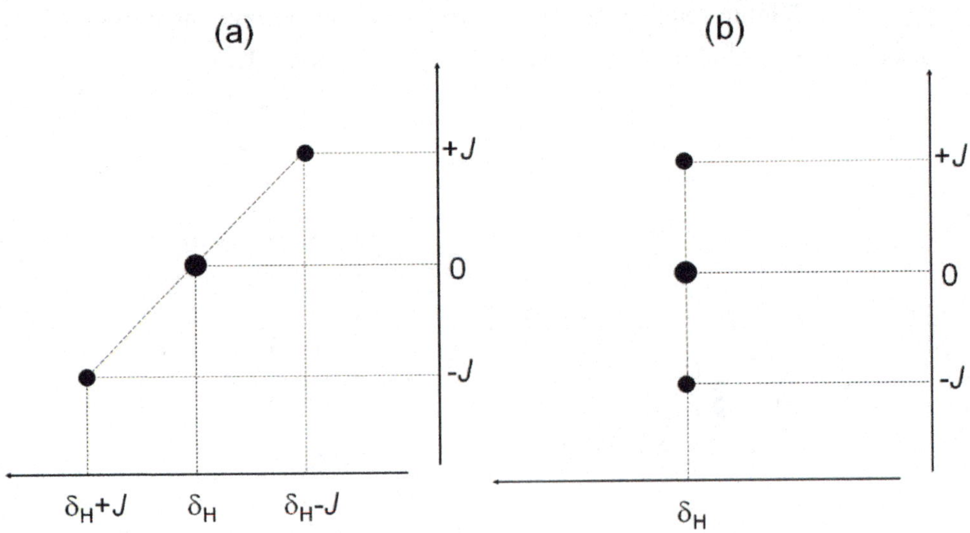

Figure 8-23 Opération de Tilt sur un spectre *J*-résolue homonucléaire. Représentation du massif correspondant à un groupe de protons couplés à deux voisins : (a) avant rotation et (b) après rotation de 45° des données.

La gamme qui doit être correctement échantillonnée dans la dimension 1 est très faible (environ 40 Hz) ce qui conduit à des valeurs faibles pour N_1 et donc à des temps de mesure comparables à ceux d'un spectre 1D.

** NOESY et EXSY*

Les séquences permettant d'obtenir des spectres NOESY ou EXSY sont identiques (Figure 8-24a). [70]

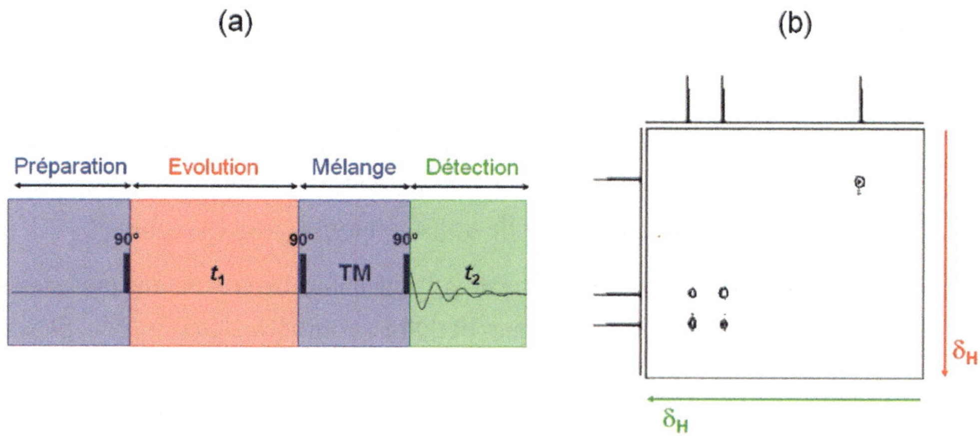

Figure 8-24 NOESY/EXSY. (a) séquence d'impulsions ; (b) spectre NOESY du DMA (Diméthyle acétaldehyde).

- La période de préparation de cette séquence est constituée d'un délai permettant le retour à l'équilibre de l'aimantation et d'une impulsion à 90° qui bascule l'aimantation proton dans le plan transversal.
- La période d'évolution est un simple délai t_1. Pendant cette période, les déplacements chimiques proton et les couplages ^1H-^1H s'expriment librement.
- La période de mélange est constituée de deux impulsions à 90° séparées par un délai TM. A l'aide d'un cycle de phase adapté seul le signal stocké suivant l'axe z (entre ces deux derniers 90°) est retenu.
- Enfin, au cours de la période de détection, le signal RMN-^1H est enregistré. Les déplacements chimiques proton et les couplages ^1H-^1H s'expriment donc durant t_2.

Au cours de la période de mélange, les aimantations considérées sont donc suivant l'axe z. Si le délai TM est convenablement choisi, il permet à l'aimantation de passer partiellement sur d'autres sites protons : soit par un processus d'échange chimique (EXSY : *Exchange SpectroscopY*) soit par un processus de relaxation croisée (NOESY : *NOE SpectroscopY*).

Comme dans le cas de la COSY ou de la TOCSY le spectre obtenu est symétrique par rapport à la diagonale et présente des taches de corrélation indiquant soit une proximité spatiale (dans le cas de la NOESY) soit une situation d'échange (figure 8-24b).

** INADEQUATE*

La méthode INADEQUATE (*Incredible Natural Abundance Double Quantum Transfert Experiment*) [71] permet de mettre en évidence les connectivités entre les carbones du squelette d'une molécule. Elle utilise pour cela les couplages ^{13}C-^{13}C.

Comme nous l'avons vu dans le chapitre 6, à l'état naturel seul 1% des molécules comporte un ^{13}C et seule une molécule sur 10 000 en comporte deux. Les couplages ^{13}C-^{13}C ne sont pourtant observables que pour cette seconde catégorie. Il est donc nécessaire, pour observer les connexions carbone-carbone de « filtrer » le signal provenant des molécules mono-marquées en ^{13}C (100 fois plus abondantes) ; c'est ce que réalise la séquence INADEQUATE (Figure 8-25a).

- La période de préparation de cette séquence est constituée d'un délai permettant le retour à l'équilibre de l'aimantation et de deux impulsions à 90° séparées par un délai 2τ et une impulsion à 180°. Dans le cas d'un système AX de deux spins ½ couplés (par exemple deux ^{13}C voisins), ce motif fait passer le système dans un état double-quanta (la valeur optimale pour τ est $1/4J_{CC}$).
- La période d'évolution est un simple délai t_1. Pendant cette période, le système évolue à la fréquence $\nu_A + \nu_X$ (en raison du passage dans un état double-quanta).
- La période de mélange est constituée d'une impulsion à 90°. Comme dans le cas de la COSY-DQF, un cycle de phase adapté permet de ne retenir que le signal ayant transité par un état double-quanta (entre les deux derniers 90°). Le signal des molécules mono-marquées en ^{13}C est donc éliminé.
- Enfin, au cours de la période de détection, le signal RMN-^{13}C est détecté.

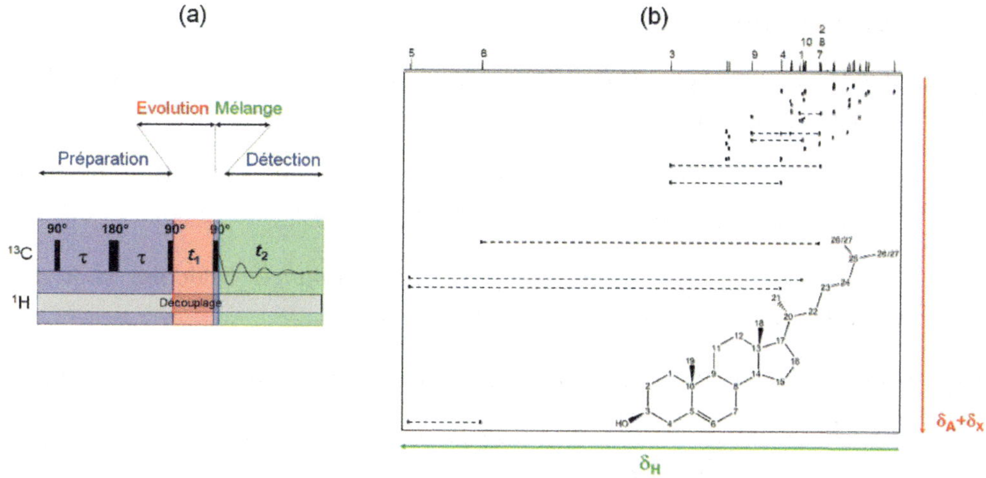

Figure 8-25 INADEQUATE. (a) séquence d'impulsions ; (b) spectre du cholestérol (les pointillés indiquent les corrélations impliquant les carbones des deux cycles qui incluent les carbones 5 et 10).

Un découplage large-bande à la fréquence des protons tout au long de la séquence permet d'éliminer l'influence des couplages ^{13}C-^{1}H.

Sur le spectre INADEQUATE, chaque paire de carbones voisins donne naissance à deux doublets dont la position dans la dimension 1 est la somme des fréquences de chaque carbone. Dans la dimension 2 ces doublés sont centrés sur les déplacements chimiques des carbones considérés (Figure 8-25b).

Le potentiel de cette technique en termes d'interprétation structurale est énorme puisqu'elle donne directement accès au squelette carboné de la molécule. Toutefois, elle ne détecte qu'une molécule sur 10 000 ce qui lui confère une sensibilité 200 fois inférieure à celle d'une acquisition ^{13}C classique. Elle n'est donc utilisable en pratique que sur des échantillons très concentrés.

Par ailleurs, la gamme qui doit être correctement échantillonnée dans la dimension 1 est très importante (deux fois la gamme ^{13}C normale) ce qui conduit à des valeurs importantes pour N_1. Ce problème est réduit en utilisant une variante qui comporte un délai t_1 supplémentaire après la dernière impulsion. Dans ce cas, le spectre obtenu a la forme d'un spectre COSY avec une symétrie par rapport à la diagonale et une gamme à échantillonner dans la dimension 1 égale à la gamme ^{13}C normale.

8.3. Pour aller plus loin

- *La RMN : concepts, méthodes et applications*. Daniel Canet, Jean-Claude Boudel et Emmanuelle Canet Soulas. Dunod, Paris, 2002. Chapitre 5.
- *SpinChoreography: Basic steps in high resolution NMR.* Ray Freeman. Oxford University Press, Oxford, 1998. Chapitre 8.
- *Spin dynamics: basic of nuclear magnetic resonance.* Malcolm H. Levitt. Wiley-Blackwell, Chichester, 2008. Chapitre 5.
- *Comprendre la RMN.* James Keeler. Presses polytechniques et universitaires romandes. Lausanne, 2015. Chapitre 8.
- *200 and More NMR Experiments, a practical course*. Stefan Berger and Siegmar Braun. Wiley-VCH, Weinheim, 2007. Chapitre 10.
- *Modern NMR spectroscopy. A Guide for Chemists*. Jeremy K.M. Sanders and Brian K. Hunter. Oxford University Press, Oxford, 1993. Chapitres 4-7.

Chapitre 9 - Impulsions Radio-Fréquence

Comme nous l'avons vu dans les chapitres précédents, les impulsions Radio-Fréquence (RF) jouent un rôle essentiel en RMN. Elles sont responsables de l'excitation des spins et de ce fait, leurs caractéristiques déterminent la population de spins effectivement observée, et donc la sélectivité de l'acquisition. Par ailleurs, les imperfections de ces impulsions jouent un rôle important dans la qualité des spectres obtenus.

9.1. Impulsion RF rectangulaire

9.1.1. Calibration

Une impulsion RF de durée τ et d'amplitude B_1 provoque une bascule de l'aimantation d'un angle β tel que : $\beta = \gamma . B_1 . \tau$

En pratique, la valeur de B_1 (déterminée par l'atténuation de la chaîne d'émission et la charge de l'antenne) est fixe, β est alors proportionnelle à τ.

La valeur de τ qui produit une bascule de $\frac{\pi}{2}$ (PW_{90}) est déterminée expérimentalement (figure 9-1). Les valeurs de τ pour un angle β quelconque sont généralement calculées par une règle de proportionnalité, ce qui constitue une assez bonne approximation.

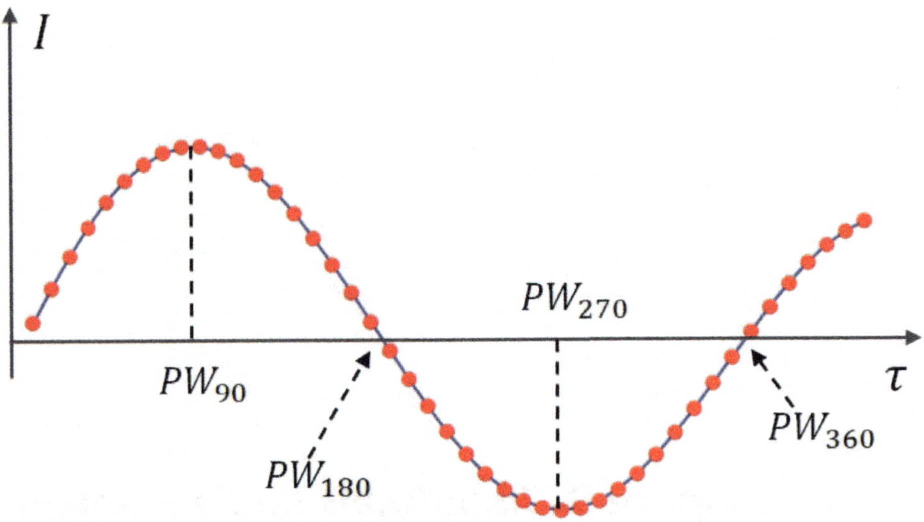

Figure 9-1 Calibration des impulsions RF. L'intensité (I) du signal est mesurée pour différente valeur de longueur d'impulsion (τ). La valeur de τ qui produit une bascule de $\frac{\pi}{2}$ (PW_{90}) correspond au premier maximum.

Afin d'éviter tout impact de la relaxation sur la détermination de PW_{90}, il vaut mieux déterminer le PW_{360} et diviser par 4. [72]

9.1.2. Imperfections

Les procédures de calibration, même effectuées avec le plus grand soin, ne permettent pas d'obtenir des impulsions $\frac{\pi}{2}$ ou π parfaites. Deux facteurs principaux peuvent conduire à des impulsions RF imparfaites : l'homogénéité et la puissance limitée du champ RF. [73]

** Inhomogénéité de B_1*

La bobine ne produit pas un champ $\vec{B}_1$ dont le module est uniforme dans l'échantillon (figure 9-2).

L'angle β produit par une impulsion RF est proportionnel à B_1, donc toute inhomogénéité de B_1 induit une inhomogénéité de β.

Plus l'antenne est grande par rapport à l'échantillon, plus le champ RF sera homogène dans l'échantillon mais moins la sensibilité sera élevée.

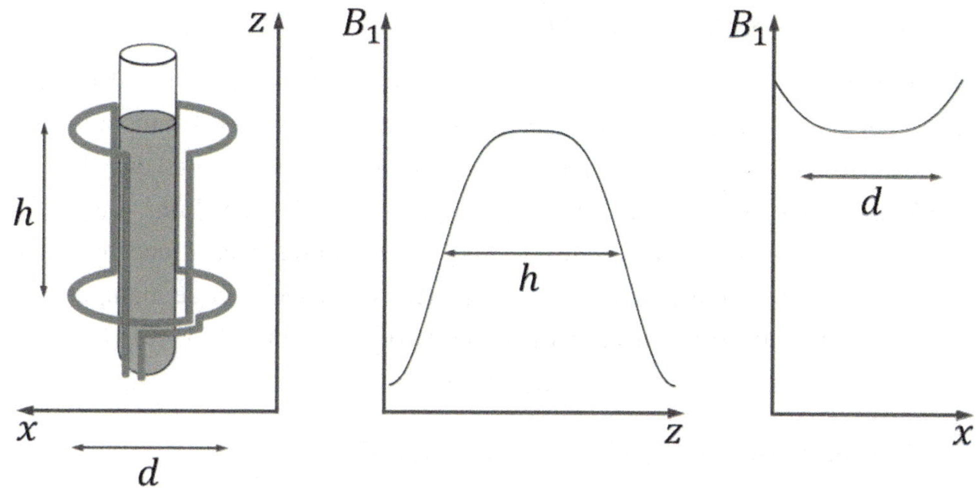

Figure 9-2 Homogénéité du champ B_1 produit par une bobine. © Delphine BOUAN, avec son aimable autorisation.

Dans le cas d'une acquisition avec une séquence à une impulsion RF et β = 90°, cela n'a pas une grande influence mais le problème est différent dans le cas des séquences multi-impulsionnelles [74] et en ce qui concerne le découplage. [75]

** Off-résonance*

La puissance de l'amplificateur étant limitée, les impulsions RF ne peuvent être infiniment courtes. Pendant le basculement de l'aimantation, l'influence de la précession autour de $\vec{B}_0$ ne peut donc pas être négligée. La position finale de l'aimantation après l'impulsion dépend alors de la fréquence de résonance dans le référentiel tournant. Cet effet est appelé effet d'off-résonance (*Cf.* section 3.5.2.).

Comme nous l'avons vu dans la section 3.5, la précession de l'aimantation s'effectue en fait autour du champ effectif $\vec{B}_{eff}$, incliné par rapport au plan transversal d'un angle θ, donné par l'équation 3-17. Le module de $\vec{B}_{eff}$ est donné par l'équation 3-18 et l'aimantation évolue alors autour de $\vec{B}_{eff}$ avec la vitesse angulaire ω_{eff} qui vérifie l'équation 3-19.

Ces équations montrent que l'effet d'off-résonance n'est pas du tout linéaire. Son influence est relativement modeste sur les impulsions à 90°, mais elle est beaucoup plus importante sur les 180° pour lesquelles elle peut rarement être négligée.

** Compensation des imperfections RF*

L'importance relative des différentes catégories d'imperfections RF dépend de l'instrumentation, du noyau et de l'état de l'échantillon d'intérêt. L'inhomogénéité de B_1 est particulièrement importante pour une sonde conventionnelle, dans laquelle la même bobine est utilisée pour l'excitation et l'observation. Les effets d'off-résonance peuvent être réduits par de courtes impulsions d'une très haute puissance. Toutefois, il est techniquement difficile de produire et de manipuler des champs RF de forte puissance. Il est donc difficile de maîtriser ces problèmes uniquement par des moyens d'instrumentation.

9.2. Combinaisons d'Impulsions rectangulaires

9.2.1. Impulsions composites

Pour compenser les défauts décrits dans la section 9.1.2., une impulsion RF peut être remplacée par une série d'impulsions RF successives séparées par des délais très courts (et donc négligeables) ; on parle alors d'impulsions composites.

La première impulsion composite qui a été proposée (MLEV) [76] était constituée de trois impulsions rectangulaires : un 90° de phase x, suivi d'un 180° de phase y, suivi d'un second 90° de phase x ; $P = 90°_x{-}180°_y{-}90°_x$.

L'effet de cette impulsion composite est représenté sur la figure 9-3 et comparé à celui d'une impulsion à 180° de phase x présentant la même erreur de 10% sur l'angle de nutation. Grâce au 180°, le défaut du premier $90°_x$ est compensé par celui du second. Ainsi, après cette succession d'impulsions, l'aimantation est beaucoup plus proche de l'axe –z qu'après une simple impulsion rectangulaire de 180°. Cette impulsion améliore donc la tolérance aux variations de l'angle de bascule (provenant d'une mauvaise calibration ou de l'inhomogénéité spatiale du champ radiofréquence).

Pour compenser les effets d'off-résonance, l'impulsion $P = 90°_x{-}270°_y{-}90°_x$ donnent de meilleurs résultats. [77] Elle permet d'obtenir une rotation de 180° presque parfaite autour d'un axe du plan xy.

Dans la plupart des cas, il n'est pas possible de compenser les deux types d'erreur à la fois. Toutefois, l'impulsion composite $P = 75°_0{-}285°_{110}{-}75°_0$ (le nombre en indice indiquant la phase en degrés par rapport à l'axe x) offre une bonne compensation des imperfections provoquées par l'offset de résonance et l'inhomogénéité de $\vec{B}_1$. [78]

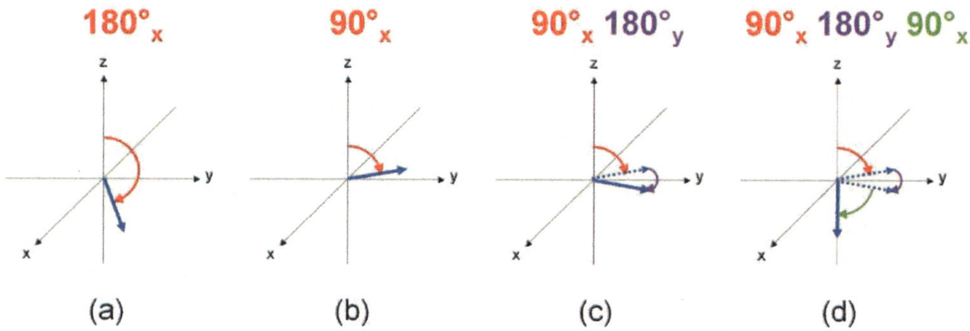

Figure 9-3 Exemple d'impulsion composite à 180°. (a) Effet sur une aimantation dirigée initialement suivant z d'un $180°_x$. Effet sur la même aimantation d'une impulsion 90°x (b), d'un $90°_x$ suivi d'un $180°_y$ (c) et d'un $90°_x$ suivi d'un $180°_y$ suivi d'un $90°_x$ (d). Toutes ces représentations supposent une erreur de 10% sur l'angle de nutation.

9.2.2. Découplage par impulsions composites

Lorsque l'on souhaite que tout un spectre soit découplé, il faut que l'irradiation de découplage affecte uniformément toute la gamme des spins couplés. Par exemple, dans le cas d'une observation ^{13}C avec découplage proton, l'irradiation ^{1}H doit toucher avec la même efficacité les 12 ppm de la gamme proton (≈ 6 000 Hz si ν_0 = 500 MHz).

Une solution consiste à soumettre les protons à une série d'impulsions RF à 180° pendant toute la durée de l'échantillonnage du signal. Cela provoque un échange rapide entre les états α et β des spins irradiés si l'espace entre deux impulsions est petit devant J^{-1}. [38]

Cette méthode, appelée découplage cohérent est très sensible aux imperfections RF (défauts de calibration, inhomogénéité du champ B_1 ou effet d'off-résonance). Pour que ce découplage soit efficace, il faut utiliser des impulsions composites. Dans ce cas on parle de découplage par impulsions composites (CPD en anglais). [3]

A partir des impulsions composites à 180°, des séquences de découplage CPD ont été élaborées. [3] Par exemple, avec les impulsions :

$$P = 90^{\circ}_{x} - 180^{\circ}_{y} - 90^{\circ}_{x} \;\text{ et }\; \bar{P} = 90^{\circ}_{-x} - 180^{\circ}_{-y} - 90^{\circ}_{-x}$$

la séquence $MLEV - 4 = PP\overline{PP}$ a été le premier motif de découplage composite. [79]

L'incorporation de $\bar{P}$ améliore la compensation des imperfections. De même, en réalisant une combinaison des motifs obtenus à partir de $PP\overline{PP}$ par permutation circulaire, la séquence de découplage composite $MLEV - 16$ est obtenue et son efficacité est encore augmentée :

$$MLEV - 16 = PP\overline{PP}.\overline{P}PP\overline{P}.\overline{PP}PP.P\overline{PP}P$$

La méthode $MLEV$ a représenté une réelle avancée mais elle est très sensible aux imperfections de quadrature entre x et y. Ce problème peut être évité en construisant une impulsion composite à 180° qui n'utilise que des impulsions suivant x (ou – x). Par exemple en prenant $R = 90^{\circ}_{x} - 180^{\circ}_{-x} - 270^{\circ}_{x}$, noté également $R = 1\bar{2}3$ (avec $1 = 90^{\circ}_{x}$), la méthode $WALTZ$ a été proposée. [80]

Comme dans le cas de la méthode $MLEV$, un découplage composite est obtenu en répétant la séquence $WALTZ - 4$.

$$WALTZ - 4 = RR\bar{R}\bar{R} \;\text{ ou }\; 1\bar{2}3.1\bar{2}3.\bar{1}2\bar{3}.\bar{1}2\bar{3}$$

Cette séquence présente encore une imperfection dans l'inversion qui est corrigée en passant le 90° de la gauche vers la droite ;

$$K = \bar{2}3.1\bar{2}3.\bar{1}2\bar{3}.\bar{1}2\bar{3}.1$$

En combinant avec un motif inversé $\bar{K}$, c'est la $WALTZ - 8$ qui est générée.

Si maintenant le dernier 90° repasse devant et si sa phase est inversée, le motif suivant est créé :

$$Q = \bar{3}3.1\bar{2}3.\bar{1}2\bar{3}.\bar{1}2\bar{3}$$

qui peut être combiné deux fois avec le nouveau motif inversé, pour donner finalement la $WALTZ - 16$.

$$WALTZ - 16 = Q\bar{Q}\bar{Q}Q$$

Il s'agit de la séquence de découplage ^1H composite la plus utilisée actuellement en RMN haute résolution des liquides. Toutefois, il faut garder à l'esprit que pour que le découplage soit homogène sur toute la gamme (avec une séquence CPD) il faut calibrer au mieux les impulsions sur le canal découpleur et utiliser une puissance suffisante pour que le cycle ne soit pas trop long devant J^{-1}. Par exemple, si un 90° dure 100 µs, Q dure 24 x 100 µs = 2,4 ms, or pour J = 200 Hz, J^{-1} = 5 ms !! [3]

Les découplages composites présentés jusque-là conviennent pour le découplage protonique lors d'acquisitions sur des hétéro-noyaux. En revanche, leur efficacité est insuffisante pour le découplage des hétéro-noyaux (comme dans l'HSQC par exemple) dont les gammes de déplacements chimiques sont beaucoup plus importantes que celle du proton. D'autres séquences de découplage composite ont donc été proposées afin d'augmenter la gamme de fréquences correctement découplées. La plus utilisée dans ce type d'applications est la GARP [81] qui utilise un motif optimisé numériquement contenant des impulsions qui ne sont plus des multiples de 90°.

La durée d'un cycle de découplage étant nettement plus petite que la période d'échantillonnage du signal, l'imperfection résiduelle apparait régulièrement au cours de l'acquisition. Cela donne naissance à des bandes latérales périodiques (cycling side bands) autour de chaque raie dont l'intensité décroit avec la distance au déplacement chimique. Ces bandes sont d'autant moins importantes que : le cycle de découplage est long, les impulsions sont bien calibrées et le découplage est asynchrone par rapport à l'échantillonnage du signal. [3]

Toutes les séquences mentionnées dans cette section peuvent également être utilisées comme motif de spinlock (*Cf.* section 7.2.6.). Mais pour ce type d'application, des séquences spécifiques ont été proposées, telle que la séquence DIPSY, [82] afin de tenir compte des couplages homo-nucléaires qui n'avaient pas été considérés lors du développement des séquences précédentes.

9.2.3. Sélectivité avec les impulsions rectangulaires

Il est possible d'obtenir une certaine sélectivité avec une série d'impulsions rectangulaires de courte durée.

* Séquence DANTE

La séquence DANTE (*Delays Alternating with Nutation for Tailoring Excitation*) [83] est constituée d'un train de N impulsions rectangulaires provoquant chacune une bascule de l'aimantation d'un angle β et séparée par la durée τ (figure 9-4a). Si l'aimantation considérée est à la résonance ($\nu_0 - \nu_r = 0$), elle n'évolue pas (dans le référentiel tournant) sous l'effet de la précession pendant les délais τ. L'angle de basculement effectivement subi à la fin du train d'impulsion (β_{eff}) est alors égal à la somme des *N* impulsions : $\beta_{eff} = \beta_0 = N.\beta$ (figure 9-4b).

Pour des fréquences de résonance telles que $\nu_0 - \nu_r = k/\tau$ l'aimantation parcours dans le référentiel tournant et pendant la durée τ un angle égal à 2π. On retrouve donc, comme dans le cas de l'aimantation à la résonance, $\beta_{eff} = \beta_0$.

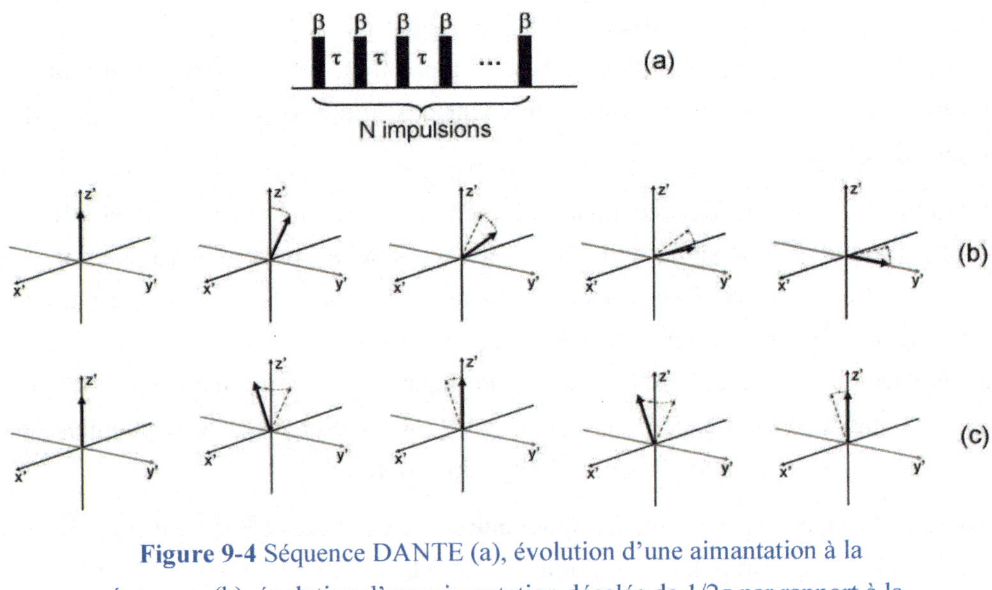

Figure 9-4 Séquence DANTE (a), évolution d'une aimantation à la résonance (b), évolution d'une aimantation décalée de 1/2τ par rapport à la fréquence du référentiel tournant (c). Pour les parties b et c, *N* = 4 pour des raisons de simplicité bien que classiquement *N* soit beaucoup plus grand.

En revanche, la situation est très différente pour les autres fréquences. Par exemple, pour une fréquence de résonance décalée de 1/2τ par rapport à la fréquence du référentiel tournant (ou plus généralement pour : $\nu_0 - \nu_r = (2.k+1)/\tau$)

l'aimantation parcours dans le référentiel tournant et pendant la durée τ un angle égal à π sous l'effet de la précession. Chaque impulsion paire annule l'effet de l'impulsion précédente et pour ces fréquences $\beta_{eff} = 0$ (figure 9-4c). En pratique, lorsque N est grand, β_{eff} n'est en fait non nul que pour des fréquences très proches de la condition $\nu_0 - \nu_r = k/\tau$. La séquence DANTE permet donc une excitation discrète du spectre et pour les aimantations effectivement basculées, l'effet est le même que celui d'une impulsion rectangulaire de durée (*N*-1).τ et d'angle $\beta_0 = N.\beta$.

** Séquences binomiales*

Les séquences binomiales sont constituées d'un petit nombre d'impulsions rectangulaires séparées par un délai τ. Les angles de basculement provoqués par ces impulsions sont proportionnels aux coefficients du binôme. Ces séquences sont notées 11, 121 ou 1331. [84, 85] Un raisonnement du même type que celui que nous venons de faire pour la séquence DANTE permet de montrer que l'angle de basculement final β_{eff} est égal à la somme de toutes les impulsions pour $\nu_0 - \nu_r = k/\tau$ et égal à 0 pour $\nu_0 - \nu_r = (2.k + 1)/\tau$ (figure 9-5).

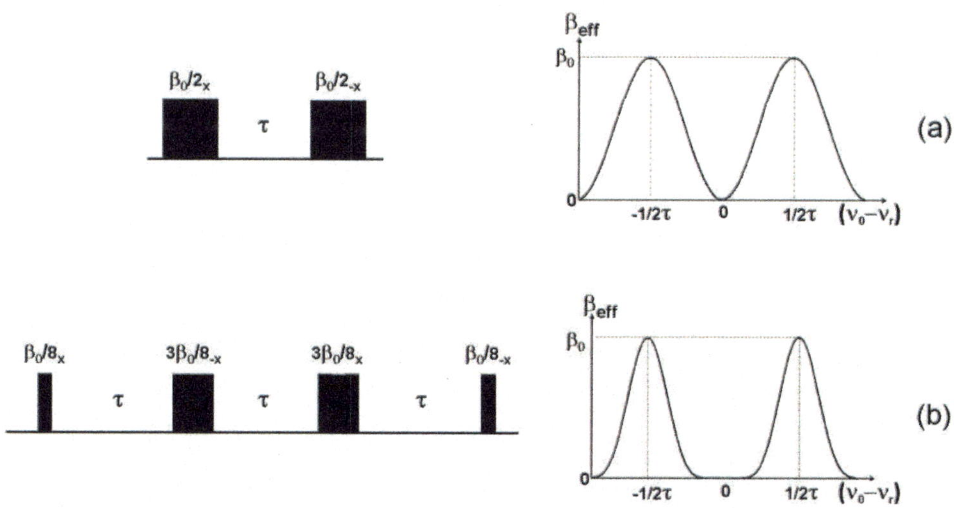

Figure 9-5 Séquences binomiales $1\bar{1}$ (a) et $1\bar{3}3\bar{1}$ (b) provoquant un basculement de l'aimantation de β_0 pour : $(\nu_0 - \nu_r) = (2.k + 1)/2\tau$. L'évolution de β_{eff} avec la fréquence est beaucoup plus progressive que dans le cas de la séquence DANTE.

Si la phase des impulsions est alternée (séquences $1\bar{1}$, $1\bar{2}1$ ou $1\bar{3}3\bar{1}$, la distribution de β_{eff} est inversée.

Contrairement à la séquence DANTE, les séquences binomiales assurent une évolution plus progressive de β_{eff} en fonction de ν_0. Elles sont plutôt utilisées pour exciter une gamme de fréquences en évitant de basculer dans le plan transversal une aimantation donnée (celle du solvant par exemple).

9.3. Impulsions modulées en amplitude

9.3.1. Impulsions de base

Jusqu'à présent, nous avons considéré des impulsions rectangulaires de courte durée qui permettent d'exciter uniformément l'ensemble du spectre. Si l'excitation sélective d'une zone du spectre est nécessaire, comme dans le cas de la séquence HoHaHa par exemple (*Cf.* section 7.2.6.), il faut utiliser des impulsions plus longues et éventuellement de formes différentes. [3, 25, 86]

Une impulsion de radiofréquence provoque la résonance pour une gamme de fréquences dont la forme et la largeur sont données (en première approximation) par la transformée de Fourier de l'enveloppe de l'impulsion. [3]

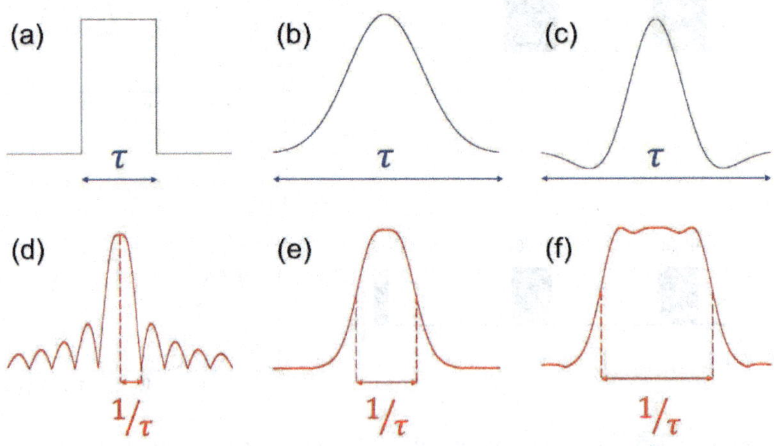

Figure 9-6 Profils d'excitation (a, b, c) et module de l'aimantation M_{xy} après une impulsion de 90° (d, e, f) pour trois formes : (a, d) rectangulaire, (b, e) gaussienne et (c, f) Hermite. La gamme de fréquences représentée est de 10 kHz pour des impulsions de 1 ms.

Ainsi, une impulsion rectangulaire (figure 9-6a) a un profil d'excitation qui est décrit (en première approximation) par la fonction $sinc(x) = \sin(x)/x$ (figure 9-6d). Les points d'annulation de cette fonction correspondent aux fréquences $\nu = \frac{k}{\tau}$ (*Cf.* section 3.5), qui sont très éloignées de la fréquence centrale si l'impulsion RF est suffisamment courte. C'est pourquoi les impulsions rectangulaires de courte durée sont considérées comme non sélectives.

L'utilisation d'impulsions rectangulaires longues permet en revanche d'obtenir une certaine sélectivité ; par exemple, pour une impulsion de 10 ms, le lobe central du profile d'excitation s'étale sur 200 Hz. Toutefois, la zone excitée ne l'est pas uniformément et les lobes latéraux induisent une excitation partielle à l'extérieur de cette zone.

En revanche, dans le cas d'impulsions RF longues et de forme plus sophistiquée (gaussienne, [87] figure 9-6b ; Hermite, [88] figure 9-6c) la gamme des fréquences excitées est mieux définie (figures 9-6e et f respectivement) ; Ces impulsions sont donc sélectives.

9.3.2. Impulsions « pure phase »

Comme nous l'avons vu dans la section précédente, les impulsions modulées en amplitude sont appliquées avec des durées beaucoup plus importantes que celles des impulsions rectangulaires utilisées en routine. En conséquence, l'aimantation a le temps de précesser autour de $\vec{B}_0$ ce qui conduit à une défocalisation et donc à une dispersion de la phase dans le spectre.

Afin de résoudre ce problème, tout en gardant une bonne uniformité d'excitation dans la zone ciblée, de nouvelles formes d'impulsions ont été proposées. Avec ces nouvelles formes, la trajectoire des aimantations est complexe mais elle est optimisée numériquement afin que les phases de toutes les raies soient identiques à l'issue de l'impulsion. Les premières impulsions de ce type ont été les « cascades de gaussiennes ». [89] Comme leur nom l'indique, il s'agit d'une combinaison de plusieurs impulsions gaussiennes (de 3 à 5 classiquement) décalées en phase et dans le temps. Elles peuvent donc être vues comme des impulsions composites avec une modulation en amplitude.

Mais dans cette famille, les plus utilisées sont les BURP (Bande selective, Uniform Response, Pure-phase pulses). [90] Elles sont constituées d'une combinaison de fonctions cosinusoïdales et sinusoïdales dont les coefficients sont numériquement optimisés afin d'obtenir une phase unique pour toutes les raies. Elles sont plus performantes que les « cascades de gaussiennes », et comme pour ces dernières, l'optimisation suppose une orientation donnée pour l'aimantation initiale.

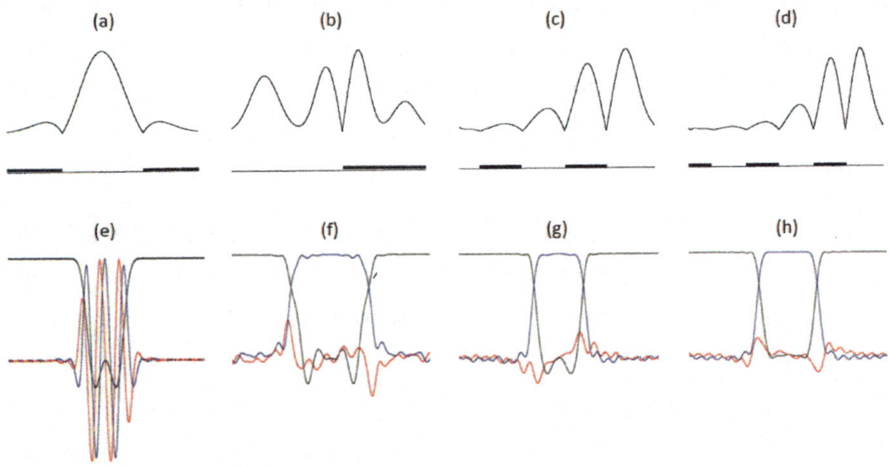

Figure 9-7 Modulations d'amplitude (a-d) et profils d'excitation (e-h) pour trois formes d'impulsion « pure phase » : Cascade de gaussienne (b, f), E-BURP (c, g), et SNEEZE (d, h), comparées à l'impulsion Hermite (a, e). La phase est indiquée par la ligne sous chaque modulation d'amplitude : trait fin pour 0° et trait épais pour 180°. M_x (bleu), M_y (rouge) et M_z (noir). La gamme de fréquences représentée est de 200 Hz pour des impulsions de 100 ms.

Il existe donc quatre sous-familles : les E-BURP, qui basculent dans le plan transversal des aimantations initialement suivant z ; les I-BURP, qui inversent des aimantations initialement suivant z ; les RE-BURP, qui symétrisent (autour d'un axe du plan transversal) des aimantations initialement dans le plan transversal ; et le U-BURP qui sont « universelles » dans le sens où elles peuvent être appliquées quelles que soient les orientations des aimantations initiales, mais qui sont aussi moins performantes.

L'impulsion SNEEZE (SuppressioN via Extremly Even Z Excitation) [91] appartient à la famille des E-BURP mais permet une excitation encore plus uniforme dans la zone spectrale visée.

La figure 9-7 montre les modulations d'amplitude et les profils d'excitation de trois formes d'impulsion d'excitation « pure phase » : Cascade de gaussienne, E-BURP, et SNEEZE, comparées à l'impulsion Hermite. Ces impulsions ont pour fonction de basculer suivant l'axe x du plan transversal l'aimantation longitudinale dans une gamme de fréquences donnée. Après l'excitation les différentes composantes de l'aimantation à l'intérieur de la zone excitée devraient donc être comme suit : $M_z = 0$, $M_y = 0$ et $M_x = 1$. Les impulsions Cascade de gaussiennes et E-BURP atteignent relativement bien cet objectif, l'impulsion SNEEZE est encore plus performante en termes d'uniformité à l'intérieur de la bande de fréquence sélectionnée. En revanche, si l'impulsion Hermite bascule bien l'aimantation dans le plan transversal ($M_z = 0$), les oscillations entre M_x et M_y indiquent une forte variation de la phase de l'aimantation dans la zone excitée.

9.4. Impulsions modulées en amplitude et en fréquence

9.4.1. Impulsions optimisées numériquement

Dans la section 9.2. nous avons vu qu'il est possible de compenser les imperfections RF en combinant plusieurs impulsions rectangulaires. Cette logique peut être étendue à une variation continue de l'amplitude et de la phase à l'intérieur d'une seule impulsion.

Lorsque cette stratégie est couplée à une optimisation numérique des trajectoires des aimantations (notamment à l'aide de la théorie du contrôle optimal) cela conduit aux impulsions BIP (Broadband Inversion Pulses), [92] BIBOP (Broadband Inversion By Optimized Pulses) et BEBOP (Broadband Excitation By Optimized Pulses). [93] Les modulations en amplitude et en phase ainsi que le profil d'inversion d'une impulsion BIBOP de 1 ms (optimisée pour une gamme de 20 kHz) sont représentés sur la figure 9-8. Dans cet exemple, l'amplitude présente des variations rapides mais dans les versions les plus récentes de ces impulsions, l'amplitude est maintenue constante et seule la phase varie.

Ce type d'impulsion peut compenser des variations de B_1 de 10 à 30% sur de très larges gammes de fréquences (jusqu'à 100 kHz) et pour des durées qui ne sont que de quelques centaines de microsecondes, ce qui permet de facilement les inclure dans des séquences d'impulsions.

9.4.2. Impulsions définies par des fonctions analytiques

Les impulsions décrites dans la section 9.5.1. sont optimisées numériquement en partant d'un état initial définit (position de l'aimantation avant l'impulsion) et en ciblant une gamme de fréquence donnée. Mais il est également possible de définir une impulsion modulée en amplitude et en phase en utilisant deux fonctions analytiques ; c'est le cas par exemple pour les impulsions Chirp [94] et WURST [95] (Figure 9-8). La génération de ces impulsions sur un spectromètre est alors facilitée et il est facile de les adapter aux besoins particuliers d'une expérience.

Lors de ces impulsions de durée D, l'amplitude ω_1 du champ RF est modulée entre 0 et ω_1^{max} et sa pulsation est modulée de $-\Delta\omega^{max}$à $+\Delta\omega^{max}$ (Figure 9-9).

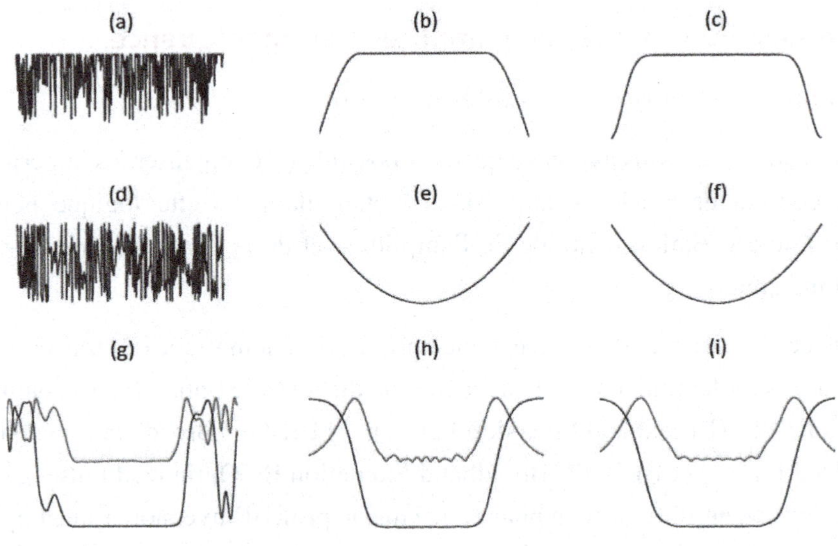

Figure 9-8 Modulations d'amplitude (a-c) et de phase (d-f) et profils d'inversion (g-i) pour trois impulsions modulées en amplitude et en phase : BIBOP optimisée pour 20 kHz (a, d, g), Chirp-20% (b, e, h) et WURST-30 (c, f, i). M_{xy} (rouge) et M_z (noir). La gamme de fréquences représentée est de 50 kHz pour des impulsions de 1 ms.

$$\omega_1(t) = \omega_1^{max}.f(t) \text{ avec } \omega_1^{max} = \gamma.B_1^{max} ; \quad t \in \left[-\frac{D}{2}, +\frac{D}{2}\right]$$

et $f(t)$ fonction sans dimension variant entre 0 et 1.

$\Delta\omega(t) = \Delta\omega^{max}.g(t)$ avec $\Delta\omega^{max} = \pi.\Delta F$; ΔF = gamme de fréquences balayée et $g(t)$ fonction sans dimension variant entre -1 et 1.

La modulation en fréquence est remplacée, sur les spectromètres modernes, par une modulation en phase (figure 9-8). La phase $\phi(t)$ de B_1 en fonction du temps est alors donnée par :

$$\phi(t) = \int_{-\frac{D}{2}}^{t} \Delta\omega(\tau)d\tau$$

Les fonctions $f(t)$ et $g(t)$ définissent l'impulsion et peuvent prendre de nombreuses formes. Toutefois, hors impulsions adiabatiques (*Cf.* section 9.5), les impulsions les plus utilisées dans cette catégorie sont les Chirp et les WURST. Dans les deux cas le balayage en fréquence est linéaire ; $g(t) = \frac{2t}{D}$. Pour les impulsions Chirp, l'amplitude est globalement rectangulaire avec un début et une fin constitués d'un quart de sinus afin d'adoucir la variation de B_1 aux extrémités (figure 9-8b). Pour les impulsions WURST, $f(t) = 1 - \left|\sin\left(\frac{\pi.t}{D}\right)\right|^n$ (figure 9-8c). Plus n est élevé et plus les variations de B_1 aux extrémités sont rapides (n=30, figure 9-8c, correspond à un plateau sur environ 60% de l'impulsion).

Définissons l'écart $\Delta\Omega$ entre la pulsation de l'impulsion à l'instant *t* et la pulsation de résonance Ω, par : $\Delta\Omega(t) = \Delta\omega(t) - \Omega = \Delta\omega^{max}.g(t) - \Omega$ (figure 9-9a). En première approximation, lorsque ω_1 a une valeur modérée, l'impact d'une telle impulsion peut être schématisé ainsi : lorsque la fréquence de l'impulsion passe à la valeur d'une résonance donnée ($\Delta\Omega(t) = 0$) elle bascule l'aimantation ; pour toutes les autres valeurs de $\Delta\Omega(t)$ elle a un effet nul. La bascule est de 90° lorsque ω_1^{max} vérifie :

$$\omega_1^{max} \approx \frac{\pi}{2}.\sqrt{R} \qquad (9\text{-}1)$$

où R est la vitesse de balayage : $R = \frac{2.\Delta\omega^{max}}{D}$.

Ces impulsions basculent les aimantations de manière séquentielle et toutes de la même manière, ce qui leur confère une certaine immunité (lorsqu'elles sont correctement calibrées) vis-à-vis des effets d'off-résonance, au-moins dans la zone de fréquences balayée lors du plateau de l'impulsion. Elles peuvent donc être utilisées sur de très larges gammes. Le prix à payer est une grande dispersion de la phase des raies car dès qu'une aimantation est basculée dans le plan transversal, elle évolue sous l'effet de la précession. Les résonances ont donc une phase, à l'issue de l'impulsion, qui est d'autant plus grande qu'elles ont été touchées en début d'impulsion. Pour des impulsions Chirp et WURST présentant un plateau important, cette dépendance est quadratique.

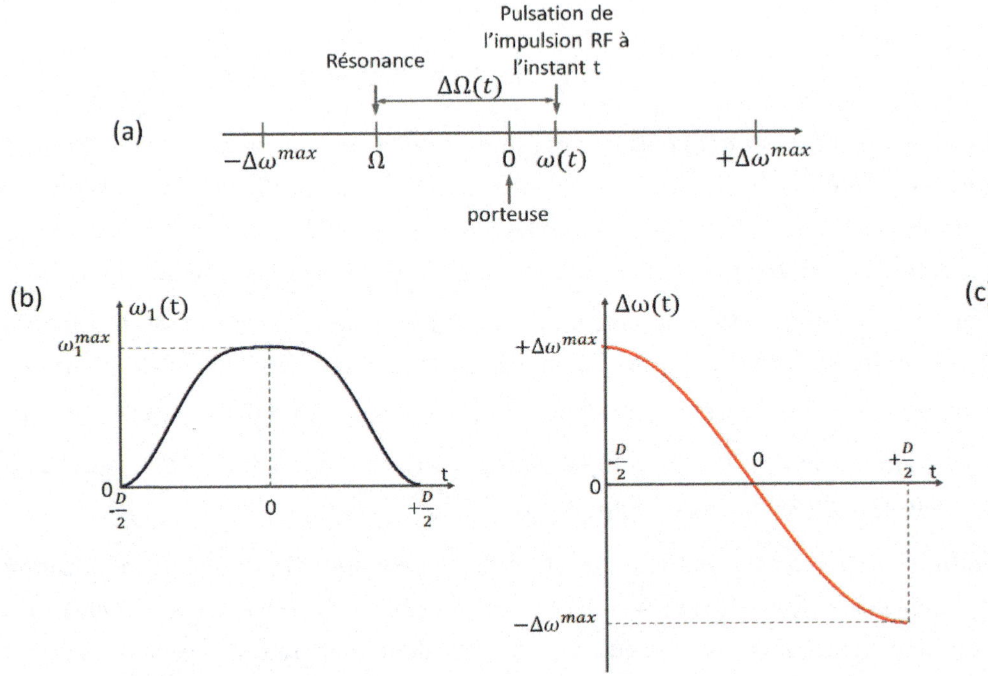

Figure 9-9 Impulsion modulée en amplitude et en phase. Définition des différentes fréquences (a) ; profils d'évolution en fonction du temps de l'amplitude $\omega_1(t)$ (b) et de la pulsation $\Delta\omega(t)$ (c).

Lorsque ω_1^{max} est deux fois plus grand que la valeur donnée par l'équation 9-1, l'impulsion provoque une inversion. Mais il faut noter qu'en raison des propriétés de phase mentionnées plus haut, ces impulsions sont de très mauvaises impulsions de refocalisation.

9.5. Impulsions adiabatiques

Les impulsions adiabatiques sont des impulsions modulées en amplitude et en phase qui remplissent certaines conditions dans lesquelles elles permettent d'obtenir une excellente compensation des imperfections RF.

9.5.1 Définition

Pour être adiabatique, une impulsion RF modulée en amplitude et en phase doit vérifier deux conditions :

$$\left|\frac{d\theta}{dt}\right| \ll \omega_{eff} \tag{9-2}$$

$$\text{et} \quad \theta\left(\pm\frac{D}{2}\right) = \pm\frac{\pi}{2} \tag{9-3}$$

Durant l'impulsion, le comportement de l'aimantation est gouverné par l'effet d'off-résonance (*Cf.* section 3.5). Au début d'une impulsion adiabatique, $\omega(t) \gg \Omega$ et $\Delta\omega(t)$ est proche de sa valeur maximale $\Delta\omega^{max}$. La composante $(\frac{\Delta\omega}{\gamma})$ est alors très grande comparé à B_1 et l'orientation initiale de $\vec{B}_{eff}$ est donc approximativement colinéaire avec z' (figure 9-10a). L'aimantation $\vec{M}$ et $\vec{B}_{eff}$ ont donc la même direction.

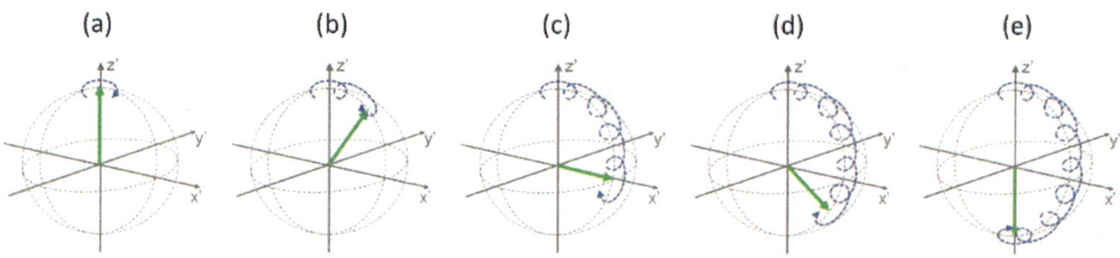

Figure 9-10 Trajectoire de l'aimantation lors d'une impulsion adiabatique d'inversion. Le champ $\vec{B}_{eff}$ (en vert) passe de +z à -z et l'aimantation (trajectoire en bleu) qui précesse rapidement autour de $\vec{B}_{eff}$ subit alors une inversion. Le champ $\vec{B}_1$ est dirigé suivant l'axe x.

Quand $\omega(t)$ commence à diminuer, Δω(t) diminue et $\vec{B}_{eff}$ bascule vers le plan transversal (figure 9-10b). Si la condition d'adiabaticité est remplie, l'aimantation $\vec{M}$ suit le mouvement de $\vec{B}_{eff}$ (compte tenu de la précession rapide de l'aimantation autour de $\vec{B}_{eff}$). Au moment où Δω(t) prend la valeur Ω ($\Delta\Omega = 0$), $\vec{B}_{eff}$ est égal à $\vec{B}_1$ et l'aimantation est donc dans le plan transversal (figure 9-10c). Pour effectuer une inversion de 180°, le balayage en fréquence continue au-delà de la résonance vers $-\Delta\omega^{max}$ (figure 9-10d). A la fin de l'impulsion adiabatique, le champ $\vec{B}_{eff}$ est orienté suivant -z' et l'aimantation $\vec{M}$ est totalement inversée (Fig. 9-10e).

L'impulsion décrite précédemment est appelée AFP pour *Adiabatic Full Passage*. Elle induit une inversion des aimantations quelle que soit la valeur de ω_1^{max} à partir du moment où les conditions d'adiabaticité sont respectées (Eq. 9-2 et 9-3). Si le champ RF est interrompu au moment où $\Delta\omega(t) = 0$, les aimantations ayant une fréquence de résonance proche du centre de la gamme balayée se trouvent dans le plan transversal à la fin de l'impulsion. Une telle impulsion est appellé AHP (pour Adiabatic Half Passage) et provoque donc une bascule de $\frac{\pi}{2}$ de l'aimantation.

L'adiabaticité $K(\Omega, t)$, à l'instant *t* et pour l'aimantation à la fréquence Ω, est définit par :

$$K(\Omega,t) = \frac{\omega_{eff}(\Omega,t)}{\left|\frac{d\theta}{dt}\right|} \qquad (9\text{-}4)$$

En tenant compte des équations 3-17 et 3-19 :

$$K(\Omega,t) = \frac{(\Delta\omega^{max})^2.\left[\left(\frac{\omega_1(t)}{\Delta\omega^{max}}\right)^2 + \left(g(t) - \frac{\Omega}{\Delta\omega^{max}}\right)^2\right]^{\frac{3}{2}}}{\omega_1^{max}.\left|\left(g(t) - \frac{\Omega}{\Delta\omega^{max}}\right).\left(\frac{df(\tau)}{d\tau}\right)_t - f(t).\left(\frac{dg(\tau)}{d\tau}\right)_t\right|} \qquad (9\text{-}5)$$

et en posant $\omega_1^{max} = \lambda.\Delta\omega^{max}$,

$$K(\Omega,t) = \frac{\Delta\omega^{max}}{\lambda}.\frac{\left[\lambda^2.(f(t))^2 + \left(g(t) - \frac{\Omega}{\Delta\omega^{max}}\right)^2\right]^{\frac{3}{2}}}{\left|\left(g(t) - \frac{\Omega}{\Delta\omega^{max}}\right).\left(\frac{df(\tau)}{d\tau}\right)_t - f(t).\left(\frac{dg(\tau)}{d\tau}\right)_t\right|} \qquad (9\text{-}6)$$

L'adiabaticité on-resonance est obtenue lorsque la fréquence de l'impulsion passe par la fréquence de résonance (t_Ω est le temps correspondant) :

$$\Delta\Omega(t_\Omega) = \Delta\omega(t_\Omega) - \Omega \text{ ou } g(t_\Omega) - \frac{\Omega}{\Delta\omega^{max}} = 0$$

Alors $\omega_{eff}(t_\Omega) = \omega_1(t_\Omega)$ et :

$$K(\Omega,t_\Omega) = K^0_{(\Omega)} = \frac{\lambda^2.\Delta\omega^{max}.(f(t))^2}{\left|\left(\frac{dg(\tau)}{d\tau}\right)_{t_\Omega}\right|} = \frac{(\omega_1^{max})^2}{\Delta\omega^{max}}.\frac{(f(t))^2}{\left|\left(\frac{dg(\tau)}{d\tau}\right)_{t_\Omega}\right|} \qquad (9\text{-}7)$$

A la fréquence centrale de l'impulsion : $\Omega = 0$, $t_{\Omega} = 0$ et $K^0_{(\Omega)} = K^0$. Une valeur minimum de 5 est généralement retenue pour K^0. La valeur de ω_1^{max} nécessaire pour obtenir une valeur donnée de K^0 est donnée par :

$$\omega_1^{max} = \sqrt{K^0 . \Delta\omega^{max} . \left(\frac{dg(\tau)}{d\tau}\right)_{\tau=0}}$$

car $f(t) = 1$ pour $t = 0$ (centre de l'impulsion).

9.5.2. Formes d'impulsions adiabatiques

** Impulsion sécante hyperbolique*

L'une des premières impulsions de ce type à avoir été proposée est l'impulsion sécante hyperbolique. [96] Cette impulsion présente une évolution de l'amplitude définie par une fonction sécante hyperbolique et un balayage des fréquences suivant une fonction tangente hyperbolique (figure 9-11a). Cependant, la gamme correctement inversée par cette impulsion est limitée par la valeur maximale de la puissance RF délivrable. De plus, comme nous l'avons déjà évoqué, la section la plus critique pour une impulsion adiabatique est la région centrale où le champ effectif B_{eff} est au minimum et où la première condition d'adiabaticité (Eq. 9-2) est la plus difficile à satisfaire.

** Impulsions Chirp et WURST adiabatiques*

Ces remarques ont conduit à l'idée des impulsions adiabatiques « élastiques » ; le début et la fin restent les mêmes mais une longue section centrale est ajoutée. Le facteur d'adiabaticité est le même pour tous les offsets dans la région centrale. Les extrémités de balayage servent seulement à amener le vecteur aimantation de l'axe +z à –z aussi rapidement que possible dans les conditions d'adiabaticité. Il est souhaitable d'utiliser une fonction d'amplitude avec une région centrale plate et une augmentation ou diminution lisse et douce aux extrémités. En effet, les impulsions pour lesquelles le champ RF atteint trop rapidement sa valeur maximale, donnent naissance à des composantes oscillantes indésirables dans le profil d'excitation. Cette description correspond par exemple aux impulsions Chirp et WURST. Mais dans ce cas la valeur de ω_1^{max} doit être nettement plus importante que celle donnée par l'équation 9-1, qui est le minimum nécessaire pour une bascule de 90° de l'aimantation et conduit à une adiabaticité très faible.

** Impulsion tangente hyperbolique*

L'impulsion tangente hyperbolique [97] a une forme d'évolution de ω_1 ($Tanh$) dont l'allure est voisine de celles impulsions WURST pour n grand (figure 9-11b). En revanche le balayage en fréquence est gouverné par la fonction tangente (Fig. 9-11b), ce qui assurent une valeur constante pour $d\theta/dt$.

$$f(t) = Tanh\left(\varepsilon.\left(1 - \left|\frac{2.t}{D}\right|\right)\right) \quad \text{et} \quad g(t) = \frac{Tan\left(K.\frac{2.t}{D}\right)}{Tan(K)}$$

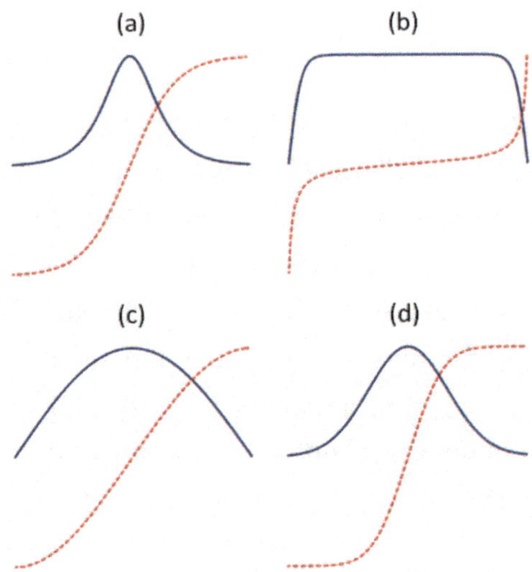

Figure 9-11 Modulation en amplitude (bleu) et en fréquence (pointillés rouges) pour quatre impulsions adiabatiques. (a) Sécante hyperbolique, (b) tangente hyperbolique, (c) cosinus/sinus et (d) gaussienne avec calcul de la modulation en fréquence à l'aide de l'équation 9-8 (adiabaticité indépendante de l'offset).

Grâce à un balayage des fréquences très lent dans la zone centrale et à de très grandes gammes de fréquences, cette impulsion peut permettre d'atteindre des facteurs d'adiabaticité très élevés pour les fréquences de la zone centrale.

** Impulsion cos/sin*

Considérons maintenant une impulsion utilisant les fonctions cosinus et sinus pour les modulations en amplitude et en fréquence respectivement (figure 9-11c). [98]

$$f(\tau) = \cos(\beta.t) \quad \text{et} \quad g(\tau) = \sin(\beta.t) \quad \text{avec } \beta = \frac{\pi}{D}$$

$$\text{d'où } \frac{df(t)}{dt} = -\beta.\sin(\beta.t) \text{ et } \frac{dg(t)}{dt} = \beta.\cos(\beta.t)$$

$$\text{à } \Omega = 0 \;\; K(0, t_\Omega) = \frac{\Delta\omega^{max}}{\lambda}.\frac{[\lambda^2.cos^2(\beta.t)+sin^2(\beta.t)]^{\frac{3}{2}}}{|\beta.sin^2(\beta.t)+\beta.cos^2(\beta.t)|}$$

$$= \frac{\Delta\omega^{max}}{\lambda}.[\lambda^2.cos^2(\beta.t) + sin^2(\beta.t)]^{\frac{3}{2}}$$

$$\text{et si } \lambda = 1 \;\; K(0, t_\Omega) = \frac{\Delta\omega^{max}}{\beta} = \frac{\Delta\omega^{max}.D}{\pi} = \frac{\omega_1^{max}.D}{\pi}$$

Ainsi, les impulsions cos/sin permettent d'obtenir une adiabaticité indépendante du temps pour $\Omega = 0$.

L'adiabaticté on-resonance pour ces impulsions est donnée par :

$$K(\Omega, t_\Omega) = K_\Omega^0 = \frac{\lambda^2.\Delta\omega^{max}.cos^2(\beta.t_\Omega)}{\beta.cos(\beta.t_\Omega)} = \frac{\lambda^2.\Delta\omega^{max}.cos(\beta.t_\Omega)}{\beta}$$

$$\text{or : } sin(\beta.t_\Omega) = \frac{\Omega}{\Delta\omega^{max}} \text{ donc : } cos(\beta.t_\Omega) = \sqrt{1 - \left(\frac{\Omega}{\Delta\omega^{max}}\right)^2}$$

$$\text{d'où } K(\Omega, t_\Omega) = K_\Omega^0 = \frac{\lambda^2.\Delta\omega^{max}}{\beta}.\sqrt{1 - \left(\frac{\Omega}{\Delta\omega^{max}}\right)^2}$$

Cette dernière équation démontre que l'écart à la fréquence d'impulsion doit être faible pour assurer une adiabaticité constante. Une très large gamme ΔF (par rapport à la gamme que l'on veut découpler) devra alors être prise en compte au moment de la conception de l'impulsion. De plus, une forte valeur de ω_1^{max} devra être utilisée pour assurer un facteur d'adiabaticité suffisamment élevé et satisfaire la condition $\lambda = 1$.

** Adiabaticité indépendante de l'offset*

Afin d'améliorer l'efficacité des impulsions adiabatiques en limite de la gamme de fréquence, le concept d'impulsions à adiabaticité indépendante de l'offset a été développé. [99]

Pour toute fonction $f(t)$ d'évolution de l'amplitude du champ $\vec{B}_1$ donnée, il est possible de calculer une fonction $g(t)$ qui évoluera de façon à maintenir constant le facteur d'adiabaticité on-resonance ($K^0_{(\Omega)} = K^0$ pour toute valeur de Ω). L'équation 9-7 conduit alors à :

$$\left(\frac{dg}{d\tau}\right)_{t_\Omega} = \frac{\lambda^2.\Delta\omega^{max}.(f(t_\Omega))^2}{K^0}$$

d'où : $g(t) = \frac{\lambda^2.\Delta\omega^{max}}{K^0}.\int_{-\frac{D}{2}}^{t}(f(\tau))^2.d\tau = \frac{(\omega_1^{max})^2.}{K^0.\Delta\omega^{max}}.\int_{-\frac{D}{2}}^{t}(f(\tau))^2.d\tau$ (9-8)

La valeur de ω_1^{max} est obtenue à partir des conditions particulières correspondant à $t = +\frac{D}{2}$ (fin de l'impulsion) où $|g(t)| = 1$. Cela conduit à :

$$\omega_1^{max} = \sqrt{\frac{K^0.\Delta\omega^{max}}{\int_{-\frac{D}{2}}^{+\frac{D}{2}}(f(\tau))^2.d\tau}}$$

L'équation 9-8 permet donc de calculer une fonction de balayage en fréquence pour n'importe quelle fonction de modulation d'amplitude. Cela est illustré sur la figure 9-11d où la fonction $g(t)$ a été calculée pour une modulation d'amplitude de forme gaussienne.

Lorsque l'équation 9-8 est appliquée à une modulation en cosinus, le balayage en fréquence est très proche d'un sinus et l'adiabaticité est à la fois indépendante de l'offset et indépendante du temps pour les fréquences centrales.

9.5.3. Impulsions adiabatiques de refocalisation

Les impulsions adiabatiques décrites jusque-là provoquent uniquement une bascule dans le plan transversal (AHP) ou une inversion des spins selon l'axe z (AFP). Elles ne peuvent pas être utilisées pour une refocalisation. En effet, ce type d'impulsion suppose que l'aimantation initiale soit alignée suivant un axe déterminé du référentiel tournant (en l'occurrence, l'axe z). Dans le cas d'une refocalisation, l'impulsion RF doit au contraire réaliser une rotation plane conduisant à la symétrisation, dans le plan transversal, d'une population d'aimantations dispersées. En conséquence, les impulsions AHP et AFP ne sont pas adaptées aux motifs de refocalisation rencontrés dans les séquences d'écho de spin ou de transfert de polarisation.

Les impulsions composites adiabatiques connues sous le nom d'impulsions BIR (B_1-insensitive rotation) n'ont plus ces limitations. [97] Ce sont des impulsions composées de plusieurs (deux ou quatre) segments adiabatiques qui correspondent à un passage AHP ou un passage AHP effectué avec une dépendance du temps inversée. Ces impulsions adiabatiques ont été conçues à partir d'une procédure utilisée pour construire des impulsions composites.

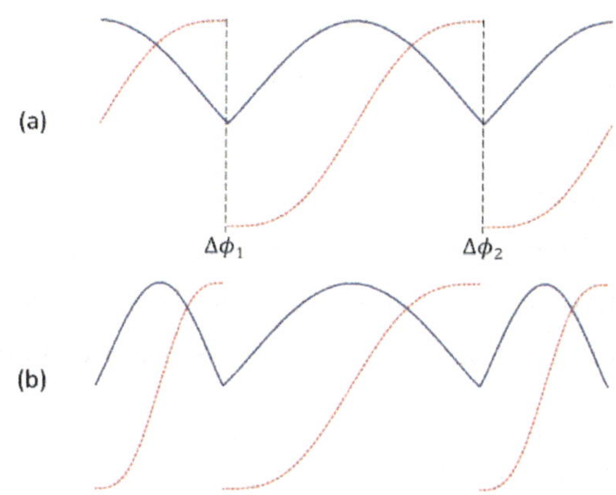

Figure 9-12 Modulation en amplitude (bleu) et en fréquence (pointillés rouges) pour deux impulsions adiabatiques de refocalisation. (a) BIR-4 : combinaison d'un AFP avec deux AHP, (b) combinaison de trois AFP ayant la même gamme de fréquence, l'impulsion centrale étant deux fois plus longue.

Les fonctions de modulation de l'amplitude et de la phase caractérisant l'impulsion BIR-4 sont présentées dans la figure 9-12a. L'angle de bascule induit par l'impulsion BIR-4 est déterminé par les sauts de phase $\Delta\phi_1$ et $\Delta\phi_2$. Pour un angle de bascule arbitraire β: $\Delta\phi_1 = \pi + \frac{\beta}{2}$ et $\Delta\phi_2 = -\Delta\phi_1$.

Une impulsion adiabatique de refocalisation peut également être obtenue en construisant une impulsion composite constituée de trois AFP identiques sauf en ce qui concerne la durée ; la seconde impulsion étant deux fois plus longue que les deux autres (figure 9-12b). [100]

9.5.4. Découplage adiabatique

Les impulsions adiabatiques AFP compensent très bien les imperfections RF, elles sont donc particulièrement efficaces pour réaliser un découplage, spécialement lorsque la gamme de fréquences à irradier est importante, comme dans le cas du découplage des hétéro-noyaux dans une acquisition inverse telle que l'HSQC.

Comme les impulsions composites, les impulsions adiabatiques sont combinées à l'intérieur d'un cycle de phase. Les plus utilisés résultent d'une combinaion du cycle de la MLEV (0°, 0°, 180°, 180°) avec un cycle Px. [101] Le cycle P5 est le plus populaire (0°, 150°, 60°, 150°, 0°), il conduit au cycle de phase M4P5. Des cycles plus sophistiqués peuvent également être utilisés notamment pour réduire les bandes latérales périodiques. Ils sont obtenus en utilisant par exemple des cycles Px plus longs à 7 ou 9 pas et en alternant des cycles M4Px avec leurs homologues M4Px' où les phases sont inversées. [102]

Dans le cas d'un découplage de routine, l'utilisation d'impulsions à faible adiabaticité permet d'obtenir un bon résultat sur des gammes de fréquence nettement plus larges que ce que produit, à puissance égale, la séquence GARP par exemple. Cela conduit à une moindre énergie RF déposée sur l'échantillon et donc limite l'échauffement.

Lorsque les exigences de l'expérience sont plus importantes, comme dans le cas d'une mesure quantitative précise, les impulsions doivent être spécialement optimisées et l'adiabaticité doit être plus importante ce qui impose d'envoyer sur l'échantillon une énergie RF conséquente qui doit être contrôlée.

9.6. Pour aller plus loin

- *La RMN : concepts, méthodes et applications.* Daniel Canet, Jean-Claude Boudel et Emmanuelle Canet Soulas. Dunod, Paris, 2002. Chapitre 5.
- *High-Resolution NMR Techniques In Organic Chemistry.* Timothy D.W. Claridge. Elsevier, 2016. Chapitre 10.
- *SpinChoreography: Basic steps in high resolution NMR.* Ray Freeman. Oxford University Press, Oxford, 1998. Chapitre 5.

Chapitre 10 - Spectroscopie RMN quantitative

10.1. Généralités

10.1.1. Les noyaux visibles

La surface (S) sous une raie RMN est proportionnelle au nombre n de noyaux qui résonnent à cette fréquence dans l'échantillon :

$$S = k.n \qquad (10\text{-}1)$$

où k est un facteur qui caractérise la contribution du spectromètre.

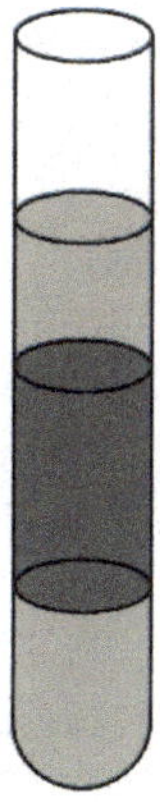

Figure 10-1 Volumes pris en compte dans l'expression du signal détecté : V_T (■) volume total de l'échantillon, V_s (■) volume sensible de l'antenne.

En RMN haute résolution, l'échantillon « déborde » de la bobine de détection (Fig. 10-1), n est donc proportionnel au nombre de molécules dans le volume sensible V_s. De plus, il faut tenir compte du nombre de noyaux équivalents (p) du groupement chimique qui est utilisé pour la mesure d'où :

$$n = p.[composé].V_s$$

et donc : $$S = k.p.[composé].V_s$$

k dépend de l'appareillage et des conditions de mesure et peut donc varier avec les instabilités de l'appareillage (par exemple la température). De plus, V_s n'est pas facile à déterminer précisément.

De ce fait, la mesure réalisée en RMN est une mesure relative. Dans le cas de la détermination des concentrations dans un mélange de deux composés A et B, les surfaces S_A et S_B sont mesurées sur le spectre ; ce sui permet d'écrire :

$$S_A = k.p_A.[A].V_s$$

$$S_B = k.p_B.[B].V_s$$

$$\text{et } \frac{S_A}{S_B} = \frac{p_A.[A]}{p_B.[B]} \text{ ou } [B] = [A].\frac{p_A.S_B}{p_B.S_A} \qquad (10\text{-}2)$$

Si $[A]$ est connue, $[B]$ peut être déduite en utilisant l'équation 10-2.

10.1.2. Précision et justesse de la mesure de S

La justesse est l'écart entre la valeur mesurée et la valeur exacte. [103]

Pour mesurer la justesse (en %), le paramètre Δ peut être utilisé :

$$\Delta = 100.\left(\frac{S_m - S_e}{S_e}\right) \qquad (10\text{-}3)$$

où : S_m est la valeur mesurée et S_e est la valeur exacte.

Mais il faut connaître S_e, ce qui n'est pas toujours possible.

La précision caractérise l'incertitude sur la mesure provenant de ce que plusieurs mesures (réalisées sur le même échantillon, dans les mêmes conditions de mesures et avec le même appareil) ne donnent pas le même résultat. [103]

Pour mesurer la précision (en %), le coefficient de variation (CV) peut être utilisé :

$$CV = 100.\frac{\sigma}{\langle S_m \rangle} \tag{10-4}$$

où $\langle S_m \rangle$ est la valeur moyenne de S_m et σ est l'écart type sur une série de mesures identiques.

En RMN, σ est conditionné par (*Cf.* section 10.4.2.) :

- la stabilité de l'appareillage (T, gain à l'émission et à la réception, etc..),
- le (S/B) car la valeur minimale du coefficient de variation est déterminée par : [104]

$$CV \geq \frac{100}{2.S/B} \tag{10-5}$$

- la stabilité de la méthode de détermination de S.

Δ est surtout conditionnée par les conditions de mesure et leur adaptation aux caractéristiques de l'échantillon : TR, découplage, signal de référence (*Cf.* 10.4.1).

10.2. Méthodes de détermination de *S*

10.2.1. Intégration

La courbe intégrale est obtenue en sommant les intensités en chaque point du spectre. Elle est généralement calculée sur des régions prédéfinies (les zones d'intégration) délimitées par les bornes d'intégration. Les hauteurs mesurées entre les plateaux de cette courbe sont proportionnelles aux surfaces des raies situées entre ces plateaux (Fig. 10-2a).

C'est une méthode simple mais dont le résultat est notamment très sensible :

- à la position des bornes d'intégration,
- à la ligne de base,
- au phasage du spectre.

Cela en fait une méthode très dépendante de l'opérateur. [105]

De plus, cette méthode n'est pas utilisable en cas de recouvrement de raies et elle est très difficile à mettre en œuvre lorsque les massifs sont imbriqués (Fig. 10-2b).

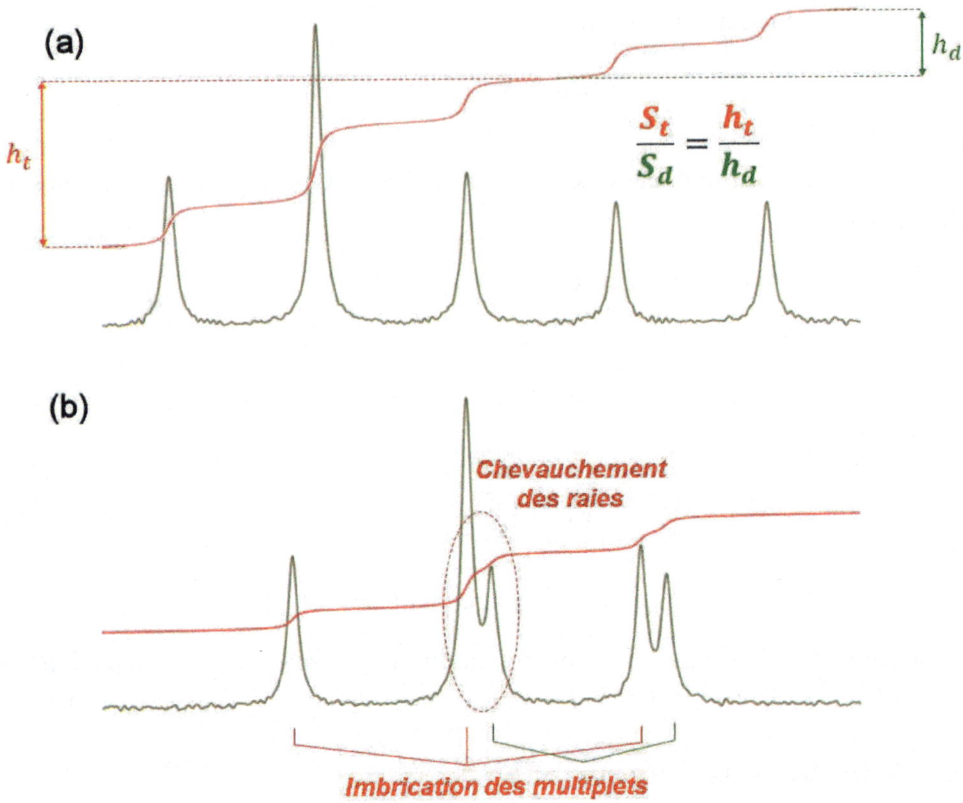

Figure 10-2 Intégration de la région d'un spectre RMN contenant un triplet et un quadruplet. Lorsque les deux multiplets sont bien séparés (a) les hauteurs mesurées sur la courbe intégrale donnent le rapport des surfaces des deux multiplets. Lorsque les multiplets sont imbriqués et/ou lorsque des raies se chevauchent (b), cette méthode n'est plus applicable.

10.2.2. Ajustement à un modèle théorique

** Dans le domaine fréquentiel*

Un ajustement du spectre est réalisé à l'aide d'une courbe théorique constituée de la somme de lorentziennes, de gaussiennes ou de combinaisons de ces deux fonctions. Cette opération est couramment appelée déconvolution, même si d'un point de vue mathématique il s'agit d'un abus de langage.

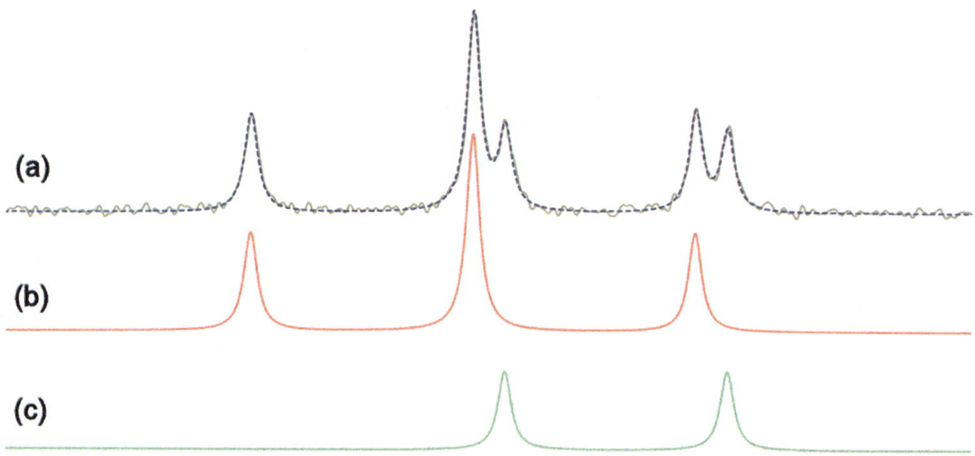

Figure 10-3 Déconvolution de la région d'un spectre RMN contenant un triplet et un quadruplet imbriqués ; le modèle théorique (courbe en pointillés) passe au mieux par les points expérimentaux lorsque ses paramètres (h, $\Delta\nu_{1/2}$, ν, φ) correspondent à ceux des raies (a). Les contributions des deux multiplets (b) et (c) peuvent être extraites.

Pour chaque raie, au moins 4 paramètres sont nécessaires $(h, \Delta\nu_{1/2}, \nu, \varphi)$; [106] pour un grand nombre de raies, le nombre de paramètres devient donc très vite critique pour la convergence de l'algorithme.

Cela impose donc :

- des valeurs initiales très proches des valeurs finales,
- des contraintes imposées pour simplifier le problème ($\varphi = 0$, intensités relatives par exemple dans un multiplet).

Ces méthodes sont très sensibles aux problèmes de S/B et de ligne de base.

La ligne de base peut être modélisée par un polynôme, des raies larges, une fonction spline, etc … Mais cela augmente encore le nombre de paramètres.

Toutefois, même dans le cas de chevauchement de raie ou d'imbrication des massifs, les surfaces des différents multiplets peuvent être déterminées avec une bonne précision (figure 10-3). [107, 108]

** Dans le domaine temporel*

Un ajustement du FID est réalisé à l'aide d'une courbe théorique constituée de la somme de sinusoïdes exponentiellement décroissantes. [107]

Le problème du nombre de paramètres est encore plus critique que dans le domaine fréquentiel car tous les signaux sont obtenus simultanément, il est donc difficile de limiter le nombre de raies prises en compte. Un filtrage en fréquence effectué avant l'ajustement permet toutefois de réduire la bande de fréquences prise en compte.

Le problème du (S/B) est moins crucial car les derniers points du FID peuvent ne pas être pris en compte. De même, en éliminant les premiers points, le problème de la ligne de base est éliminé. En revanche, il est impossible de ne pas prendre en compte la phase.

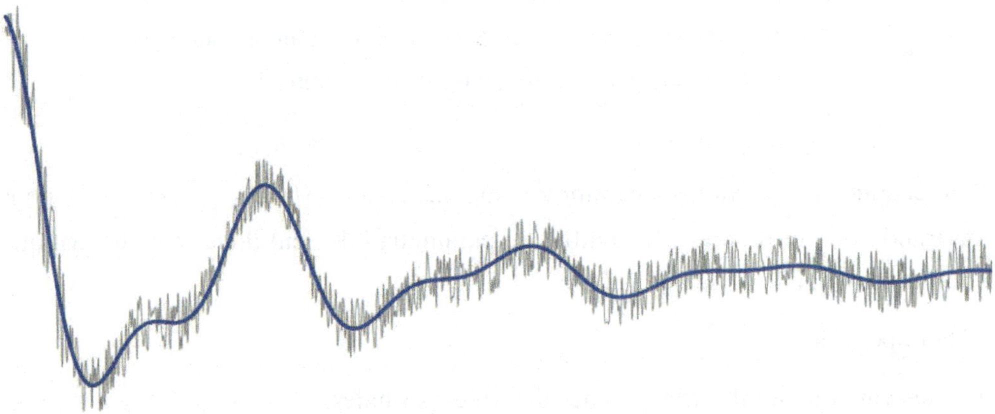

Figure 10-4 Déconvolution dans le domaine temporel ; le modèle théorique, une somme de sinusoïdes exponentiellement décroissantes (courbe en bleu) passe au mieux par les points expérimentaux lorsque ses paramètres correspondent à ceux du FID.

Ces méthodes sont plus robustes que les méthodes fréquentielles, mais elles sont plus vite limitées en nombre de raies par spectre.

10.3. Signal de référence

La surface S est proportionnelle au nombre de noyaux, donc proportionnelle à la concentration dans le tube. Toutefois, comme nous l'avons évoqué dans la section 10.1., la chaîne complète peut difficilement être calibrée pour établir une relation absolue entre S et la concentration.

Ces deux grandeurs sont effectivement proportionnelles, mais le coefficient de proportionnalité varie dans le temps (en fonction de la nature de l'échantillon, de la température, des réglages et du vieillissement du spectromètre).

Il est donc nécessaire de travailler de manière relative. [109]

Une mesure quantitative de concentration impose la présence dans le spectre d'un signal de référence :

$$[Comp] = [Ref].\frac{p_{Ref}.S_{Comp}}{p_{Comp}.S_{Ref}} \qquad (10\text{-}6)$$

où : S_{Comp} et S_{Ref} sont respectivement les aires sous le pic du composé dosé et sous le pic du composé de référence.

La raie de référence provient de diverses sources en fonction de :

- la nature de l'échantillon,
- sa réactivité chimique,
- son état solide ou liquide.

10.3.1. Référence interne

Un composé est ajouté en solution à une concentration connue et si possible proche de la concentration à mesurer. Pour le choix du composé de référence, les critères suivants doivent être pris en compte :

- composé co-soluble avec l'échantillon,
- nombre de noyaux équivalents (p) élevé,
- pas d'interaction chimique avec l'échantillon,
- δ différents de ceux de l'échantillon,
- T_1 proche de ceux de l'échantillon (ou inférieur)
- non volatile, non hygroscopique.

Toutes ces conditions ne sont pas toujours faciles à réaliser simultanément.

10.3.2. Référence externe

Le composé de référence est dans un tube capillaire concentrique (figure 10-5). Cela élimine les problèmes de volatilité, de co-solubilité et d'interaction chimique.

Mais deux problèmes supplémentaires apparaissent :

- le volume disponible pour l'échantillon est plus petit, ce qui réduit le rapport signal-sur-bruit (S/B),
- l'homogénéité de $\vec{B}_0$ n'est pas la même dans l'échantillon et dans le capillaire.

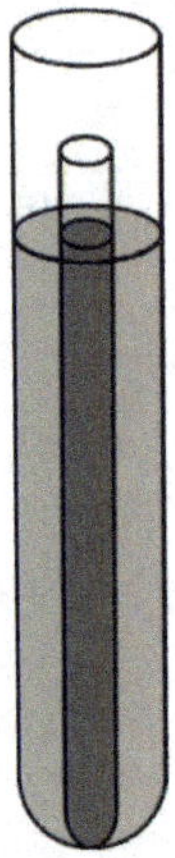

Figure 10-5 Référence externe ; le composé de référence est dans un tube capillaire (■) concentrique placé au centre de l'échantillon (■).

Ces deux points induisent une moins bonne précision et une moins bonne reproductibilité que pour la référence interne.

10.3.3. Substitution par un échantillon fantôme

Avant ou après la mesure quantitative sur l'échantillon à doser, une mesure de calibration est réalisée sur un échantillon test qui remplit les conditions suivantes :

- concentration connue,
- matrice proche de celle des échantillons à doser.

Les problèmes liés à l'usage d'une référence interne sont donc évités puisque le signal de référence est obtenu à partir d'une acquisition différente de celle qui fournit le signal de l'échantillon. En revanche,

- le temps de mesure est augmenté,
- la mesure est moins précise car il existe beaucoup de causes de variation entre deux expériences réalisées sur deux échantillons différents.

10.3.4. Référence hétéronucléaire

La mesure de référence est faite sur le même échantillon, mais à la fréquence d'un autre noyau. Par exemple, *in vivo*, lorsqu'une acquisition quantitative est faite en RMN-^{31}P, le signal proton de l'eau peut être utilisé comme signal de référence (en première approximation, la concentration de l'eau est une constante dans les milieux biologiques). Cette méthode est relativement peu précise car la calibration hétéronucléaire est délicate.

10.3.5. La méthode PULCON

La méthode PULCON (*PUlse Lenght based CONcentration determination*) [110] a pour objectif de tenter de réduire les variations potentielles observées entre les différentes acquisitions mises en œuvre lors de l'utilisation d'un échantillon fantôme comme référence.

Cette méthode est fondée sur le principe de réciprocité [111] qui stipule que l'efficacité de la sonde à l'émission évolue de la même manière que son efficacité à la réception. En d'autres termes, si lors du passage d'un échantillon à l'autre la sensibilité diminue, la longueur des impulsions RF augmentera dans les mêmes proportions.

En conséquence, la différence de sensibilité entre deux échantillons peut être corrigée en mesurant l'évolution de la longueur d'une impulsion à 90°, ou 360°. Après syntonisation de la sonde, la longueur d'impulsion à 360° est donc mesurée sur chaque échantillon et la concentration peut alors être déterminée à l'aide de la relation :

$$[C] = [Ref].\frac{S_C.PW_{360}^{C}}{S_{Ref}.PW_{360}^{Ref}} \qquad (10\text{-}7)$$

où : $[C]$ et $[Ref]$ sont les concentrations, et $[PW_{360}^{C}]$ et $[PW_{360}^{Ref}]$ sont les longueur d'impulsion RF à 360° dans l'échantillon à doser et dans l'échantillon de référence respectivement.

Cette méthode impose donc la calibration des impulsions RF sur chaque échantillon et sa précision est conditionnée par la précision sur la détermination des longueurs d'impulsion qui est au mieux de quelques pourcents. Il s'agit donc d'une méthode qui n'est intéressante que dans le cas ou de fortes variations sont induites dans le facteur de qualité de la sonde, en raison de salinités différentes par exemple.

10.3.6. La méthode ERETIC

La méthode ERETIC (*Electronic Reference To access In vivo Concentration*) [112] consiste à émettre par une antenne secondaire un signal électronique, ayant toutes les caractéristiques d'un FID, pendant la période de recueil du signal RMN.

Après transformation de Fourier, ce signal donne naissance à un pic supplémentaire sur le spectre. Tous les paramètres de ce pic (hauteur, largeur, déplacement chimique et phase) sont librement ajustables. Après calibration, cette raie peut être utilisée comme signal de référence.

Cette technique présente donc un certain nombre d'avantages sur les précédentes. Il n'est plus nécessaire d'introduire un composé de référence dans l'échantillon. Cela simplifie la préparation, permet la réutilisation de l'échantillon et évite les inconvénients d'une référence interne ou externe. De plus, la raie de référence peut être placée à l'endroit le plus favorable du spectre et il n'y a plus de contrainte liée aux T_1.

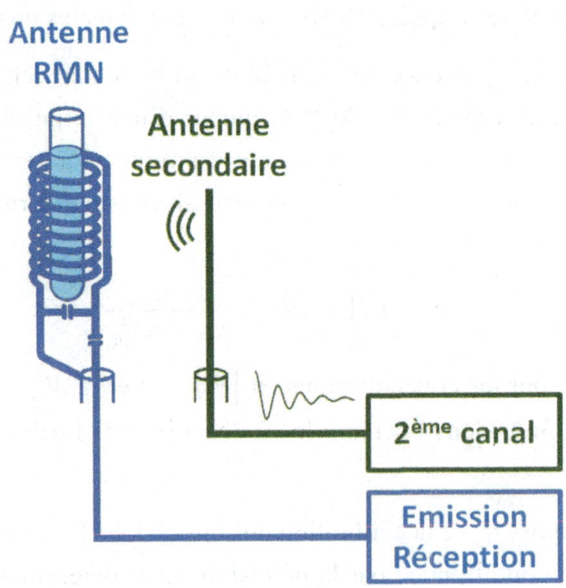

Figure 10-6 Méthode ERETIC. Le signal de référence est un signal électronique ayant toutes les caractéristiques d'un FID et qui est émis par une antenne secondaire pendant la période de recueil du signal RMN.

Cependant, la méthode ERETIC impose des contraintes quant à la configuration du spectromètre, il faut notamment un canal disponible pour générer le signal électronique. Par ailleurs, ce signal est beaucoup plus stable que le signal RMN, en particulier vis-à-vis des variations de température.

10.4. Optimisation du couple β/TR

10.4.1. Contraintes imposées par la justesse visée

En raison du rapport signal-sur-bruit (S/B) ou du cycle de phase, de nombreux FIDs sont généralement moyennés avant la transformation de Fourier. Pour cela, la séquence d'impulsions est répétée et un état stationnaire est progressivement atteint durant les premiers scans. Dans le cas de la séquence la plus simple (une seule impulsion RF), l'aimantation longitudinale juste avant l'impulsion prend la valeur d'équilibre (Cf. section 3.4.2.) : [33]

$$M_{eq} = M_0 . \frac{1-e^{-\frac{TR}{T_1}}}{1-\cos(\beta).e^{-\frac{TR}{T_1}}} \qquad (10\text{-}8)$$

où β est l'angle de nutation induit par l'impulsion RF pulse, TR est le temps de répétition et T_1 est le temps de relaxation longitudinale

L'amplitude maximale pour le signal détecté est alors obtenue quand β est égal à l'angle de Ernst ($\beta_E = arcos(e^{-\frac{TR}{T_1}})$) calculé en dérivant l'équation 10-8. Notez que cette expression est uniquement valable si l'aimantation transversale a totalement disparue avant l'impulsion RF suivante. Dans le cas contraire, l'aimantation transversale résiduelle interfère avec l'aimantation basculée par l'impulsion et contribue à l'état stationnaire.

Quelle que soit la valeur de β, les T_1 sont différents d'un groupement chimique à l'autre. L'équation 10-9 donne alors l'écart relatif (en %) qui caractérise l'erreur induite par la saturation partielle. [73]

$$E = 100.\frac{e^{-\frac{TR}{T_1}}.(1-\cos(\beta))}{1-\cos(\beta).e^{-\frac{TR}{T_1}}} \qquad (10\text{-}9)$$

La justesse est limitée par E calculée pour le T_1 le plus grand (T_1^{max}).

Pour une valeur donnée de E, une infinité de couples (β, (TR/T_1^{max})) est obtenue, correspondant à l'intersection entre les courbes représentées sur la figure 10-7 et une droite horizontale dont l'ordonnée est la valeur cible pour E. Parmi ces couples, il faut alors déterminer celui qui assure la meilleure précision.

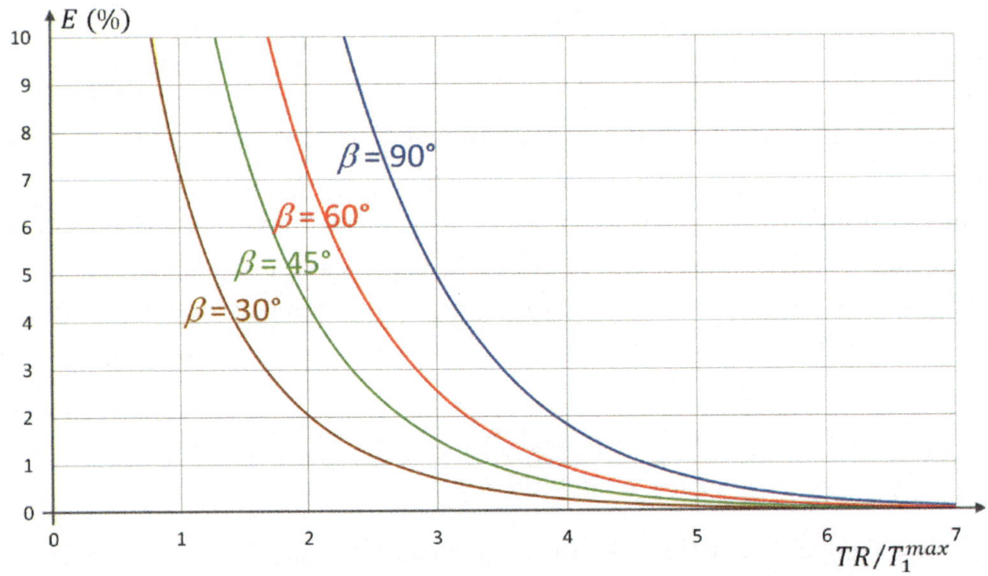

Figure 10-7 Erreur E (en %) en fonction du rapport TR/T_1^{max} pour différents angles de nutation β.

10.4.2. Contraintes imposées par la précision visée

Dans le cas d'une mesure quantitative par RMN, la principale limite réside dans le S/B. Cela peut être formalisé par la relation 10-10. [73, 104]

$$S/B \geq \frac{100}{2.CV} \qquad (10\text{-}10)$$

où CV est le coefficient de variation sur la surface du pic.

En conséquence, parmi l'ensemble des couples (β, (TR/T_1^{max})) décrits dans la section précédente, il faut déterminer celui qui permet d'obtenir le meilleur S/B pour un temps d'acquisition donné.

A partir des relations qui décrivent la valeur de l'aimantation à l'équilibre et la durée d'une acquisition RMN, il est facile d'arriver à l'expression suivante : [73]

$$S/B_{(Ta=Cte)} = k.\frac{M_{eq}.\sin(\beta)}{\sqrt{TR}} \quad (10\text{-}11)$$

où $S/B_{(Ta=Cte)}$ est le S/B obtenu pour un temps d'acquisition Ta donné.

$S/B_{(Ta=Cte)}$ est tracé sur la figure 10-8 en fonction du rapport TR/T_1^{max} pour différents angle β.

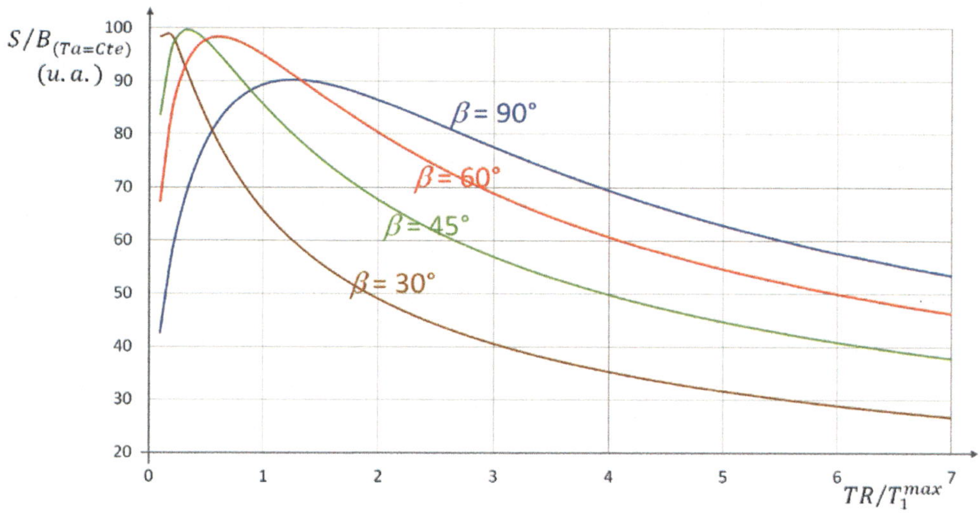

Figure 10-8 Rapport signal-sur-bruit à Temps d'acquisition constant ($S/B_{(Ta=Cte)}$) en fonction du rapport TR/T_1^{max} pour différents angles de nutation β.

L'intersection des deux jeux de couples (β, (TR/T_1^{max})) (obtenus à partir de la valeur cible pour la justesse et la précision) constitue le couple optimal (β^{opt}, TR^{opt}/T_1^{max}).

Les valeurs ainsi obtenues (pour β^{opt} et (TR^{opt}/T_1^{max}) sont reportés sur la figure 10-9 en fonction de la valeur cible E, pour la précision et la justesse. Cette figure montre que plus la valeur de E est faible (grandes justesse et précision) et plus β^{opt} est proche de 90°. [73]

De plus, compte tenu de la valeur de l'aimantation à l'équilibre, $\frac{\partial M_{xy}}{\partial \beta}$ est proportionnel à $\cos\beta$.

De ce fait, une variation $\partial\beta$ de l'angle de nutation produit une variation ∂M_{xy} de l'aimantation transversale qui est proportionnelle à $\cos\beta$. C'est donc pour des valeurs de β proches de 90° que ∂M_{xy} est minimale et que M_{xy} est le moins sensible aux instabilités du spectromètre. β = 90° assure donc une robustesse maximale de l'acquisition. [73, 113, 114]

En conséquence, β^{opt} = 90° est toujours un bon choix ; ce qui conduit à TR^{opt}/T_1^{max} = 3, 4,6 et 7 pour E égale à 5%, 1% and 1‰ respectivement.

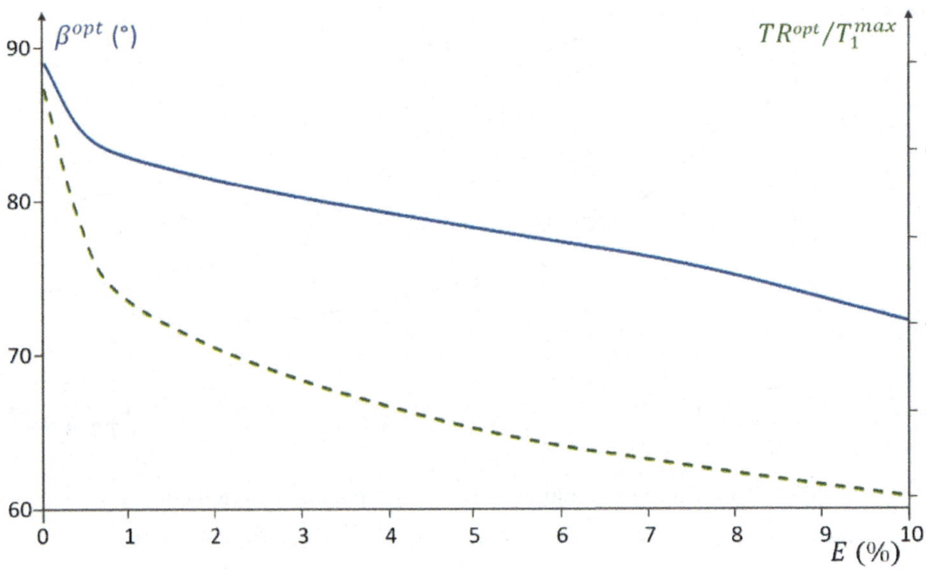

Figure 10-9 Angle de nutation optimal (β^{opt}, en ° et en ligne continue bleue) et rapport $TR\quad/T_1^{max}$ optimal (TR^{opt}/T_1^{max}, en pointillés verts) en fonction de la valeur cible E (en %), pour la précision et la justesse.

10.5. Influence du découplage

10.5.1. Effet nOe

En présence de l'irradiation d'un noyau couplé, le signal détecté peut être perturbé ; c'est l'effet nOe (*Cf.* section 6.5). Une modification de la surface sous la raie est alors observée :

$$\frac{S}{S_0} \leq 1 + \frac{\gamma_{irr}}{2.\gamma_{obs}}$$

où : S et S_0 sont respectivement les surfaces mesurées en présence et en absence d'irradiation, et γ_{irr} et γ_{obs} sont respectivement les rapports gyromagnétiques du noyau irradié et du noyau observé.

En pratique, l'effet nOe ne s'établit pas instantanément ; il augmente progressivement avec une constante de temps qui est proche du T_1 ^{13}C. En revanche, la disparition des couplages est instantanée. Il est donc possible de dissocier l'influence du découplage sur la multiplicité et l'influence du nOe sur l'intensité des raies, grâce au découplage en créneaux. [115] Sur la figure 10-10 les différents modes de découplage sont représentés, pour une acquisition RMN-^{13}C.

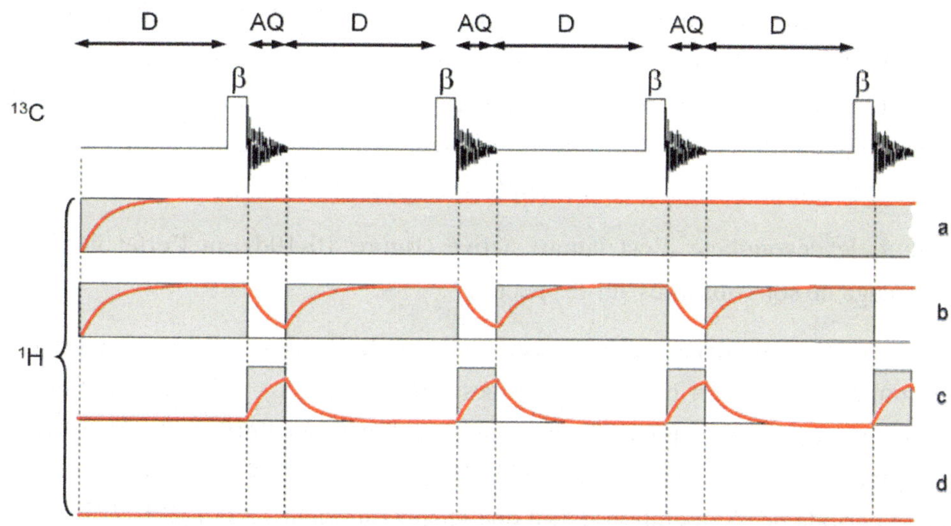

Figure 10-10 Modes de découplage lors d'une acquisition RMN-^{13}C. La courbe rouge indique le niveau de nOe. Lorsque le découpleur est activé en permanence (a), le spectre bénéficie de l'éffet nOe et du découplage ; lorsque le découpleur n'est activé que pendant le délai de récupération D (b), l'effet nOe peut s'établir mais le spectre n'est pas découplé ; lorsque le découpleur n'est activé que pendant la période d'échantillonnage du signal AQ (c), l'effet nOe n'a pas le temps de s'établir et le spectre est découplé ; lorsque le découpleur n'est pas activé (d), ni l'effet nOe ni le découplage ne sont observés sur le spectre.

Lorsque le découplage est activé en permanence (figure 10.10a), l'effet nOe s'établit progressivement pendant le premier délai de récupération (D) et reste maximal pendant toute l'acquisition. Cette séquence produit donc un spectre découplé avec effet nOe.

Lorsque le découplage n'est activé que pendant les délais D (figure 10.10b), l'effet nOe s'établit pendant les périodes de récupération et diminue pendant les périodes d'acquisition. La surface sous une raie RMN étant proportionnelle à l'intensité du FID au début de l'acquisition, les intensités des raies sont donc affectées par l'effet nOe. Ce type de séquence, appelé découplage en créneaux, produit donc un spectre couplé avec effet nOe.

Lorsque le découplage n'est activé que pendant les périodes d'échantillonnage du signal AQ (figure 10-10c), l'effet nOe diminue pendant les périodes de récupération et s'établit pendant les périodes d'acquisition, il est donc minimal au début des enregistrements des FIDs. Ce type de séquence, appelé découplage en créneaux inverse, produit donc un spectre découplé sans effet nOe.

Enfin, si le découplage n'est jamais activé (figure 10-10d), ni l'effet nOe ni le découplage ne sont observés sur le spectre.

Les mesures quantitatives sur les noyaux tels que le ^{13}C doivent donc être réalisées avec un découplage en créneaux inverses (figure 10-10c), afin de bénéficier du découplage sans que les intensités ne soient modulées par l'effet nOe. De plus, il a été démontré que pour être certain que l'effet nOe est effectivement nul à la fin de chaque période de récupération il faut que D soit supérieur à $10.T_1^{max}$. [114]

10.5.2. Impact d'un mauvais découplage sur la quantification

Comme nous l'avons vu dans la section 10.2., les meilleurs résultats, en termes de détermination des surfaces des raies, sont obtenus en utilisant une méthode d'ajustement à un modèle théorique. Cependant, lorsqu'une raie est mal découplée, cela induit une démultiplication de la raie avec une constante résiduelle très faible. La largeur est alors augmentée et la forme ne correspond plus au modèle d'ajustement. La surface obtenue est alors différente de la surface réelle de la raie (figure 10-11). [116]

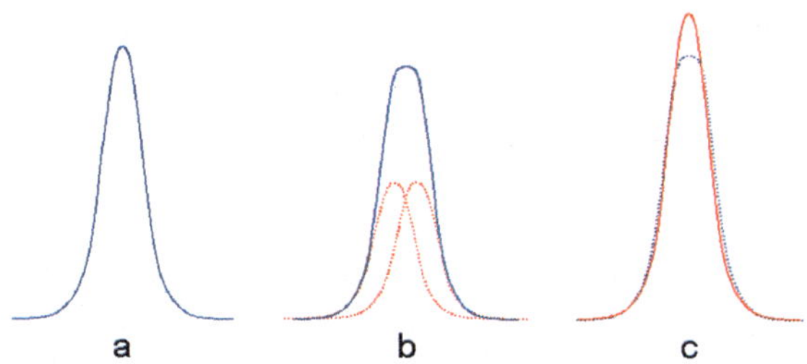

Figure 10-11 Impact d'un mauvais découplage sur la détermination de la surface d'une raie par ajustement : (a) découplage parfait ; (b) un découplage imparfait produit un doublet non résolu dont l'enveloppe n'a plus une forme lorentzienne ; (c) l'ajustement de cette enveloppe par une forme lorentzienne conduit à une surface erronée (ici surestimée).

Par ailleurs, le découplage par impulsions composites n'est pas parfaitement homogène sur toute la gamme, principalement en raison des imperfections des impulsions RF. Cela induit donc un effet sur la justesse qui varie en fonction de la position en fréquence de la raie considérée, les écarts pouvant aller jusqu'à plusieurs pourcents. Cet effet est très dépendant de la séquence de découplage utilisée (figure 10-12). [75, 117]

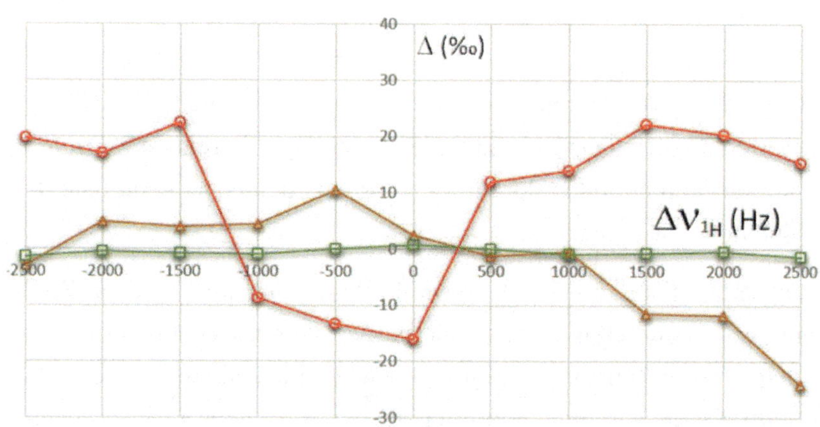

Figure 10-12 Justesse de la mesure ^{13}C en fonction de l'offset de découplage pour différentes séquences de découplage : ○ GARP-4, Δ WALTZ-16, □ adiabatique.

Les meilleurs résultats quantitatifs sont en fait obtenus en utilisant un découplage adiabatique, qui assure la meilleure uniformité (*Cf.* section 9.5.4.). Ces d'impulsions, leur durée et le super-cycle doivent cependant être optimisés afin d'assurer des performances optimales. Si une uniformité de l'ordre de quelques pourcents est nécessaire, les impulsions adiabatiques standards telles que WURST peuvent convenir. Pour plus de justesse et de précision, les impulsions cosinus à adiabaticité indépendante de l'offset ont montrées une réelle supériorité (figure 10-12). [102]

10.6. Influence de la séquence d'impulsions

10.6.1. Justesse

Quelle que soit la séquence utilisée, tout ce qui a été mentionné précédemment reste vrai. Certains aspects sont toutefois majorés, comme l'off-résonance, qui est d'autant plus importante que le nombre d'impulsions est important. Par ailleurs, l'évolution de l'aimantation transversale pendant les différents délais (déplacements chimiques, couplages, relaxation) vient s'ajouter.

L'équation 10-1 prend donc la forme : [73]

$$S_i = k_i.n \tag{10-12}$$

où le coefficients k_i dépend donc maintenant du site i considéré, et peut s'écrire :

$$k_i = k'.f_s^i.f_n^i.f_c^i.f_r^i.f_d^i \tag{10-13}$$

avec $f_s^i, f_n^i, f_c^i, f_r^i, f_d^i$ les facteurs caractérisant respectivement l'impact sur le site i de : la saturation partielle, l'effet nOe, le découplage, la relaxation transversale et la précession des aimantations durant les différents délais. Et cette liste de facteurs n'est certainement pas exhaustive.

C'est pour cette raison qu'il est courant d'entendre dire que la RMN multi-impulsionnelle (1D ou 2D) n'est pas quantitative. Toutefois cela est sans fondement, car si le fait que le coefficient de réponse dépend du pic considéré rend une technique non quantitative, alors comment peut-on réaliser des dosages avec les spectroscopies optiques (UV, IR) ou les différentes méthodes de chromatographie ? En fait, il existe au moins quatre approches pour prendre en compte la dépendance de k_i au site considéré (figure 10-13). [116]

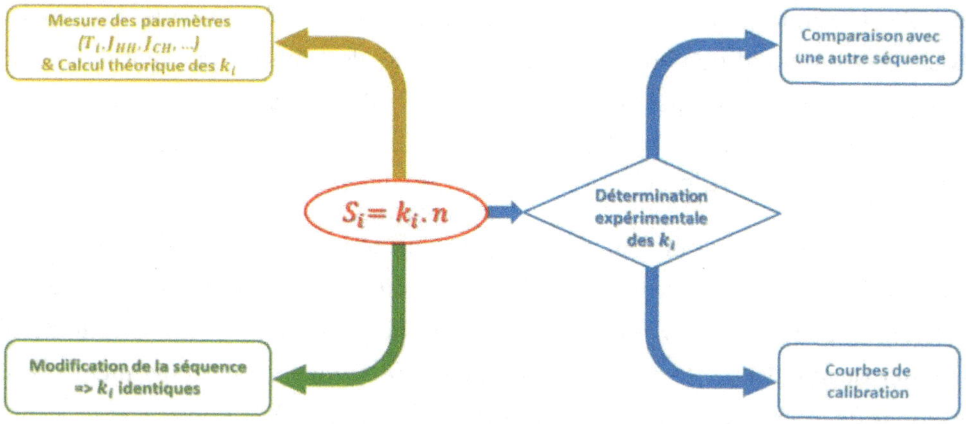

Figure 10-13 Différentes approches pour atteindre la justesse voulue (k indépendant du site i) avec une acquisition RMN multi-impulsionnelle.

La première méthode consiste à déterminer les relations qui relient chaque facteur f_u^i aux paramètres RMN tels que T_1, T_2, δ, J … Après mesure de ces paramètres il est alors possible de calculer les facteurs f_u^i et de corriger les mesures. Cela est en fait assez peu efficace dans la mesure où il faut : avoir identifié tous les facteurs influençant k_i, réaliser de nombreuses mesures fastidieuses et surtout tenir compte des imperfections de l'appareillage, ce qui est loin d'être simple.

La seconde approche consiste à modifier la séquence de manière à réduire, voire éliminer, l'influence de certains paramètres. Par exemple, l'utilisation de ce que l'on appelle les échos parfaits peut éliminer la contribution des couplages homonucléaires dans un motif d'écho de spin où seuls les couplages hétéronucléaires doivent s'exprimer (comme dans l'INEPT par exemple). La combinaison de plusieurs acquisitions réalisées à des temps d'échos différents peut également réduire l'influence de la valeur de J. Des justesses de quelques pourcents ont été ainsi obtenues mais il est très difficile de faire mieux.

La troisième méthode repose sur la mesure expérimentale des coefficients k_i. Lorsque cela est possible, deux mesures sont réalisées sur un échantillon de référence ; l'une avec la séquence qui sera utilisée pour le dosage et l'autre avec une méthode d'acquisition qui produit des spectres pour lesquels k est indépendant du site. Par exemple pour réaliser un dosage par RMN-^{13}C à l'aide de la séquence INEPT sur un grand nombre d'échantillons, les k_i de l'INEPT peuvent être déduit de la comparaison de spectres obtenus par INEPT et par une séquence mono-impulsionnelle avec un découplage en créneaux inverses et avec un TR égal à 10 fois le T_1^{max} (*Cf.* section 10.5.1).

Enfin, et c'est sans doute la méthode la plus universelle, les k_i peuvent être déterminés à l'aide de courbes de calibration déduites d'échantillons de référence à différentes concentrations ou construites par ajouts dosés. [109] Il faut toutefois disposer de standards et cette approche peut être couteuse en temps même si les solutions de références peuvent contenir plusieurs composés.

10.6.2. Précision

La séquence d'impulsions utilisée a également une grande influence sur la précision des mesures réalisées par RMN, principalement en raison des imperfections des impulsions RF : erreurs de calibrage, inhomogénéité du champ $\vec{B}_1$ et effets d'« off-résonance » (*Cf.* Chapitre 9). [74]

Toutefois, toutes les impulsions n'ont pas le même impact. L'analyse d'une séquence d'impulsions montre qu'une erreur sur les impulsions à 90° affecte généralement tous les signaux de la même manière ; elle ne change donc pas les rapports de surfaces (ou de volume pour les acquisitions à deux dimensions). De plus le signal dépend de sin (β), sa variation est donc proportionnelle à cos (β), donc faible pour β proche de 90°. Une instabilité de ces impulsions a donc un impact très faible sur la précision.

En revanche, les impulsions à 180° sont beaucoup plus sensibles aux effets d'off-résonance. Par ailleurs elles sont généralement impliquées dans des motifs d'écho de spin, leurs imperfections induisent donc une mauvaise refocalisation et la variation du signal est alors dépendante de la fréquence de résonance. En conséquence, toute fluctuation des fréquences de résonance induira une fluctuation du signal. Or, de petites variations de température (inévitables quel que soit le soin apporté à la régulation de ce paramètre) induisent toujours des variations dans les fréquences de résonances, même si celles-ci ne sont généralement pas observées sur le spectre car le décalage est inférieur à la largeur de raie. C'est pourquoi les imperfections des 180°, et spécialement celles dues à l'effet d'off-résonance, sont principalement responsables des pertes de précision observées lors de l'utilisation d'une séquence d'impulsion à des fins de RMN quantitative. En conséquence, une bonne précision peut être retrouvée en utilisant des impulsions à 180° peu sensibles aux imperfections, telles que les impulsions adiabatiques (figure 10-14). [118]

En première analyse on pourrait penser que les séquences sont d'autant plus imprécises qu'elles comportent un nombre élevé d'impulsions, puisque les imperfections de celles-ci ont tendance à se cumuler. En fait il n'en est rien. La DEPT est par exemple moins reproductible que l'INEPT. Elle présente certes moins d'impulsions, et notamment de 180°, mais elle comporte une impulsion à angle variable qui la rend particulièrement vulnérable aux variations de puissance de la chaîne d'émission. Par ailleurs les séquences qui présentent une symétrie dans la distribution des impulsions, comme l'HSQC, bénéficient généralement d'une moindre sensibilité aux imperfections RF ; en raison de compensation de l'effet de la première moitié de la séquence par l'effet de la seconde moitié. [119]

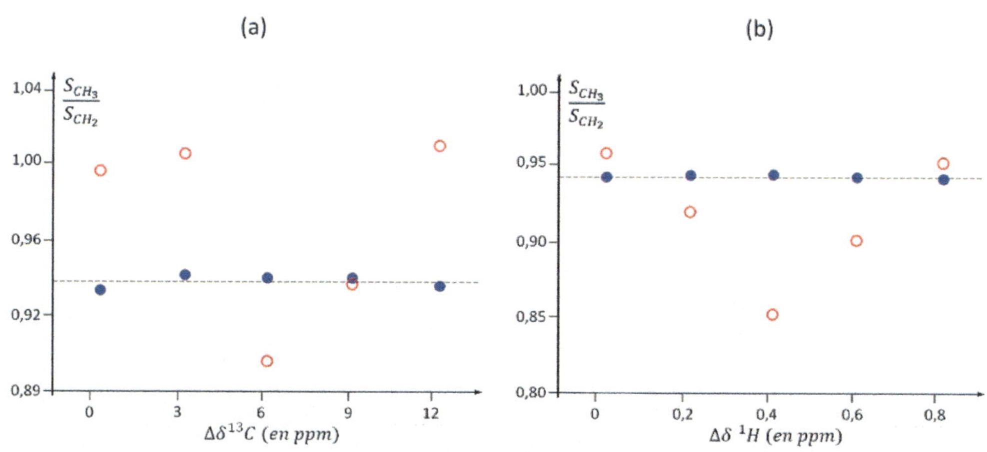

Figure 10-14 Stabilité du signal RMN-^{13}C de l'éthanol en fonction de la position de la porteuse par rapport au déplacement chimique du CH_3 (en ppm, ^{13}C (a) et ^1H (b)) : pour une séquence INEPT classique (en rouge) et pour une séquence INEPT dans laquelle les impulsions à 180° ont été remplacées par des impulsions adiabatiques (en bleu).

Enfin, il faut tenir compte des effets de la relaxation transversale. Les séquences multi-impulsionnelles comprennent des délais pendant lesquels l'aimantation décroit. La perte de signal est alors conditionnée par les durées concernées et les temps de relaxation T_2. Une petite variation de T_2 peut donc générer une variation des surfaces des pics qui n'est pas négligeable lorsque la précision désirée est meilleure que quelques pourcents. Cela impose de sévères contraintes sur le protocole de préparation de l'échantillon, par exemple pour contrôler précisément la présence d'impuretés paramagnétiques, y compris le dioxygène.

10.7. Pour aller plus loin

- *Principles of Nuclear Magnetic Resonance in one and two dimensions.* Richard R. Ernst, Geoffrey Bodenhausen and Alexander Wokaun. Oxford University Press, Oxford, 1997.Chapitre 4.
- *High-Resolution NMR Techniques In Organic Chemistry.* Timothy D.W. Claridge. Elsevier, 2016. Chapitre 4.
- « NMR-based isotopic and isotopomic analysis ». S. Akoka and G.S. Remaud. *Progress in Nuclear Magnetic Resonance Spectroscopy*. 2020. 120–121, 1.

Chapitre 11 - Imagerie et spectroscopie localisée

L'imagerie par Résonance Magnétique (IRM) est l'application de la RMN à laquelle le grand public est le plus confronté. C'est en effet l'une des techniques d'imagerie médicale les plus utilisées, même si elle peut également être utilisée dans de nombreux autres domaines.

11.1. Localisation en IRM

La construction d'une image par résonance magnétique nucléaire peut être obtenue à partir de plusieurs méthodes. Les plus utilisées reposent sur la discrimination des éléments de volume par leur fréquence de résonance. [120] Pour obtenir une variation linéaire de la fréquence avec la position, des gradients de champ magnétique sont utilisés (*Cf.* section 7.4).

11.1.1. Les gradients de champ magnétique

Lors d'une séquence d'imagerie, des champs magnétiques additionnels se superposent au champ statique (B_0). Ces champs, dont l'intensité varie linéairement suivant l'une des directions de l'espace, ne sont activés que pendant quelques millisecondes.

$\vec{B}_0$ a alors la même direction dans tout le volume d'imagerie mais son intensité dépend du point considéré (figure 7-25). Ainsi, pendant l'application d'un gradient

G_z suivant la direction z, l'amplitude du champ magnétique $\vec{B}$ est donnée par la relation $B_{(z)} = B_0 + z.G_z$ et la fréquence de résonance devient donc dépendante de la position : $\omega_{(z)} = \omega_0 + z.\gamma.G_z$. Il est important de noter que tous les points ayant la même coordonnée z ont la même fréquence de résonance pendant l'application du gradient de champ magnétique G_z.

11.1.2. Sélection d'un plan de coupe

La sélection d'une coupe est obtenue par l'excitation sélective des noyaux contenus dans cette coupe, sans toucher les noyaux extérieurs. Pour cela, la méthode la plus courante utilise l'émission d'une impulsion de radiofréquence sélective (*Cf.* section 9.3) et d'un gradient de champ magnétique appliqué dans la direction perpendiculaire au plan de coupe. [120]

Comme nous l'avons vu dans le chapitre 9, une impulsion de radiofréquence provoque la résonance pour une gamme de fréquences dont la forme et la largeur est donnée (en première approximation) par la transformée de Fourier de l'enveloppe de l'impulsion.

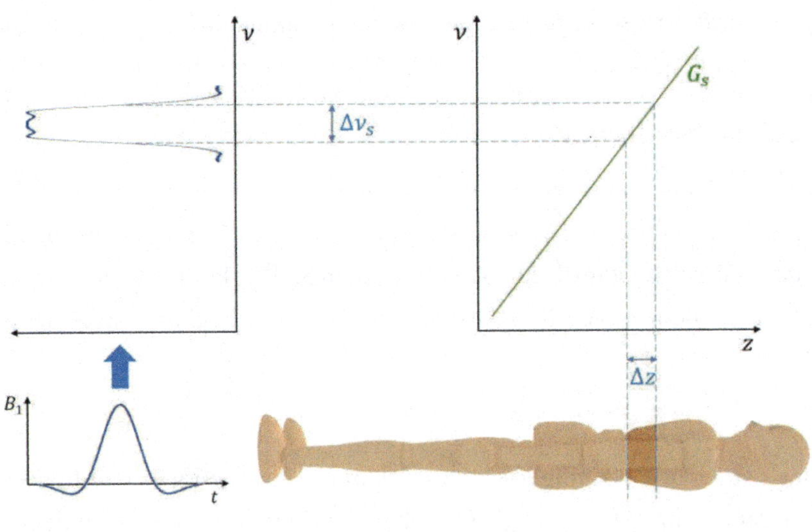

Figure 11-1 Principe de la sélection de coupe par une impulsion RF sélective et une impulsion de gradient. L'orientation de la coupe est perpendiculaire à la direction du gradient de champ magnétique, sa position est déterminée par la fréquence de l'onde radio et son épaisseur est conditionnée par la durée de l'impulsion RF et la pente du gradient.

Pour une impulsion de forme gaussienne ou Hermite, la gamme de fréquences excitées est bien définie ; l'inpulsion est alors sélective.

Le principe de l'excitation sélective d'une coupe est schématisé sur la figure 11-1. Une impulsion RF sélective et une impulsion de gradient de champ magnétique sont appliquées simultanément. L'orientation de la coupe est perpendiculaire à la direction du gradient de champ magnétique, sa position est déterminée par la fréquence de l'onde radio et son épaisseur (Δz) est conditionnée par la durée de l'impulsion et la pente du gradient (G_s).

$$\nu_{(z)} = \nu_0 + z.\gamma.G_s \text{ et donc : } \Delta\nu_s = \Delta z.\gamma.G_s$$

En pratique, $\Delta\nu_s$ est fixe et la valeur de G_s est ajustée pour obtenir l'épaisseur de coupe désirée.

11.1.3. Codage en fréquence

Après avoir excité sélectivement une coupe, il faut être capable de « résoudre » les signaux provenant de points différents du plan de coupe.

Si l'échantillon est placé dans un champ homogène, le signal RMN enregistré se limite à une seule raie. En revanche, si un gradient de champ magnétique est appliqué pendant l'acquisition du signal, les noyaux qui se trouvent à une extrémité de l'échantillon ne subissent pas le même champ magnétique et n'ont donc pas la même fréquence de résonance que les noyaux situés à l'autre extrémité. [120, 121]

L'introduction de ce gradient de champ induit donc un codage spatial du signal en créant une dépendance linéaire de la fréquence de résonance par rapport à la position suivant la direction du gradient. La transformée de Fourier du signal est alors une distribution continue de fréquences dont l'amplitude correspond à la projection de l'échantillon dans la direction du plan de coupe perpendiculaire au gradient de champs (figure 11-2).

La taille L du champ de vision est conditionnée par la gamme de fréquences échantillonnées $\Delta\nu_f$ et la pente du gradient de codage en fréquence G_f.

$$\nu_{(x)} = \nu_0 + x.\gamma.G_f \text{ et donc : } \Delta\nu_f = L.\gamma.G_f$$

Pour zoomer, la valeur de G_f est augmentée.

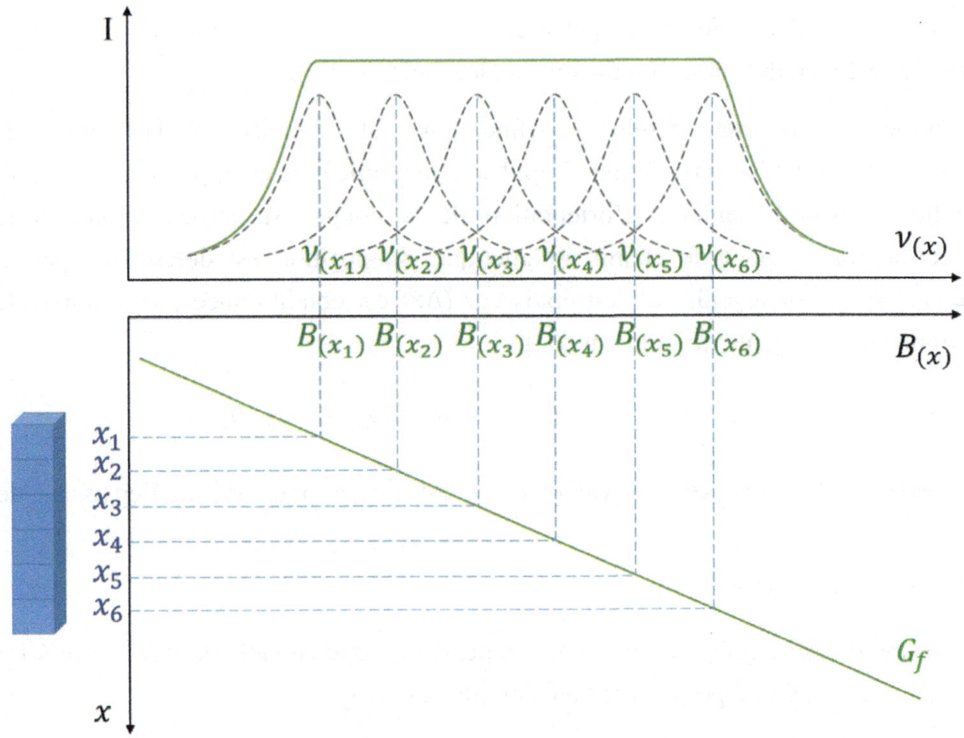

Figure 11-2 Codage en fréquence ; en présence du gradient G_f dans la direction x, aux différentes positions de l'objet suivant x correspondent différentes fréquences.

11.1.4. Construction d'une image bidimensionnelle par rétroprojection

La méthode dite de « rétroprojection » [122] utilise une excitation sélective suivie d'une acquisition en présence d'un gradient de codage en fréquence. Une série d'acquisitions est réalisée en faisant tourner dans le plan de coupe la direction du gradient de codage en fréquence, ce qui permet l'obtention d'un grand nombre de projections de l'échantillon dans des directions différentes. Ce jeu de projections est alors analysé à l'aide d'un algorithme de rétroprojection qui permet de reconstruire l'image (figure 11-3).

Cette méthode d'imagerie, dérivée des méthodes de reconstruction du scanner à rayon-X, a été la première technique proposée. Actuellement, elle est peu utilisée mais présente toutefois un intérêt certain dans le domaine de l'imagerie de matériaux.

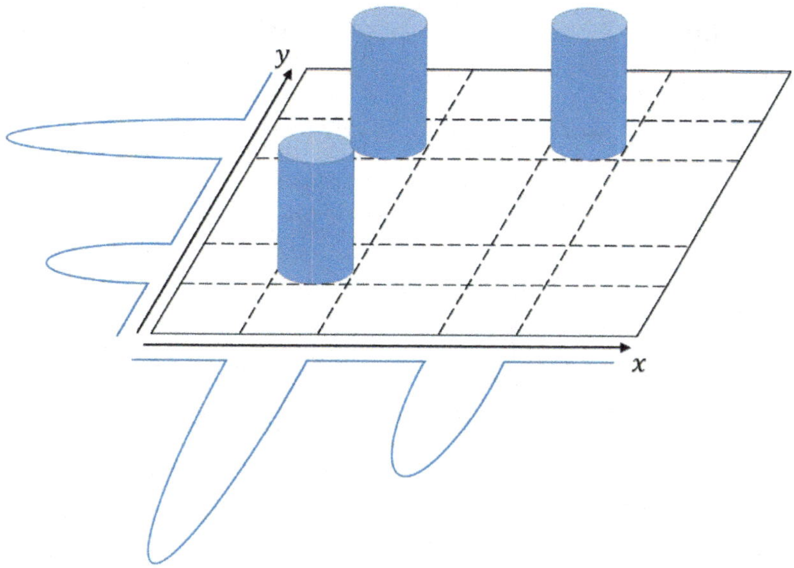

Figure 11-3 Reconstruction d'une image par rétroprojection. Un jeu de projections dans différentes directions de l'espace est utilisé pour reconstruire l'image à l'aide d'un algorithme de rétroprojection.

11.1.5. Codage en phase

Nous avons vu dans la section 11.1.3 comment le codage en fréquence pouvait permettre d'obtenir une projection de l'échantillon ; le codage en phase est un autre moyen d'obtenir le même résultat. Cette fois, une impulsion de gradient est appliquée avant l'acquisition du signal. Comme dans le cas du codage en fréquence, les noyaux ayant des positions différentes dans le sens du gradient évoluent pendant l'impulsion avec des vitesses différentes dans le référentiel tournant. Ceci induit au moment de l'observation du signal un déphasage qui est dépendant de la position (figure 11-4). Si le signal est acquis en absence de gradient, la transformation de Fourier fournira un pic unique dont la forme aura été modifiée par la dispersion de phase provoquée par le gradient.

Si l'expérience est répétée plusieurs fois en augmentant progressivement la durée de l'impulsion de gradient précédant l'acquisition, le signal observé garde la même fréquence pour toutes ces acquisitions mais sa phase évolue régulièrement (figure 11-4).

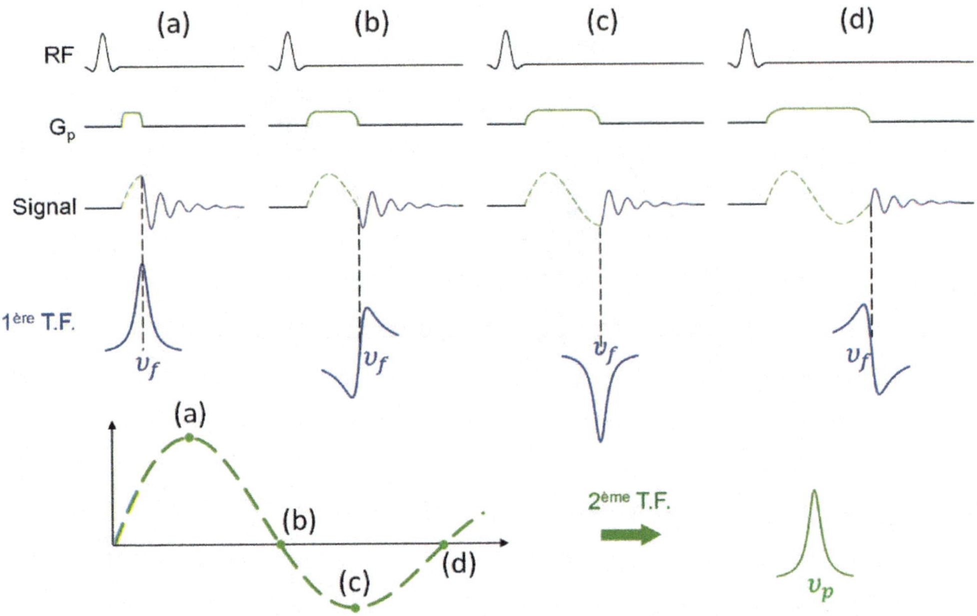

Figure 11-4 Codage en phase ; une série d'expériences est réalisée ; la durée du gradient de codage en phase (G_p) est augmentée à chaque nouvelle expérience ce qui modifie la phase du signal obtenu après une première transformation de Fourier ; lors de la seconde transformation de Fourier le signal est positionné à la fréquence ν_p dans la direction de codage en phase.

Chacun de ces pics a donc une phase qui évolue avec une fréquence qui dépend de sa position dans la direction du gradient de codage phase. Il est donc possible par une transformation de Fourier du signal reconstitué à partir de tous ces pics d'obtenir la projection de l'objet. Cette méthode est bien entendu beaucoup plus fastidieuse que le codage en fréquence, mais elle ne nécessite pas l'application d'un gradient pendant l'acquisition du signal. Cette stratégie est en fait la même que celle utilisée en RMN 2D pour créer la dimension supplémentaire (*Cf.* section 8.1.1.)

11.1.6. Construction d'une image par la méthode dite 2DFT

La méthode 2DFT [121, 123] peut être décomposée en trois temps : excitation sélective d'une coupe, application d'une impulsion de gradient de codage en phase, puis observation du signal pendant une impulsion de gradient de codage de fréquence. L'ensemble étant répété un grand nombre de fois en incrémentant l'impulsion de codage en phase. Cette méthode est en fait dérivée du principe utilisé pour la RMN multi-dimensionnelle (*Cf.* section 8).

Le codage en fréquence est appliqué dans l'une des directions du plan excité et permet d'obtenir une série de projections de l'objet dont les caractéristiques sont modulées par la dispersion de phase introduite par l'impulsion de gradient de codage en phase. La direction du gradient de codage en phase est perpendiculaire aux directions des gradients de sélection de coupe et de codage en fréquence. Il est ainsi possible de reconstruire l'image à l'aide d'une transformation de Fourier à deux dimensions.

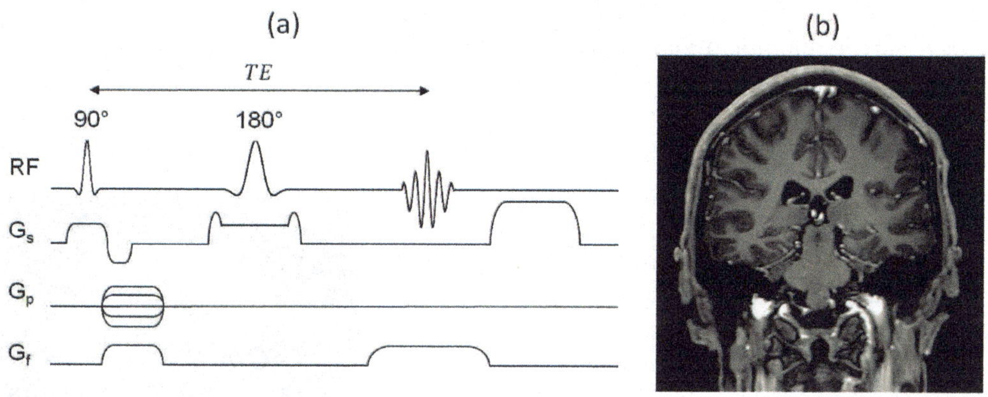

Figure 11-5 Séquence d'impulsions utilisée dans la méthode 2DFT. (a) chronogramme et (b) image obtenue par cette méthode d'une coupe coronale d'un cerveau humain.

La construction de l'image par la méthode 2DFT implique donc l'application d'une impulsion de gradient avant l'observation du signal (en pratique, c'est son amplitude et non sa durée qui est incrémentée). [123] L'aimantation transversale subit alors une défocalisation importante, sous l'effet des gradients et des inhomogénéités, avant de pouvoir être observée. La perte de sensibilité qu'induit cette défocalisation est évitée en utilisant un écho de spin. La séquence complète est représentée sur la figure 11-5.

11.2. Contraste en IRM

Les sources de contraste en IRM sont nombreuses, mais toutes n'ont pas la même importance. Les plus utilisées sont les temps de relaxation. [124]

De même, une image d'IRM peut être obtenue à partir de nombreuses séquences d'impulsions mais la plus utilisée est encore l'écho de spin (*Cf.* section 6.4.4.).

11.2.1. Pondération en T_1 à partir d'une séquence d'écho de spin

Pour obtenir toutes les données nécessaires à la construction d'une image, la séquence d'écho de spin doit être répétée un grand nombre de fois, avec un intervalle TR entre chaque motif de base.

En règle générale, le temps d'écho TE est très inférieur au temps de répétition, l'aimantation longitudinale avant chaque 90° est alors donnée par (*Cf.* section 3.4.) :

$$M_{eq} = M_0.(1 - E_1)$$

avec : M_0 aimantation à l'équilibre et $E_1 = e^{-\frac{TR}{T_1}}$

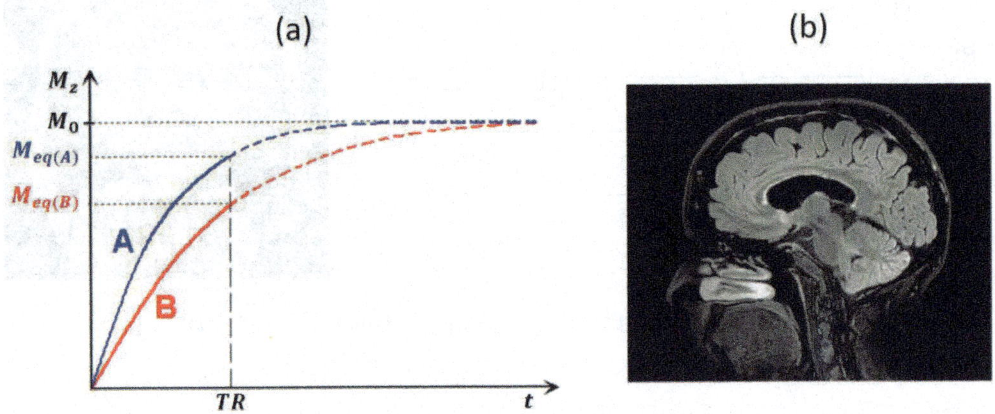

Figure 11-6 Contraste T_1. Principe (a) : les aimantations longitudinales A et B ont des T_1 différents, leurs amplitudes évoluent donc à des vitesses différentes pendant le temps TR ; (b) image pondérée en T_1 d'une coupe sagitale de cerveau humain.

L'aimantation basculée dans le plan transversal par le 90° est égale à M_{eq}. Le signal détecté dépend donc de T_1.

Considérons deux zones (A et B) de l'objet ayant des T_1 différents et supposons que $T_{1(A)} < T_{1(B)}$; l'évolution des aimantations M_z de ces deux zones, pendant TR, est représentée sur la figure 11-6a.

Pour $TR \gg T_1^{max}$, $M_{eq(A)} = M_{eq(B)} = M_0$ (*Cf.* section 3.4.), le signal détecté est donc identique pour les deux zones. Il n'y a pas de contraste en T_1.

En revanche, lorsque TR est de l'ordre des T_1 :

$$M_{eq(A)} = M_0^A.(1 - E_1^A)$$

$$M_{eq(B)} = M_0^B.(1 - E_1^B)$$

La zone dont le T_1 est le plus petit donne donc plus de signal que la zone dont le T_1 est le plus grand. Un contraste est alors induit par la différence des T_1.

11.2.2. Pondération en T_2 à partir d'une séquence d'écho de spin

Dans une séquence d'écho de spin, l'aimantation M_{xy} est mesurée un temps TE (temps d'écho) après avoir été basculée dans le plan transversal. M_{xy} diminue donc sous l'action de la relaxation transversale avant d'être mesurée. Au temps TE après le 90°, l'aimantation transversale est donnée par :

$$M_{xy} = M_{eq}.E_2$$

avec : $E_2 = e^{-\frac{TE}{T_2}}$ et M_{eq} : aimantation longitudinale juste avant l'impulsion à 90°.

M_{xy} dépend donc de T_2.

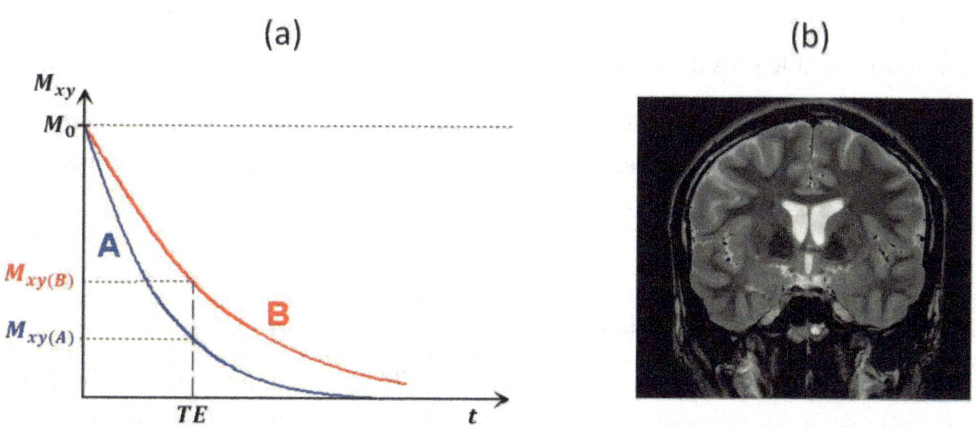

Figure 11-7 Contraste T_2. Principe (a) : les aimantations transversales A et B ont des T_2 différents, leurs amplitudes évoluent donc à des vitesses différentes pendant de temps TE ; (b) image pondérée en T_2 d'une coupe coronale de cerveau humain.

Considérons deux zones (A et B) de l'objet ayant des T_2 différents et supposons que $T_{2(A)} < T_{2(B)}$, l'évolution des aimantations M_{xy} de ces deux zones, pendant TE, est représentée sur la figure 11-7a (en supposant que $M_{eq} = M_0$ et que M_0 est identique pour les deux zones).

Si $TE \ll T_2^{min}$, $M_{xy(A)} \approx M_{xy(B)} \approx M_0$, le signal détecté est donc sensiblement le même pour A et B. Il n'y a pas de contraste.

En revanche, lorsque TE est de l'ordre des T_2 :

$$M_{xy(A)} = M_0 . E_2^A$$

$$M_{xy(B)} = M_0 . E_2^B$$

La zone dont le T_2 est le plus petit donne donc moins de signal que la zone dont le T_2 est le plus grand. Un contraste est alors induit par la différence des T_2.

11.2.3. Composition des contrastes

Dans le cas général, les zones ayant les T_1 les plus petits sont celles qui ont les T_2 les plus faibles et inversement.

Or, dans le cas d'un contraste en T_1, ce sont les zones à faible T_1 qui fournissent le plus de signal alors que dans le cas d'un contraste en T_2, ce sont les zones à grand T_2 qui fournissent le plus de signal. Les deux types de contraste sont donc antagonistes.

Pour bénéficier du contraste en T_1, il faut donc annuler le contraste en T_2 en choisissant un TE très faible. Les conditions pour obtenir un bon contraste en T_1 sont :

- TE le plus petit possible,
- TR de l'ordre des T_1 de la zone à explorer.

D'autre part, pour bénéficier d'un contraste en T_2, il faut annuler le contraste en T_1 en choisissant un TR grand devant les T_1 ($TR > 3$ à $5\ T_1^{max}$). Les conditions pour obtenir un bon contraste en T_1 sont :

- $TR > 3$ à $5\ T_1^{max}$,
- TE de l'ordre des T_2 de la zone à explorer.

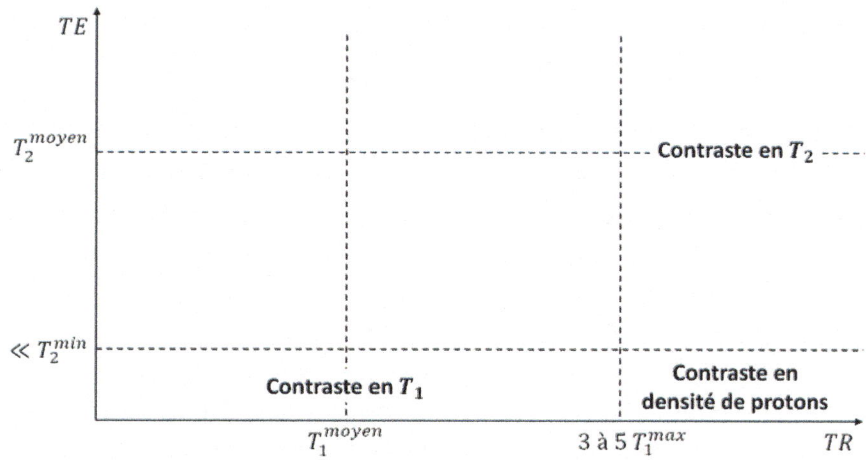

Figure 11-8 Zones du plan TR/TE pour les différents contrastes.

Il est également possible d'éliminer simultanément les contrastes en T_1 et en T_2 en choisissant un TE très faible et un TR grand devant les T_1. Dans ce cas la seule source de contraste sera la différence en densité protonique (qui conditionne M_0). Toutefois les densités protoniques sont très souvent très proches les unes des autres et ne constituent donc pas une source de contraste très importante.

Le choix du TR et du TE en écho de spin est résumé sur la figure 11-8.

11.3. IRM rapide

Les temps d'acquisition nécessaires à l'imagerie par écho de spin sont relativement importants (3 à 20 min) et constituent donc un inconvénient majeur. Dans le but de diminuer ces temps, un grand nombre de méthodes, dites d'imagerie rapide, ont été proposées. La stratégie la plus utilisée consiste à réduire le temps d'expérience en utilisant des TR très petits (inférieurs à 0,2 s).

Toutefois, diminuer de façon importante le TR conduit, en écho de spin, à un S/B et un contraste relativement faibles. Si maintenant nous supposons que la première impulsion de radio-fréquence n'est plus un 90° mais un angle β plus petit. Une partie seulement de l'aimantation est basculée dans le plan transversal, ce qui diminue le temps nécessaire pour qu'elle retrouve sa valeur initiale (*Cf.* section 3.4.). Le maximum de signal à TR faible est obtenu pour les petits angles. La diminution de l'angle permet donc d'utiliser des TR très faibles sans réduire significativement le signal, et cela en préservant le contraste. En pratique il est possible de diviser par 10 environ le temps de répétition pour tous les types de contraste.

Cependant, pour bénéficier de l'avantage décrit plus haut la première impulsion ne peut être suivie d'un 180°. Cela conduirait à une saturation supérieure à celle d'un 90° puisque la seconde impulsion inverserait la partie de l'aimantation restée suivant l'axe longitudinal. Une diminution de l'angle β interdit donc l'utilisation d'un écho de spin pour l'acquisition du signal. L'écho doit alors être généré par une méthode qui ne comporte pas d'impulsion à 180°. [125]

Dans l'écho de spin l'aimantation est défocalisée par l'impulsion de gradient appliquée entre le 90° et le 180°, la seconde impulsion de gradient refocalise alors tous les spins après que le 180° les ait inversés par rapport à l'un des axes (*Cf.* section 7.4.2.). Toutefois, le 180° peut être évité si les deux impulsions de gradient ont des signes différents, c'est à dire si le second gradient crée une différence de fréquence négative là où le premier en avait créé une positive, c'est le principe de l'écho de gradient. [125]

Ceci a deux conséquences importantes sur les images obtenues par de telles méthodes : d'une part, les différences de susceptibilité et les inhomogénéités de champ sont causes d'artéfacts, et d'autre part, la décroissance de l'intensité pendant l'écho n'est plus uniquement gouvernée par la relaxation transversale mais contiendra également l'effet de la susceptibilité et de l'inhomogénéité. La pondération en T_2 qui sera obtenue avec ces séquences dépendra donc des T_2^*, plus courts que les véritables T_2.

11.4. IRM Ultra-rapide

Il est possible d'obtenir des images en un temps total d'acquisition de quelques centaines de millisecondes. Ces images sont dépourvues d'artéfacts de mouvement et permettent des applications telles que : l'imagerie de patients agités, les études dynamiques (perfusion tissulaire), la mesure rapide des temps de relaxation ou l'imagerie d'activation cérébrale. Ces techniques peuvent être classées en deux catégories : celles qui utilisent un écho de gradient avec un TE et un TR extrêmement courts (Snapshot-Flash ou Turbo-Flash) [126] et celles qui obtiennent plusieurs lignes des données brutes en un seul TR (Imagerie Echo Planar ou EPI). [127-130]

Le principe de base de l'EPI a été proposé par Mansfield dès 1977 [127] mais n'a pu être appliqué à l'imagerie de routine qu'au milieu des années 90. Les séquences d'EPI permettent l'échantillonnage de plusieurs lignes de la matrice des données brutes après chaque impulsion d'excitation. Le nombre de répétitions nécessaires à l'obtention de toutes les données est donc réduit.

Deux types de méthodes écho Planar sont actuellement utilisées : les « Gradient Echo Planar » (Gr-EPI) [127, 128] où un écho de spin, ou un FID, est subdivisé par un gradient de lecture oscillant en une série de sous-échos pour acquérir plusieurs lignes de la matrice des données brutes ; et les RF Echo Planar (RF-EPI) [129, 130] dans lesquelles un train d'échos de spin est utilisé.

11.4.1. RF Echo Planar

Une séquence d'écho de spin est utilisée pour produire un train de n échos de spin. Un codage de phase différent est appliqué à chaque écho et donc, n lignes de la matrice des données brutes sont acquises pour chaque période TR. Une image peut donc être reconstruite avec une matrice nxn à partir d'une seule bascule de l'aimantation dans le plan transversal (Figure 11-9). [129]

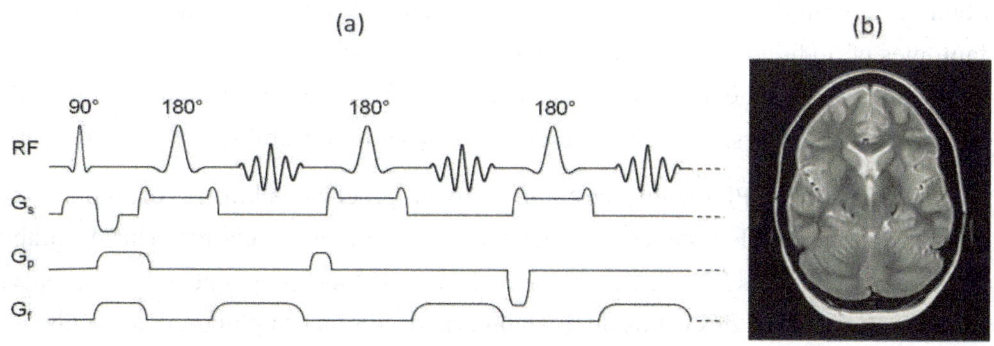

Figure 11-9 Séquence RF-EPI ; (a) chronogramme, (b) coupe axiale d'un cerveau humain.

Le codage en phase est réalisé avant le gradient de lecture. Une autre impulsion de gradient dans la direction de codage de phase est appliquée avant le 180° suivant afin d'annuler partiellement le déphasage et l'écho suivant peut alors être utilisé pour coder une autre ligne.

Les images obtenues avec cette séquence présentent des artéfacts dus notamment à la décroissance transversale tout au long du train d'échos. Ces artéfacts rendent impossible l'imagerie des tissus à T_2 faibles. Cependant, ce problème peut être limité par l'utilisation de plusieurs trains d'échos pour acquérir la totalité de l'image. Une telle acquisition est qualifiée d'Echo Planar partiel. Dans ce cas, le temps d'acquisition n'est plus aussi réduit qu'avec une séquence « single shot » et on retombe dans le domaine de temps de l'imagerie rapide.

La séquence connue sous le nom de Fast-Spin-Echo ou Turbo-Spin-Echo, [130] dérive de la séquence décrite plus haut. La matrice des données brutes est remplie à partir d'un algorithme qui permet un contrôle du contraste. Le contraste induit par ce type de séquence dépend de l'ordre dans lequel les données sont enregistrées. Les lignes centrales de la matrice des données brutes déterminent le contraste alors que les lignes périphériques n'influent que sur la résolution spatiale. Il est donc possible de contrôler le contraste en choisissant les échos utilisés pour encoder les lignes centrales. La trajectoire à travers la matrice des données brutes est calculée afin de réduire les discontinuités au cours du codage de phase. Toutefois, les images obtenues à partir de cette séquence peuvent présenter différents artéfacts : des images fantômes périodiques dans la direction de codage en phase, du flou, des distorsions de signal au voisinage des interfaces entre tissus. Tous ces artéfacts proviennent de la relaxation transversale au cours du train d'écho et des instabilités de l'appareillage.

Une séquence RF-EPI « single shot » est souvent proche des limites recommandées pour la puissance RF dissipée dans les tissus biologiques. Cela provient du grand nombre d'impulsions à 180°. Une manière d'éviter cet inconvénient est de remplacer les échos de spin par des échos de gradient afin d'éliminer la plupart des impulsions RF.

11.4.2. Gradient Echo Planar Imaging

Depuis les travaux initiaux de Mansfield, [127, 128] de nombreuses séquences d'Echo Planar ont été proposées à partir d'un train d'échos de gradient. L'une des plus utilisées est la séquence représentée sur la figure 11-10. Après une impulsion RF, la matrice des données brutes est entièrement parcourue en suivant une trajectoire continue. Les échos de gradient sont produits en commutant rapidement le gradient de codage en fréquence. Chaque écho correspond à un pas du codage en phase grâce à une série d'impulsions de gradient dans la direction de codage en phase. Ces impulsions ont une amplitude constante et sont appliquées entre chaque écho de gradient.

L'acquisition de toutes les données doit être réalisée en un temps de l'ordre du T_2^*. Le gradient de codage en fréquence doit donc être commuté très rapidement. De plus, la fréquence d'échantillonnage doit être très élevée compte tenu de la faible durée de collecte des données. Ces séquences sont donc très exigeantes vis à vis des performances de l'appareillage et c'est la raison pour laquelle elles n'ont été applicables en routine que dans les années 90.

Compte tenu de l'absence d'impulsion de refocalisation et de la durée totale de la période d'échantillonnage, les séquences de gradient Echo Planar sont particulièrement sensibles aux inhomogénéités de champ magnétique, aux variations de susceptibilité magnétique et aux artéfacts de déplacement chimique. En pratique, une bonne qualité d'image peut cependant être obtenue en réglant l'homogénéité du champ magnétique, en utilisant des gradients importants et en incorporant à la séquence un motif de saturation du signal de la graisse.

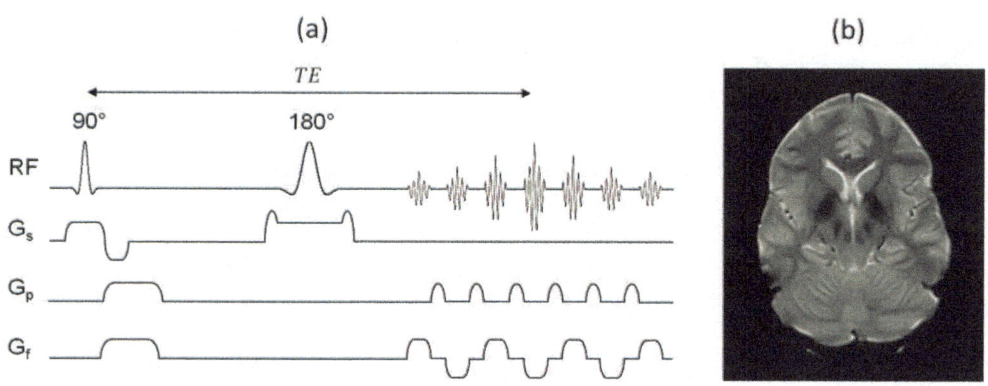

Figure 11-10 La séquence Gr-EPI ; (a) chronogramme, (b) coupe axial du crane

Les durées relativement longues de lecture du signal utilisées dans ce type de séquences induisent une décroissance en T_2^* significative au cours de l'enregistrement des données. Ce type d'imagerie peut donc facilement fournir la forte pondération en T_2^* nécessaire à l'imagerie d'activation cérébrale. Mais cette influence du T_2^* peut également être réduite si l'excitation RF est une séquence d'écho de spin comme dans le cas de la séquence de la figure 11-10.

11.5. Spectroscopie localisée

La spectroscopie localisée consiste à obtenir le spectre d'une partie seulement de l'échantillon. Il existe deux grandes catégories de techniques pour localiser le signal RMN, la spectroscopie localisée mono-voxel (SVS : Singel Voxel Spectroscopy) et l'imagerie spectroscopique (CSI : Chemical Shift Imaging).

Les techniques SVS couramment utilisées sont essentiellement basées sur les échos de spin (*Cf.* section 6.4.4). Ces techniques utilisent la sélection de coupe telle que décrite dans la section 11.1. Les trois dimensions sont sélectionnées en utilisant une combinaison d'impulsions RF et de gradients selon les axes x, y et z.

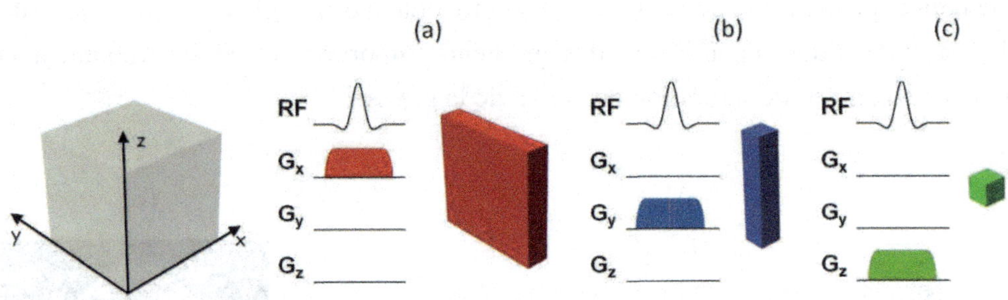

Figure 11-11 Sélection du signal en spectroscopie localisée. La sélection du voxel se fait grâce à trois impulsions radiofréquence appliquées pendant des impulsions de gradient dans les trois directions de l'espace.

Pour les séquences les plus utilisées (PRESS [131] et STEAM [132]) la localisation spatiale s'effectue en un seul scan en excitant successivement trois coupes orthogonales (figure 11-11). Le VOI (Volume Of Interest) est défini par l'intersection de ces trois coupes. Seuls les spins contenus dans ce voxel sont détectés.

11.5.1. La séquence PRESS

La séquence PRESS (Point Resolved Steady State) [131] consiste à appliquer une impulsion sélective de 90° suivie de deux impulsions de 180° (figure 11-12).

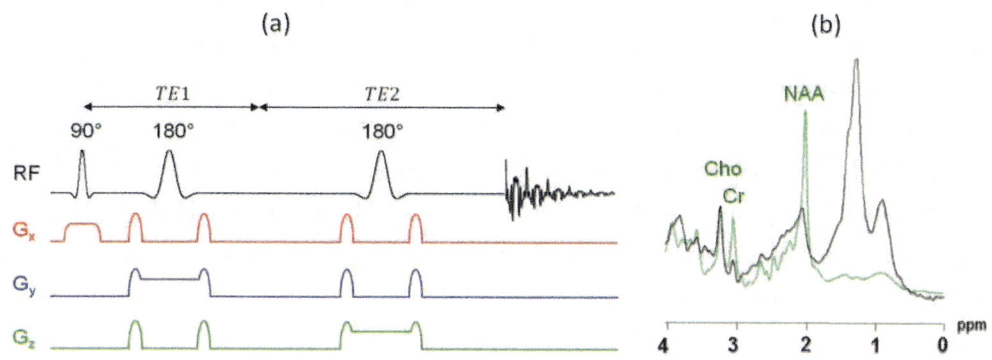

Figure 11-12 Séquence de spectroscopie localisée PRESS. (a) chronogramme, (b) spectres localisés obtenus sur le cerveau d'un volontaire sain (en vert) et sur une tumeur maligne (en noir).

L'application d'un gradient suivant x pendant l'impulsion de 90° sélectionne une coupe (figure 11-11a). Le gradient suivant l'axe y est appliqué pendant la première impulsion 180°, ce qui conduit à la formation d'un écho de spin qui ne provient que du parallélépipède résultant de l'intersection entre les deux coupes (figure 11-11b). Une deuxième impulsion 180°, en présence d'un gradient suivant l'axe z, produit un second écho de spin qui ne contient que le signal présent dans le voxel résultant de l'intersection des trois coupes (figure 11-11c).

11.5.2. *J*-modulation

Lors d'un écho de spin, l'effet des déplacements chimiques est refocalisé. En revanche, les différences de fréquence dues aux couplages s'expriment pendant le temps d'écho (*Cf* section 7.1.1.). Ainsi, dans le cas d'un doublet, les deux aimantations correspondant aux deux raies du doublet évoluent avec des vitesses différentes dans le référentiel tournant. L'une d'elles tourne à la vitesse $+J/2$ et l'autre à la vitesse $-J/2$. Pour une valeur de TE égale à $1/J$, ces deux aimantations ont parcouru un angle de π en directions opposées et ont alors une phase négative à la fin de l'écho (*Cf.* section 7.1.2.).

La *J*-modulation va, dans certains cas, faciliter l'identification des raies de molécules difficilement détectables en raison d'un chevauchement avec les signaux d'autres métabolites. Tel est le cas du lactate, dont le CH_3 possède une constante de couplage de $J \approx 7\,Hz$. En présence de la plupart des processus pathologiques tels que les tumeurs, l'ischémie ou la sclérose en plaques, son niveau de concentration s'élève considérablement, cependant il est difficile à détecter pour des temps d'écho courts car les lipides se trouvent dans la même zone (le déplacement chimique du CH_3 du lactate est de 1,31 ppm, donc très proche celui des CH_3 et CH_2 des lipides) et vont se superposer au signal de lactate. Pour des temps d'écho d'environ 135 ms, le doublet du lactate est inversé et sa présence vérifiée.

11.5.3. Choix du temps d'écho

Le choix du temps d'écho (TE) pour la spectroscopie RMN du proton est très délicat. Plus le temps d'écho est petit, plus le rapport signal sur bruit est important car il y a moins de perte de signal par effet du T_2. Cependant, les signaux des composés à T_2 faible sont beaucoup plus intenses à petit TE, ce qui conduit à de nombreux chevauchements de raies.

Avec des temps d'écho grands, les signaux à T_2 faible sont éliminés, donc les signaux encore visibles sont plus faciles à identifier et à quantifier. Il est possible également d'identifier des molécules grâce à leur constante de couplage qui, pour des composés tels que le lactate, font apparaître un doublet inversé à TE = 135ms (*Cf.* section 11.5.2.). En revanche, le S/B est plus faible. De plus l'intensité observée est fortement pondérée par le T_2 et n'est plus uniquement gouvernée par la concentration.

11.5.4. Imagerie de déplacement chimique (CSI)

Dans les séquences CSI, [133] un codage spatial est ajouté aux séquences de spectroscopie localisée. Le motif de base de la séquence est représenté dans la figure 11-13a. En répétant ce motif $N_x.N_y$ fois et en incrémentant les gradients G_s et G_p à chaque étape, une grille complète de données brutes est obtenue. Une transformation de Fourier produit alors une matrice 3D avec deux dimensions spatiales et une dimension spectrale.

L'ensemble de ces données peut être visualisé de deux manières différentes. Soit le spectre est extrait pour chaque pixel de l'image, soit une image est représentée pour chaque pic du spectre, visualisant ainsi la distribution spatiale des différents métabolites détectés (figure 11-13b).

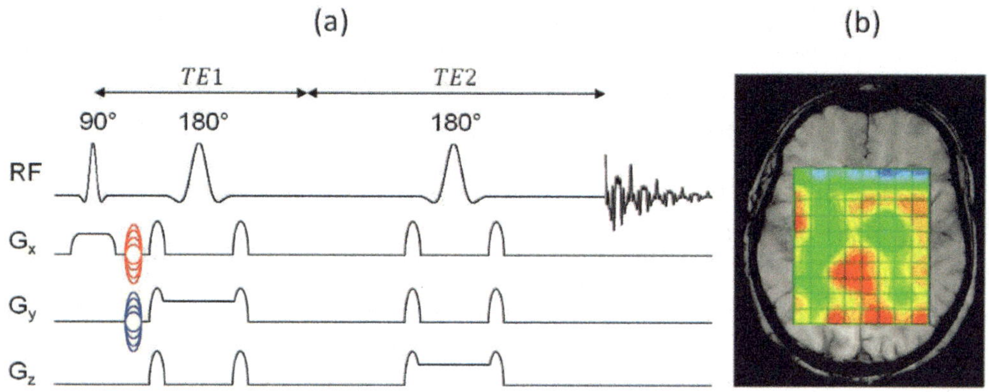

Figure 11-13 Séquence d'imagerie spectroscopique dérivée de la séquence PRESS ; (a) chronogramme, (b) image « métabolique » des niveaux de signal de la créatine.

11.5.5. Suppression du signal de l'eau

Dans les milieux biologiques, les métabolites cérébraux sont présents en très faible quantité par rapport à l'eau. Les concentrations les plus élevées de métabolites cérébraux sont de l'ordre de 10 mM alors que l'eau est à environ 40 M dans un cerveau sain. En conséquence la suppression du signal de l'eau est indispensable pour pouvoir individualiser et observer le signal des métabolites cérébraux.

La méthode la plus utilisée pour supprimer le signal de l'eau est la séquence CHESS (CHEmical Shift Selective ou CHESS) [134] ou ses variantes. La séquence CHESS est basée sur l'application de trois impulsions de 90° de largeur de bande étroite, centrée sur la fréquence de résonance de l'eau suivie d'un gradient (« spoiler »).

11.6. Pour aller plus loin

- *La RMN : concepts, méthodes et applications.* Daniel Canet, Jean-Claude Boudel et Emmanuelle Canet Soulas. Dunod, Paris, 2002. Chapitre 5.
- *Comprendre l'IRM. Manuel d'auto-apprentissage*. 8ème édition. Bruno Kastler, Daniel Vetter, Collectif. Masson, Paris, 2018. Chapitres 4-6, 10, 17.
- *Magnetic Resonance Imaging: Physical Principles and sequence design*. 2ème édition. Robert W. Brown, Y.-C. Norman Cheng, E Mark Haacke, Michael R. Thompson, Ramesh Venkatesan. Wiley-Liss, New York, 2014. Chapitres 9, 10, 14, 15, 18, 19.
- *NMR Imaging in Chemical Engineering*. S. Stapf et S.-I. Han. Wiley-VCH, Weinheim, 2006. Chapitre 1.

Chapitre 12 - Formalisme de l'opérateur densité

Dans les chapitres précédents nous avons pu décrire l'évolution d'un système de spins dans différentes situations sans faire appel à un formalisme quantique. Toutefois, la plupart des expériences de RMN multi-impulsionnelle ne peuvent être rigoureusement analysées qu'en utilisant la mécanique quantique. Le formalisme de l'opérateur densité, que nous allons introduire dans ce chapitre, est probablement l'outil le plus simple d'utilisation permettant d'atteindre cet objectif.

12.1. Rappels de Mécanique Quantique

12.1.1. Fonction d'onde

L'état d'un système est décrit par une fonction d'onde ψ également appelée fonction d'état. [135]

En utilisant la notation de Dirac, la fonction ψ sera représentée par les vecteurs :

$$\psi \equiv |\psi\rangle \quad \text{et} \quad \psi^* \equiv \langle\psi|$$

où ψ^* désigne la fonction complexe conjuguée de ψ.

Cette fonction peut être décrite comme la combinaison linéaire d'états de base :

$$|\psi\rangle = \sum_i C_i . |i\rangle$$

Par exemple, pour un spin ½ les états de base sont les états $|\alpha\rangle$ et $|\beta\rangle$.

Les fonctions de base $|i\rangle$ sont indépendantes du temps. L'évolution du système est donc décrite par l'évolution des coefficients C_i qui sont par ailleurs des nombres complexes.

$$|\psi\rangle = \begin{bmatrix} C_1 \\ C_2 \\ \dots \end{bmatrix} \text{ est appelé « vecteur ket »}$$

et

$$\langle\psi| = [C_1^* \quad C_2^* \quad \dots] \text{ est appelé « vecteur bra ».}$$

Le produit scalaire de deux fonctions d'onde $\varphi_{(x)}$ et $\psi_{(x)}$ est définit par : [135]

$$\langle\varphi|\psi\rangle = \int \varphi^*_{(x)} . \psi_{(x)} . dx$$

12.1.2. Opérateur

Afin d'illustrer la notion d'opérateur, prenons l'exemple de l'opération de dérivation. Nous pouvons définir l'opérateur :

$$\widehat{D}_x = \frac{\partial}{\partial x}$$

Si la fonction $g(x)$ est la dérivée de la fonction $f(x)$ nous pouvons écrire :

$$|g(x)\rangle = \widehat{D}_x |f(x)\rangle = \frac{\partial |f(x)\rangle}{\partial x}$$

Dans le cas de la dérivée seconde, l'opérateur $\widehat{D}_x^2$ va s'écrire :

$$\widehat{D}_x^2 |f(x)\rangle = \widehat{D}_x\big(\widehat{D}_x |f(x)\rangle\big) = \frac{\partial^2 |f(x)\rangle}{\partial x^2}$$

A tout observable A (Grandeur mesurable pour le système étudié) est associé un opérateur $\hat{A}$. [135] Par exemple, l'hamiltonien $\widehat{H}$ est associé à l'énergie.

L'opérateur $\hat{A}$ peut être représenté sous forme matricielle dans la base des vecteurs $|i\rangle$. Les coefficients de la matrice correspondante sont donnés par l'équation 12-1.

$$a_{ij} = \langle i|\hat{A}|j\rangle \qquad (12\text{-}1)$$

Lorsqu'un opérateur $\hat{A}$ est associé à une grandeur physique A, il vérifie pour les états $|\varphi_n\rangle$: [135]

$$\hat{A}|\varphi_n\rangle = \lambda_n . |\varphi_n\rangle$$

avec : $|\varphi_n\rangle$ vecteurs propres et λ_n valeurs propres. Les λ_n sont des nombres réels.

Par exemple, pour $f(x) = \sin(a.x)$:

$$\widehat{D}_x^2 |f(x)\rangle = -a^2 . |f(x)\rangle$$

donc : $f(x)$ est un vecteur propre de l'opérateur $\widehat{D}_x^2$ avec comme valeur propre $-a^2$.

Ainsi, les niveaux d'énergie d'un système vérifient :

$$\widehat{H}|\varphi_n\rangle = E_n . |\varphi_n\rangle$$

Par ailleurs, pour tout opérateur $\hat{A}$, il est possible de définir un opérateur exponentiel $e^{\hat{A}}$. [136]

Les opérateurs exponentiels $e^{\hat{A}}$ vérifient :

$$e^{\hat{A}}|\varphi_n\rangle = e^{\lambda_n} . |\varphi_n\rangle$$

$e^{\hat{A}}$ a donc les mêmes vecteurs propres que $\hat{A}$.

12.1.3. Mesure d'une Grandeur A

La valeur moyenne observée pour la grandeur A est obtenue à partir de l'expression suivante : [135, 136]

$$\langle A\rangle = \langle\psi|\hat{A}|\psi\rangle$$

Par exemple, l'énergie moyenne du système est donnée par :

$$\langle E\rangle = \langle\psi|\widehat{H}|\psi\rangle$$

Par ailleurs, la probabilité P_n que la valeur de A soit λ_n (l'une des valeurs propres de l'opérateur $\hat{A}$) est donnée par :

$$P_n = |\langle\varphi_n|\psi\rangle|^2$$

12.1.4. Opérateurs associés au moment angulaire

Le moment angulaire I d'une particule de spin S est décrit à partir des opérateurs : [136]

$$\hat{I}^2, \hat{I}_x, \hat{I}_y, \hat{I}_z$$

$$\hat{I}^2|\varphi_n\rangle = S.(S+1).|\varphi_n\rangle$$

$$\hat{I}_z|\varphi_n\rangle = m.|\varphi_n\rangle \quad \text{avec} \quad m \in [-S, +S]$$

Par exemple, pour $S = ½$: $\hat{I}_z|\alpha\rangle = \frac{1}{2}.|\alpha\rangle$ et $\hat{I}_z|\beta\rangle = -\frac{1}{2}.|\beta\rangle$

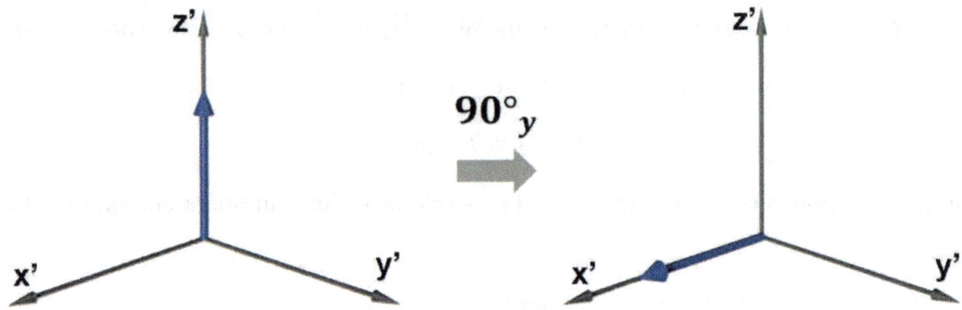

Figure 12-1 Représentation vectorielle d'une rotation de 90° autour de l'axe y appliquée à I_z.

Les opérateurs exponentiels $\hat{R}_x(\beta) = e^{-i.\beta.\hat{I}_x}$, $\hat{R}_y(\beta) = e^{-i.\beta.\hat{I}_y}$ et $\hat{R}_z(\beta) = e^{-i.\beta.\hat{I}_z}$ décrivent une rotation d'un angle β autour de l'axe considéré. [137]

Ainsi la rotation représentée sur la figure 12-1 s'écrit :

$$\hat{R}_y(90°)|I_z\rangle = |I_x\rangle$$

Attention, en ce qui concerne les sens de rotation lors des impulsions RF, nous utilisons dans ce chapitre une convention couramment utilisée dans les travaux utilisant ce formalisme [137] mais qui est différente de celle qui est utilisée dans les autres chapitres.

12.1.5. Evolution d'un système dans le temps

L'évolution d'un système au cours du temps est décrite par l'équation de Schrödinger de seconde espèce (dans cette équation, l'énergie est exprimée en Hz pour des raisons de commodité). [135]

$$\frac{\partial|\psi\rangle_t}{\partial t} = -i.\hat{H}_t|\psi\rangle_t \quad (12\text{-}2)$$

Lorsque $\hat{H}$ est indépendant du temps, cette équation admet une solution de la forme :

$$|\psi\rangle_t = e^{-i.\hat{H}.t}.|\psi\rangle_{t=0} \quad (12\text{-}3)$$

12.1.6. Relations de commutation

Si appliquer $\hat{A}$ puis $\hat{B}$ n'est pas équivalent à appliquer $\hat{B}$ puis $\hat{A}$: [136, 137]

$$\hat{B}|\hat{A}|\psi\rangle - \hat{A}|\hat{B}|\psi\rangle = \hat{C}|\psi\rangle$$

Dans ce cas, les opérateurs $\hat{A}$ et $\hat{B}$ ne commutent pas.

$[\hat{B},\hat{A}] = \hat{B}\hat{A} - \hat{A}\hat{B} = \hat{C}$ est le commutateur de $\hat{A}$ et $\hat{B}$.

Par exemple, réaliser une rotation de 90° autour de l'axe x' du référentiel tournant suivie d'une rotation de 90° autour de l'axe y' n'est pas équivalent à réaliser une rotation de 90° autour de l'axe y' suivie d'une rotation de 90° autour de l'axe x' (Figure 12-2).

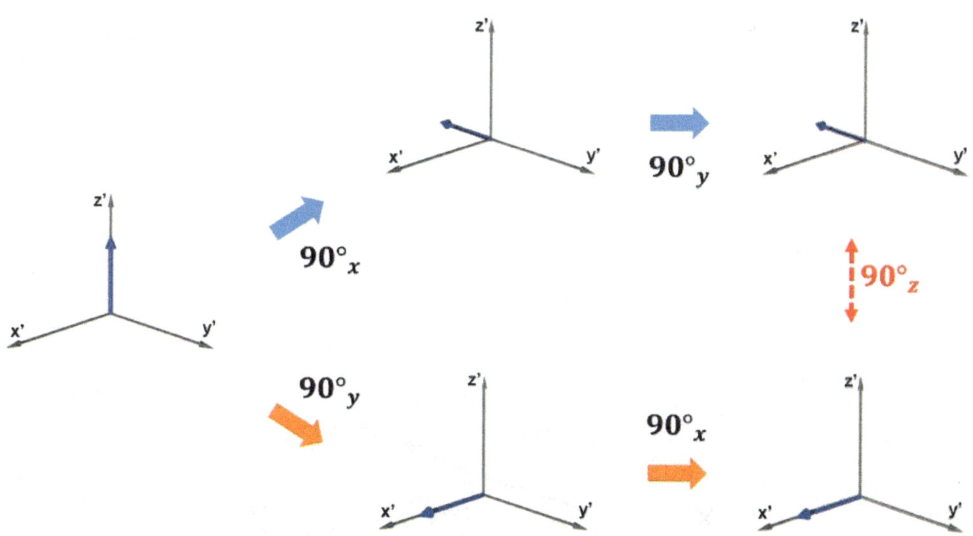

Figure 12-2 Exemple de non-commutation. En haut : une rotation de 90° autour de l'axe x' suivie d'une rotation de 90° autour de l'axe y'. En bas : une rotation de 90° autour de l'axe y' suivie d'une rotation de 90° autour de l'axe x'. Ces deux opérations ne produisent pas le même résultat et la différence est une rotation de 90° autour de l'axe z'.

La différence entre ces deux opérations est une rotation de 90° autour de l'axe z. Le commutateur de $\hat{I}_x$ et $\hat{I}_y$ ($[\hat{I}_x, \hat{I}_y]$) est donc $\hat{I}_z$.

Les relations de commutation liées aux opérateurs associés au moment angulaire sont les suivantes : [2]

$$[\hat{I}_x, \hat{I}_y] = i.\hat{I}_z \ ; \ [\hat{I}_y, \hat{I}_z] = i.\hat{I}_x \ ; \ [\hat{I}_z, \hat{I}_x] = i.\hat{I}_y$$

Ce qui constitue une relation de commutation cyclique entre ces trois opérateurs.

Dans ce cas, les opérateurs exponentiels associés vérifient la relation suivante (dite « formule sandwich ») :

$$e^{-i.\beta.\hat{A}}.\hat{B}.e^{i.\beta.\hat{A}} = \hat{B}.\cos(\beta) + \hat{C}.\sin(\beta) \qquad (12\text{-}4)$$

où : $\hat{C} = [\hat{A}, \hat{B}]$

Par exemple : $e^{-i.\beta.\hat{I}_x}.\hat{I}_y.e^{i.\beta.\hat{I}_x} = \hat{I}_y.\cos(\beta) + \hat{I}_z.\sin(\beta)$

et : $e^{-i.\beta.\hat{I}_x}.\hat{I}_x.e^{i.\beta.\hat{I}_x} = \hat{I}_x$

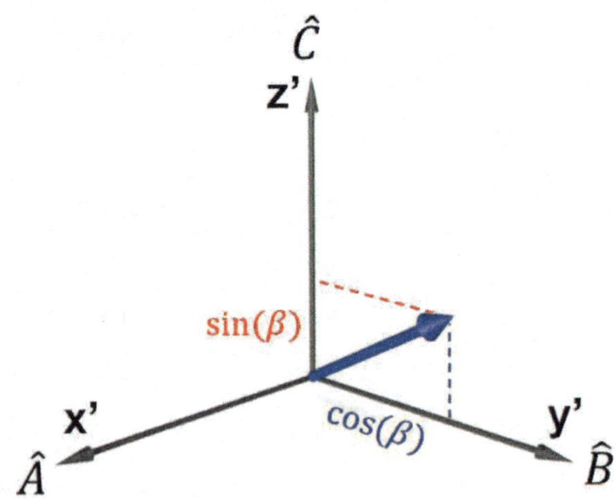

Figure 12-3 Analogie entre une rotation et l'équation 12-4 (« formule sandwich »). Après rotation d'un angle β autour de x, un vecteur initialement dirigé suivant y' présente deux composantes : l'une en cos(β) suivant y' et l'autre suivant z' en sin(β).

12.1.7. Opérateur densité

A partir des expressions de $|\psi\rangle = \begin{bmatrix} C_1 \\ C_2 \\ \dots \end{bmatrix}$ et $\langle\psi| = [C_1^* \quad C_2^* \quad \dots]$, l'opérateur densité $\hat{\sigma}$ est défini par : $\hat{\sigma} = |\psi\rangle\langle\psi|$

La matrice associée, appelée matrice des densités, est alors composée des termes : [135]

$$\sigma_{ij} = \overline{C_\iota . C_J^*}$$

(la barre indique une moyenne sur l'ensemble des spins de l'échantillon)

Les termes diagonaux, $\overline{C_\iota . C_\iota^*} = |\overline{C}_\iota|^2$, représentent les populations des différents niveaux d'énergie du système.

A l'équilibre, les termes non diagonaux ($i \neq j$) ont une valeur nulle. Toutefois, une perturbation extérieure, telle qu'une impulsion radiofréquence, peut faire apparaître une cohérence entre les états $|i\rangle$ et $|j\rangle$. Les termes $\overline{C_\iota . C_J^*}$ et $\overline{C_J . C_\iota^*}$ prennent alors une valeur non nulle.

A partir de l'expression de $\hat{\sigma}$, il est possible de démontrer : [2]

$$\langle A\rangle = \langle\psi|\hat{A}|\psi\rangle \Leftrightarrow \langle A\rangle = Tr\{\hat{\sigma}\hat{A}\} \qquad (12\text{-}5)$$

Par ailleurs l'évolution au cours du temps de l'opérateur densité est décrite par l'équation de Liouville-Von Neumann : [135]

$$\frac{d\hat{\sigma}_t}{dt} = -i.\left[\hat{\sigma}_t, \widehat{H}_t\right] \qquad (12\text{-}6)$$

Lorsque $\widehat{H}$ est indépendant du temps, cette équation admet une solution de la forme :

$$\hat{\sigma}_t = e^{-i.\widehat{H}.t}.\hat{\sigma}_{t=0}.e^{i.\widehat{H}.t} \qquad (12\text{-}7)$$

12.1.8. Application à l'analyse d'une expérience de RMN

L'analyse d'une séquence d'impulsions à partir du formalisme de l'opérateur densité va donc s'effectuer en plusieurs étapes :

- découpage de la séquence en différentes périodes durant lesquelles il est possible de considérer que l'hamiltonien, $\widehat{H}$, est indépendant du temps ;

- détermination de l'expression de $\widehat{H}$ pendant chacune de ces périodes ;
- détermination de l'expression de $\hat{\sigma}$ à l'équilibre, et à l'issue de chacune de ces périodes en utilisant l'équation 12-7 ;
- calcul de l'aimantation au cours de la période de détection, et donc du signal détecté, à l'aide de l'équation 12-5.

12.2. Population de spin ½ non couplés

12.2.1. Description du système

Pour un spin ½ les états de base sont : $|\alpha\rangle$ et $|\beta\rangle$.

La fonction d'état qui décrit ce système peut donc s'écrire :

$$|\psi\rangle_t = C_{\alpha(t)}.|\alpha\rangle + C_{\beta(t)}.|\beta\rangle,$$

et la matrice densité s'écrit : $\sigma = \begin{bmatrix} C_\alpha . C_\alpha^* & C_\alpha . C_\beta^* \\ C_\beta . C_\alpha^* & C_\beta . C_\beta^* \end{bmatrix}$

La matrice densité est une matrice 2x2, l'opérateur densité peut donc être exprimé sous forme d'une combinaison linéaire de 4 opérateurs. La base la plus « naturelle » est constituée de l'opérateur identité ($\hat{E}$) et des opérateurs associés aux trois composantes du moment angulaire : $\hat{E}$, $\hat{I}_x$, $\hat{I}_y$ et $\hat{I}_z$. [2, 137]

12.2.2. Etat d'équilibre

A l'équilibre : $\overline{C_\iota . C_\iota^*}$ = population du niveau i et $\overline{C_\iota . C_J^*} = 0$ pour $i \neq j$, donc :

$$\hat{\sigma}_{eq} = P_0.\hat{E} + \gamma.\Delta.\hat{I}_z \text{ avec : } \Delta = \frac{\hbar.B_0}{k_B.T}$$

12.2.3. Interaction de $\vec{\mu}$ avec $\vec{B}_0$

Dans le modèle vectoriel, l'énergie d'interaction entre le moment angulaire $\vec{\mu}$ et le champ magnétique $\vec{B}_0$ est donnée par : $E = -\vec{\mu}.\vec{B}_0$

L'hamiltonien de cette interaction est donc : [2, 137]

$$\widehat{H}_0 = \omega_0.\hat{I}_z \tag{12-8}$$

(en exprimant l'énergie en Hz et avec : $\omega_0 = -\gamma.B_0$)

d'où, deux niveaux d'énergie : $E_\alpha = +\frac{1}{2}.\omega_0$ et $E_\beta = -\frac{1}{2}.\omega_0$. (Ici B_0, et donc ω_0, inclue tous les éléments constituant la fréquence de résonance sauf les couplages).

12.2.4. Interaction avec un champ radiofréquence

De la même manière que précédemment, l'hamiltonien décrivant l'interaction entre $\vec{\mu}$ et le champ radiofréquence $\vec{B}_1$ est donné par : [2, 137]

$$\hat{H}_1 = \omega_1.\hat{I}_u \quad (12\text{-}9)$$

(à la résonance et en exprimant l'énergie en Hz)

Dans l'équation 12-9, u indique la phase de l'impulsion RF (axe du référentiel tournant selon lequel le champ $\vec{B}_1$ est dirigé).

12.2.5. Evolution du système au cours d'une séquence à une impulsion

Considérons la séquence à une impulsion de la figure 12-4.

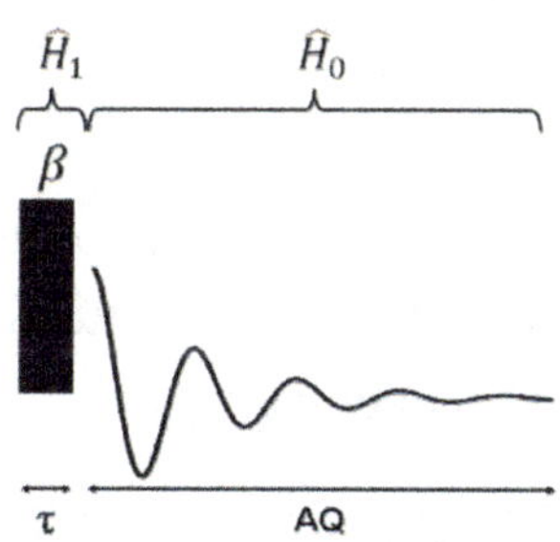

Figure 12-4 Séquence à une impulsion. Pendant le délai τ l'hamiltonien se réduit (en première approximation) à $\hat{H}_1$ alors que pendant AQ il vaut $\hat{H}_0$.

** Impulsion RF suivant l'axe y*

Durant l'impulsion il est possible, en première approximation, de négliger l'interaction avec $\vec{B}_0$. Cela consiste en fait à supposer l'aimantation « à la résonance ». L'hamiltonien se réduit alors à $\hat{H}_1$ et il est donc indépendant du temps durant la durée τ.

L'opérateur densité juste après l'impulsion se déduit alors de l'opérateur densité juste avant l'impulsion en appliquant les équations 12-7 et 12-9.

$$\hat{\sigma}_1 = e^{-i.\hat{H}_1.\tau}.\hat{\sigma}_{eq}.e^{i.\hat{H}_1.\tau}$$

ou : $\hat{\sigma}_1 = e^{-i.\beta.\hat{I}_y}.\gamma.\Delta.\hat{I}_z.e^{i.\beta.\hat{I}_y} = \gamma.\Delta.\left[\cos(\beta).\hat{I}_z + \sin(\beta).\hat{I}_x\right]$

car : $[\hat{I}_y, \hat{I}_z] = i.\hat{I}_x$ et : $\beta = \omega_1.\tau$

donc : $\hat{\sigma}_1 = \gamma.\Delta.\hat{I}_x$ pour : $\beta = \frac{\pi}{2}$

** Evolution en présence de $\vec{B}_0$*

Durant la période d'acquisition du signal (AQ), aucune impulsion RF n'est appliquée, l'hamiltonien se réduit alors à $\hat{H}_0$ et il est donc indépendant du temps. L'opérateur à l'instant *t* après le début de l'acquisition se déduit alors de l'opérateur densité juste après l'impulsion ($t = 0$) en appliquant les équations 12-7 et 12-8.

$$\hat{\sigma}_2 = e^{-i.\hat{H}_0.t}.\hat{\sigma}_1.e^{i.\hat{H}_0.t}$$

ou : $\hat{\sigma}_2 = e^{-i.\theta.\hat{I}_z}.\gamma.\Delta.\hat{I}_x.e^{i.\theta.\hat{I}_z} = \gamma.\Delta.\left[\cos(\theta).\hat{I}_x + \sin(\theta).\hat{I}_y\right]$

car : $[\hat{I}_z, \hat{I}_x] = i.\hat{I}_y$ et $\theta = \omega_0.t$

** Détection du signal*

Le signal détecté est proportionnel à l'aimantation transversale au moment de la détection. L'équation 12-5 permet de calculer cette aimantation suivant chacun des axes du référentiel tournant. Cela conduit à :

$$S_x = k.Tr\{\hat{\sigma}_2.\hat{I}_x\} \qquad (12\text{-}10)$$

et

$$S_y = k.Tr\{\hat{\sigma}_2.\hat{I}_y\} \qquad (12\text{-}11)$$

d'où :

$$S_x = k.\gamma.\Delta.\left[\cos(\theta).Tr\{\hat{I}_x.\hat{I}_x\} + \sin(\theta).Tr\{\hat{I}_y.\hat{I}_x\}\right]$$
$$= \frac{k}{2}.\gamma.\Delta.\cos(\gamma.B_0.t) \text{ car : } Tr\{\hat{I}_x.\hat{I}_x\} = \frac{1}{2} \text{ et : } Tr\{\hat{I}_y.\hat{I}_x\} = 0$$

et :

$$S_y = k.\gamma.\Delta.\left[\cos(\theta).Tr\{\hat{I}_x.\hat{I}_y\} + \sin(\theta).Tr\{\hat{I}_y.\hat{I}_y\}\right]$$
$$= \frac{k}{2}.\gamma.\Delta.\sin(\gamma.B_0.t) \text{ car : } Tr\{\hat{I}_y.\hat{I}_y\} = \frac{1}{2} \text{ et : } Tr\{\hat{I}_x.\hat{I}_y\} = 0$$

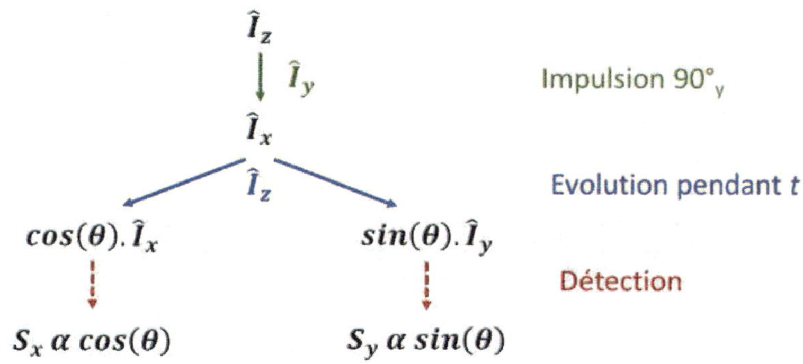

Figure 12-5 Résumé de l'analyse d'une séquence à une impulsion (telle que celle de la figure 12-4) à partir du formalisme de l'opérateur densité pour une population de spins ½ non couplés. ($\beta = \frac{\pi}{2}$ et $\theta = \omega_0.t$).

Les résultats ci-dessus sont bien évidemment en accord avec ce qui est obtenu à partir du modèle vectoriel. La figure 12-5 résume l'analyse d'une séquence à une impulsion à partir du formalisme de l'opérateur densité. [3]

Le signal détecté suivant l'axe u à l'instant t est directement proportionnel au poids de l'opérateur $\hat{I}_u$ dans l'expression de $\hat{\sigma}$ à cet instant.

12.3. Population de deux spins ½ faiblement couplés

Nous allons maintenant considérer un ensemble de spin ½ présentant deux déplacements chimiques et un couplage au premier ordre (couplage faible).

12.3.1. Description du système

Pour deux spins ½, les états de base sont : $|\alpha\alpha\rangle$, $|\alpha\beta\rangle$, $|\beta\alpha\rangle$, $|\beta\beta\rangle$.

La fonction d'état qui décrit ce système peut donc s'écrire :

$$|\psi\rangle_t = C_{\alpha\alpha(t)}.|\alpha\alpha\rangle + C_{\alpha\beta(t)}.|\alpha\beta\rangle + C_{\beta\alpha(t)}.|\beta\alpha\rangle + C_{\beta\beta(t)}.|\beta\beta\rangle,$$

et la matrice densité s'écrit : $\sigma = \begin{bmatrix} C_{\alpha\alpha}.C^*_{\alpha\alpha} & C_{\alpha\alpha}.C^*_{\alpha\beta} & C_{\alpha\alpha}.C^*_{\beta\alpha} & C_{\alpha\alpha}.C^*_{\beta\beta} \\ C_{\alpha\beta}.C^*_{\alpha\alpha} & C_{\alpha\beta}.C^*_{\alpha\beta} & C_{\alpha\beta}.C^*_{\beta\alpha} & C_{\alpha\beta}.C^*_{\beta\beta} \\ C_{\beta\alpha}.C^*_{\alpha\alpha} & C_{\beta\alpha}.C^*_{\alpha\beta} & C_{\beta\alpha}.C^*_{\beta\alpha} & C_{\beta\alpha}.C^*_{\beta\beta} \\ C_{\beta\beta}.C^*_{\alpha\alpha} & C_{\beta\beta}.C^*_{\alpha\beta} & C_{\beta\beta}.C^*_{\beta\alpha} & C_{\beta\beta}.C^*_{\beta\beta} \end{bmatrix}.$

La matrice densité est une matrice 4x4, l'opérateur densité peut donc être exprimé sous forme d'une combinaison linéaire de 16 opérateurs. L'une des bases les plus utilisées est constituée par les opérateurs produits du type : [137]

Opérateur Produit = Nr x **Opérateur Spin I** x **Opérateur Spin S**

où Nr est un coefficient de normalisation égal à 1 pour les opérateurs qui ne comportent de contribution que pour un seul des spins :

$$\hat{E}, \hat{I}_x, \hat{I}_y, \hat{I}_z, \hat{S}_x, \hat{S}_y, \hat{S}_z$$

et Nr vaut 2 pour les opérateurs comportant une contribution pour les deux spins :

$$2\hat{I}_x\hat{S}_z, 2\hat{I}_y\hat{S}_z, 2\hat{I}_z\hat{S}_z, 2\hat{I}_z\hat{S}_x, 2\hat{I}_z\hat{S}_y$$

et

$$2\hat{I}_x\hat{S}_x, 2\hat{I}_x\hat{S}_y, 2\hat{I}_y\hat{S}_x, 2\hat{I}_y\hat{S}_y$$

Le tableau 12-1 donne l'ensemble des commutateurs utiles pour un système de deux spins faiblement couplés. [137]

12.3.2. Etat d'équilibre

A l'équilibre : $\overline{C_\iota . C_\iota^*}$ = population du niveau i et $\overline{C_\iota . C_j^*} = 0$ pour $i \neq j$, donc : [2, 137]

$$\hat{\sigma}_{eq} = P_0 . \hat{E} + \gamma_I . \Delta . \hat{I}_z + \gamma_S . \Delta . \hat{S}_z \text{ avec : } \Delta = \frac{\hbar . B_0}{k_B . T}$$

12.3.3. Interaction de $\vec{\mu}$ avec $\vec{B}_0$ et interaction entre les spins

L'hamiltonien de l'interaction entre deux spins ½, I et S, s'écrit : $2\pi . J_{IS} . I_z S_z$.

En absence de champs RF l'hamiltonien peut donc s'écrire [2, 137]

$$\hat{H}_0 = \omega_0^I . \hat{I}_z + \omega_0^S . \hat{S}_z + 2\pi . J_{IS} . I_z S_z \qquad (12\text{-}12)$$

(en exprimant l'énergie en Hz et avec : $\omega_0^I = -\gamma_I . B_0$, $\omega_0^S = -\gamma_S . B_0$ et J_{IS} constante de couplage caractérisant l'interaction entre les deux spins ½).

Tableau 12-1 Ensemble des commutateurs utiles pour un système *IS* de deux spins faiblement couplés

	I_x	I_y	I_z	S_x	S_y	S_z	$2I_zS_z$
I_x	0	$-I_z$	I_y	0	0	0	$2I_yS_z$
I_y	I_z	0	$-I_x$	0	0	0	$-2I_xS_z$
I_z	$-I_y$	I_x	0	0	0	0	0
S_x	0	0	0	0	$-S_z$	S_y	$2I_zS_y$
S_y	0	0	0	S_z	0	$-S_x$	$-2I_zS_x$
S_z	0	0	0	$-S_y$	S_x	0	0
$2I_zS_z$	$-2I_yS_z$	$2I_xS_z$	0	$-2I_zS_y$	$2I_zS_x$	0	0
$2I_xS_z$	0	$-2I_zS_z$	$2I_yS_z$	$-2I_xS_y$	$2I_xS_x$	0	I_y
$2I_yS_z$	$2I_zS_z$	0	$-2I_xS_z$	$-2I_yS_y$	$2I_yS_x$	0	$-I_x$
$2I_zS_x$	$-2I_yS_x$	$2I_xS_x$	0	0	$-2I_zS_z$	$2I_zS_y$	S_y
$2I_zS_y$	$-2I_yS_y$	$2I_xS_y$	0	$2I_zS_z$	0	$-2I_zS_x$	$-S_x$
$2I_xS_x$	0	$-2I_zS_x$	$2I_yS_x$	0	$-2I_xS_z$	$2I_xS_y$	0
$2I_xS_y$	0	$-2I_zS_y$	$2I_yS_y$	$2I_xS_z$	0	$-2I_xS_x$	0
$2I_yS_x$	$2I_zS_x$	0	$-2I_xS_x$	0	$-2I_yS_z$	$2I_yS_y$	0
$2I_yS_y$	$2I_zS_y$	0	$-2I_xS_y$	$2I_yS_z$	0	$-2I_yS_x$	0

d'où, quatre niveaux d'énergie :

$$E_{\alpha\alpha} = +\frac{1}{2}.\omega_0^I + \frac{1}{2}.\omega_0^S + \frac{1}{2}.\pi.J_{IS} \qquad E_{\alpha\beta} = +\frac{1}{2}.\omega_0^I - \frac{1}{2}.\omega_0^S - \frac{1}{2}.\pi.J_{IS}$$

$$E_{\beta\alpha} = -\frac{1}{2}.\omega_0^I + \frac{1}{2}.\omega_0^S - \frac{1}{2}.\pi.J_{IS} \qquad E_{\beta\beta} = -\frac{1}{2}.\omega_0^I - \frac{1}{2}.\omega_0^S + \frac{1}{2}.\pi.J_{IS}$$

12.3.4. Evolution du système au cours d'une séquence à une impulsion

** Impulsion RF suivant l'axe y*

Durant l'impulsion (et en négligeant l'interaction des spins entre eux et avec $\vec{B}_0$) l'hamiltonien se réduit à :

$$\hat{H}_1 = \omega_1.\hat{F}_u \qquad (12\text{-}13)$$

avec : $\hat{F}_u = \hat{I}_u + \hat{S}_u$ pour une impulsion non-sélective suivant l'axe u ;

et : $\hat{F}_u = \hat{I}_u$ ou $\hat{S}_u$ pour une impulsion sélective suivant l'axe u.

$\hat{H}_1$ est donc indépendant du temps durant la durée τ de l'impulsion et l'opérateur densité juste après l'impulsion se déduit alors de l'opérateur densité juste avant l'impulsion en appliquant les équations 12-7 et 12-13.

$$\hat{\sigma}_1 = e^{-i.\hat{H}_1.\tau}.\hat{\sigma}_{eq}.e^{i.\hat{H}_1.\tau}$$

Dans le cas d'une impulsion non-sélective suivant y', $\hat{\sigma}_1$ s'écrit alors :

$$\begin{aligned}\hat{\sigma}_1 &= e^{-i.\beta.\hat{F}_y}.\left(\gamma_I.\Delta.\hat{I}_z + \gamma_S.\Delta.\hat{S}_z\right).e^{i.\beta.\hat{F}_y}\\ &= e^{-i.\beta.\hat{I}_y}.\left(\gamma_I.\Delta.\hat{I}_z\right).e^{i.\beta.\hat{I}_y} + e^{-i.\beta.\hat{S}_y}.\left(\gamma_S.\Delta.\hat{S}_z\right).e^{i.\beta.\hat{S}_y}\\ &= \gamma_I.\Delta.\left[\cos(\beta).\hat{I}_z + \sin(\beta).\hat{I}_x\right] + \gamma_S.\Delta.\left[\cos(\beta).\hat{S}_z + \sin(\beta).\hat{S}_x\right]\end{aligned}$$

et donc, pour $\beta = \frac{\pi}{2}$, $\qquad \hat{\sigma}_1 = \gamma_I.\Delta.\hat{I}_x + \gamma_S.\Delta.\hat{S}_x$

Il faut noter que dans ce calcul, l'ordre d'application de $\hat{I}_y$ et $\hat{S}_y$ est indifférent car ces deux opérateurs commutent.

Dans le cas d'une impulsion sélective sur I, $\hat{\sigma}_1$ s'écrit :

$$\begin{aligned}\hat{\sigma}_1 &= e^{-i.\beta.\hat{I}_y}.\gamma_I.\Delta.\hat{I}_z.e^{i.\beta.\hat{I}_y}\\ &= \gamma_I.\Delta.\left[\cos(\beta).\hat{I}_z + \sin(\beta).\hat{I}_x\right]\\ &= \gamma_I.\Delta.\hat{I}_x \text{ pour } \beta = \frac{\pi}{2}\end{aligned}$$

* Evolution en présence de $\vec{B}_0$

Durant la période d'acquisition du signal (AQ), l'hamiltonien se réduit à $\widehat{H}_0$ et il est donc indépendant du temps. L'opérateur à l'instant *t* après le début de l'acquisition se déduit alors de l'opérateur densité juste après l'impulsion en appliquant les équations 12-7 et 12-12, d'où :

$$\hat{\sigma}_2 = e^{-i.\widehat{H}_0.t}.\hat{\sigma}_1.e^{i.\widehat{H}_0.t}$$

et donc :

$$\hat{\sigma}_2 = e^{-i.\theta.\hat{I}_z-2\pi.J_{IS}.t.\hat{I}_z\hat{S}_z}.\gamma_I.\Delta.\hat{I}_x.e^{i.\theta.\hat{I}_z+2\pi.J_{IS}.t.\hat{I}_z\hat{S}_z}$$

$$= e^{-2\pi.J_{IS}.t.\hat{I}_z\hat{S}_z}.\left[e^{-i.\theta.\hat{I}_z}.\gamma_I.\Delta.\hat{I}_x.e^{i.\theta.\hat{I}_z}\right].e^{2\pi.J_{IS}.t.\hat{I}_z\hat{S}_z}$$

Là encore, l'ordre d'application de $\hat{I}_z$ et $\hat{I}_z\hat{S}_z$ est indifférent car ces deux opérateurs commutent.

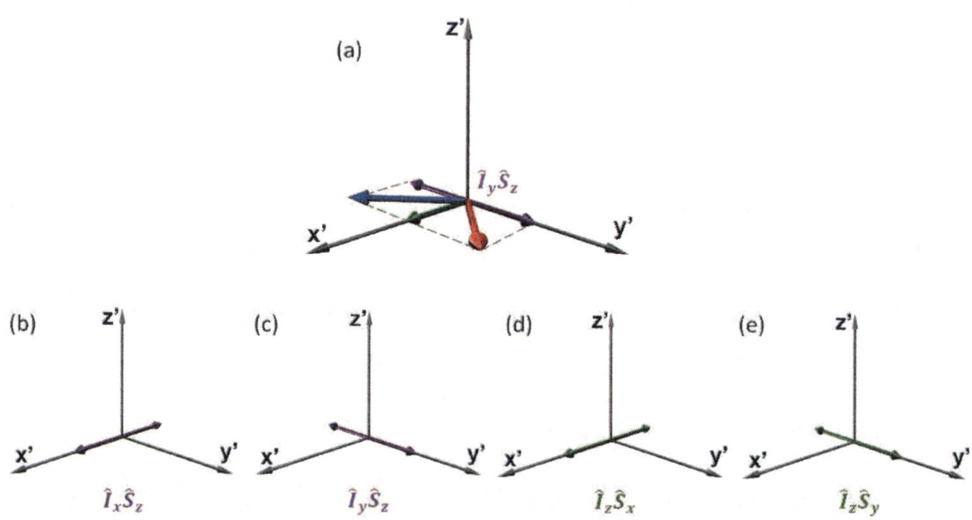

Figure 12-6 Analogie entre l'évolution de l'état $\hat{I}_x$ en $\hat{I}_x$ et $\hat{I}_y\hat{S}_z$ sous l'effet de l'opérateur $\hat{I}_z\hat{S}_z$ et le modèle vectoriel correspondant (a). Cette analogie permet de proposer une représentation vectorielle de l'opérateur $\hat{I}_y\hat{S}_z$ (c) et par extension des opérateurs $\hat{I}_x\hat{S}_z$, $\hat{S}_x\hat{I}_z$ et $\hat{S}_y\hat{I}_z$ (b, d et e).

En utilisant l'équation 12-4, $\hat{\sigma}_2$ devient :

$$\hat{\sigma}_2 = e^{-2\pi.J_{IS}.t.\hat{I}_z\hat{S}_z}.\left[\gamma_I.\Delta.\left(\cos(\theta).\hat{I}_x + \sin(\theta).\hat{I}_y\right)\right].e^{2\pi.J_{IS}.t.\hat{I}_z\hat{S}_z}$$

$$= e^{-2\pi.J_{IS}.t.\hat{I}_z\hat{S}_z}.\left[\gamma_I.\Delta.\cos(\theta).\hat{I}_x\right].e^{2\pi.J_{IS}.t.\hat{I}_z\hat{S}_z} + e^{-2\pi.J_{IS}.t.\hat{I}_z\hat{S}_z}.\left[\gamma_I.\Delta.\sin(\theta).\hat{I}_y\right].e^{2\pi.J_{IS}.t.\hat{I}_z\hat{S}_z}$$

$$= \gamma_I.\Delta.\left[\cos(\theta).\cos(\varphi).\hat{I}_x + \cos(\theta).\sin(\varphi).2\hat{I}_y\hat{S}_z + \sin(\theta).\cos(\varphi).\hat{I}_y - \sin(\theta).\sin(\varphi).2\hat{I}_x\hat{S}_z\right]$$

avec : $\varphi = \pi.J_{IS}.t$ et en tenant compte de : $\left[2\hat{I}_z\hat{S}_z, \hat{I}_x\right] = i.2\hat{I}_y\hat{S}_z$

et $\left[2\hat{I}_z\hat{S}_z, \hat{I}_y\right] = -i.2\hat{I}_x\hat{S}_z$

Lors de l'évolution, l'état $\hat{I}_x$ évolue en $\hat{I}_x$ et $\hat{I}_y$ sous l'effet de l'opérateur $\hat{I}_z$ (déplacement chimique). De plus, l'état $\hat{I}_x$ évolue en $\hat{I}_x$ et $\hat{I}_y\hat{S}_z$ et l'état $\hat{I}_y$ évolue en $\hat{I}_y$ et $\hat{I}_x\hat{S}_z$, sous l'effet de l'opérateur $\hat{I}_z\hat{S}_z$ (couplage).

L'analogie avec la description de cette même évolution par le modèle vectoriel permet de proposer une représentation vectorielle de l'opérateur $\hat{I}_y\hat{S}_z$ et par extension des opérateurs $\hat{I}_x\hat{S}_z$, $\hat{S}_x\hat{I}_z$ et $\hat{S}_y\hat{I}_z$ (figure 12-6).

** Détection du signal*

Le signal détecté est proportionnel à l'aimantation transversale au moment de la détection.

L'équation 12-5 permet de calculer cette aimantation suivant chacun des axes du référentiel tournant. Ce qui conduit à :

$$S_x = k.Tr\{\hat{\sigma}_2.\hat{I}_x\} \qquad \text{et} \qquad S_y = k.Tr\{\hat{\sigma}_2.\hat{I}_y\}$$

Et en tenant compte de : $Tr\{\hat{I}_x.\hat{I}_x\} = Tr\{\hat{I}_y.\hat{I}_y\} = \frac{1}{2}$

et : $Tr\{\hat{I}_x.\hat{I}_y\} = Tr\{\hat{I}_y.\hat{I}_x\} = Tr\{\hat{I}_x\hat{S}_u.\hat{I}_x\} = Tr\{\hat{I}_y\hat{S}_u.\hat{I}_y\} = 0$

$$S_x = k.\gamma_I.\Delta.\cos(\theta).\cos(\varphi) \qquad (12\text{-}14)$$

$$S_y = k.\gamma_I.\Delta.\sin(\theta).\cos(\varphi) \qquad (12\text{-}15)$$

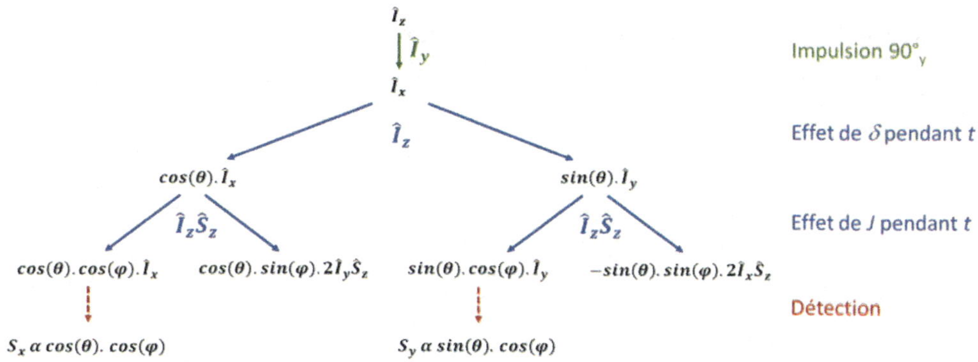

Figure 12-7 Résumé de l'analyse d'une séquence à une impulsion (telle que celle de la figure 12-4) à partir du formalisme de l'opérateur densité pour un système de deux spins couplés. ($\beta = \frac{\pi}{2}, \theta = \omega_0 t$ et $\varphi = \pi . J_{IS} . t$).

12.3.5. Evolution du système au cours d'une séquence d'écho de spin

Considérons la séquence d'écho de spin de la figure 12-8. Comme dans le cas d'une séquence à une impulsion, nous pouvons découper la séquence en périodes durant lesquelles l'hamiltonien est indépendant du temps. Pendant les périodes d'évolution, l'hamiltonien se limite à $\widehat{H}_0$ dont l'expression est donnée par l'équation 12-12. Pendant les impulsions RF, l'hamiltonien se réduit, en première approximation, à $\widehat{H}_1$ dont l'expression est donnée par l'équation 12-13.

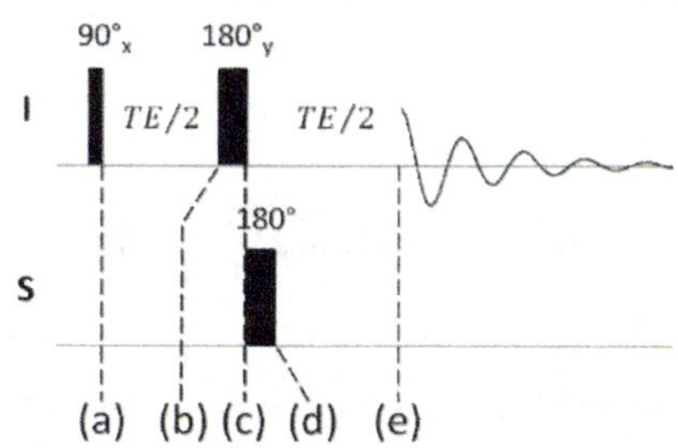

Figure 12-8 Séquence d'écho de spin. Pendant les périodes d'évolution, l'hamiltonien se limite à $\widehat{H}_0$. Pendant les impulsions RF, l'hamiltonien se réduit, en première approximation, à $\widehat{H}_1$.

Nous avons vu dans le traitement de la séquence à une impulsion que l'analyse par les opérateurs densité peut être résumée par un diagramme arborescent (figure 12-5 et 12- 7). Ceci est toujours vrai et ce diagramme est en fait la manière la plus visuelle de pratiquer cette analyse. Ainsi, la figure 12-9 décrit l'analyse de la première partie de la séquence de la figure 12-8 (de l'instant a à l'instant b).

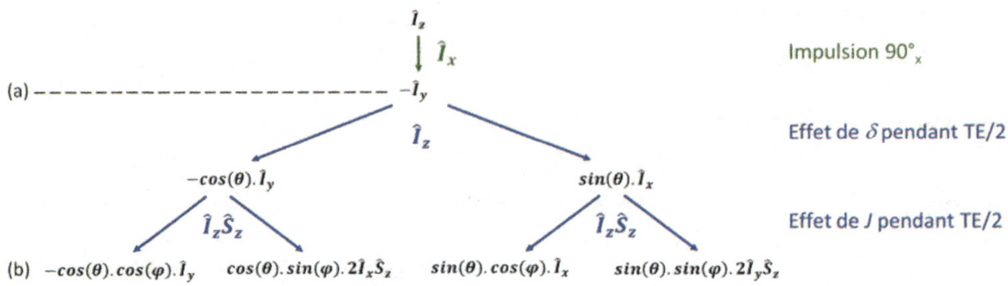

Figure 12-9 Analyse de la première partie (a→b), de la séquence d'écho de spin de la figure 12-8, à partir du formalisme de l'opérateur densité pour un système de deux spins couplés ($\theta = \omega_0.TE/2$ et $\varphi = \pi.J_{IS}.TE/2$).

La figure 12-10 analyse l'effet des deux impulsions à 180° (de l'instant b à l'instant d). Lorsque l'opérateur qui décrit l'état initial commute avec l'opérateur qui décrit l'effet de l'impulsion, rien ne change (application de $\hat{I}_y$ sur $\hat{I}_y$ ou de $\hat{I}_y$ sur $\hat{I}_y\hat{S}_z$ par exemple).

Lorsque les deux opérateurs ne commutent pas, l'application d'une l'impulsion à 180° induit un changement de signe (application de $\hat{I}_y$ sur $\hat{I}_x$ ou de $\hat{I}_y$ sur $\hat{I}_x\hat{S}_z$ par exemple).

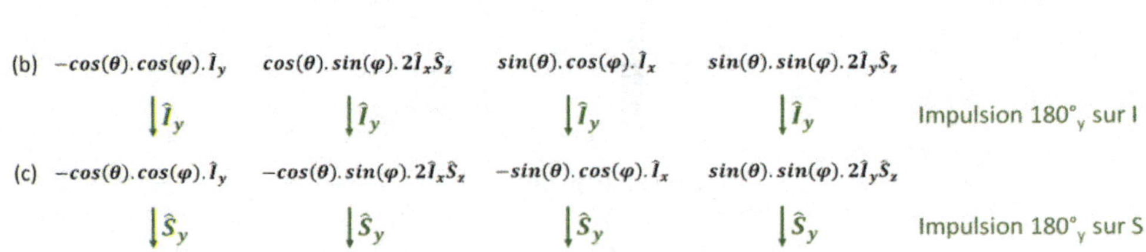

Figure 12-10 Analyse, entre l'instant b et l'instant d, de la séquence d'écho de spin de la figure 12-8 à partir du formalisme de l'opérateur densité pour un système de deux spins couplés.

Le jeu des compensations conduit à l'élimination des termes en $\hat{I}_x$ et en $\hat{I}_y\hat{S}_z$, ce qui traduit la refocalisation de l'effet des déplacements chimiques pour ce type d'écho de spin. Pour $TE/2 = \frac{1}{4J_{IS}}$, $\pi.J_{IS}.TE/2 = \frac{\pi}{4}$ et donc : $\cos(\varphi) = \sin(\varphi) = \frac{1}{\sqrt{2}}$. Ce qui induit :

$$\sigma_d = \gamma_I.\Delta.2\hat{I}_x\hat{S}_z$$

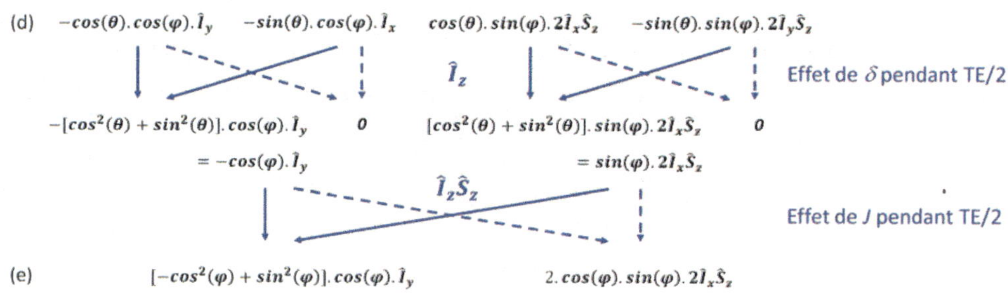

Figure 12-11 Analyse, entre l'instant d et l'instant e, de la séquence d'écho de spin de la figure 12-8 à partir du formalisme de l'opérateur densité pour un système de deux spins couplés. ($\theta = \omega_0.TE/2$ et $\varphi = \pi.J_{IS}.TE/2$).

L'analyse de la période de détection du signal est décrite par la figure 12-12. Là encore, seuls les opérateurs $\hat{I}_z$ et $\hat{I}_z\hat{S}_z$ sont appliqués.

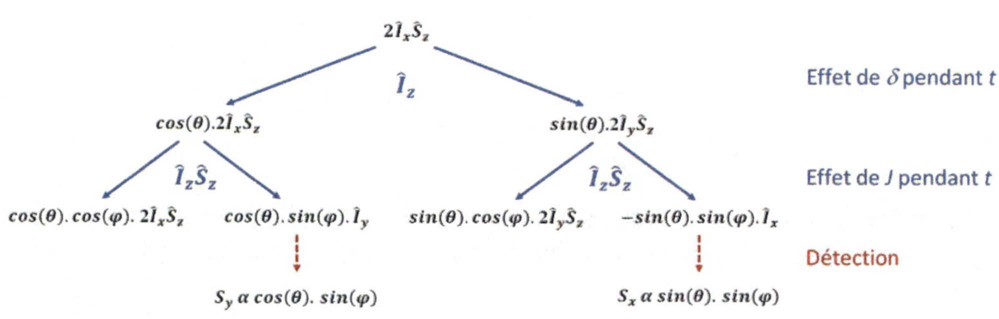

Figure 12-12 Analyse, pour la période d'échantillonnage du signal, de la séquence d'écho de spin de la figure 12-8 à partir du formalisme de l'opérateur densité pour un système de deux spins couplés. ($\theta = \omega_0 t$ et $\varphi = \pi.J_{IS}.t$).

L'équation 12-5 permet de calculer le signal effectivement détecté et comme précédemment celui-ci correspond aux coefficients des termes en $\hat{I}_x$ et $\hat{I}_y$; ce qui est une règle générale.

$$S_x = k.\gamma_I.\Delta.\sin(\theta).\sin(\varphi) \tag{12-16}$$

$$S_y = k.\gamma_I.\Delta.\cos(\theta).\sin(\varphi) \tag{12-17}$$

12.3.6. Evolution du système au cours d'une séquence INEPT

Considérons maintenant la séquence INEPT refocalisée (figure 12-13). Comme nous l'avons vu, cette séquence peut difficilement être analysée rigoureusement à l'aide du modèle vectoriel. En revanche, son analyse à l'aide des outils que nous venons d'introduire est relativement simple.

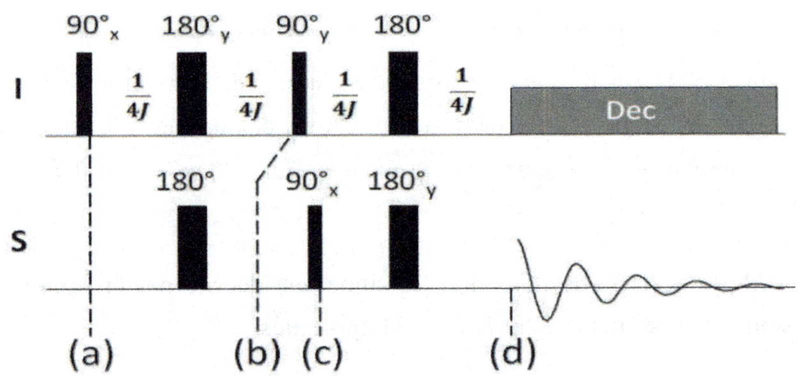

Figure 12-13 Séquence INEPT refocalisée. Pendant les périodes d'évolution, l'hamiltonien se limite à $\widehat{H}_0$. Pendant les impulsions RF, l'hamiltonien se réduit, en première approximation, à $\widehat{H}_1$.

La première partie de cette séquence (jusqu'à l'instant b) est en fait un écho de spin tel que celui décrit plus haut (avec $TE = \frac{1}{4J}$). L'opérateur densité à l'instant b est donc :

$$\sigma_b = \gamma_I.\Delta.2\hat{I}_x\hat{S}_z$$

Entre b et c, seules deux impulsions à 90° sont appliquées (sur I et sur S respectivement), l'évolution de l'opérateur densité lors de ces deux impulsions est décrite par la figure 12-14.

La dernière partie de la séquence INEPT refocalisée (de c à d) est encore un écho de spin avec refocalisation de l'effet des déplacements chimiques. Il suffit donc d'appliquer l'opérateur $\hat{I}_z\hat{S}_z$ durant cette période. L'analyse de cette partie de la séquence est décrite sur la figure 12-15.

$$\sigma_b = \gamma_I.\Delta.2\hat{I}_x\hat{S}_z$$

$$\downarrow \hat{I}_y \qquad \text{Impulsion } 90°_y \text{ sur I}$$

$$-\gamma_I.\Delta.2\hat{I}_z\hat{S}_z$$

$$\downarrow \hat{S}_x \qquad \text{Impulsion } 90°_x \text{ sur S}$$

$$\sigma_c = \gamma_I.\Delta.2\hat{I}_z\hat{S}_y$$

Figure 12-14 Analyse, entre l'instant b et l'instant c, de la séquence INEPT de la figure 12-13 à partir du formalisme de l'opérateur densité pour un système de deux spins couplés.

L'analyse de la période de détection du signal est décrite par la figure 12-16. Les opérateurs $\hat{S}_z$ et $\hat{I}_z\hat{S}_z$ sont appliqués. L'équation 12-5 permet de calculer le signal effectivement détecté, et comme précédemment celui-ci correspond aux coefficients des opérateurs décrivant l'aimantation transversale détectée, ici : $\hat{S}_x$ et $\hat{S}_y$.

$$S_x = +k.\gamma_I.\Delta.\cos(\theta).cos(\varphi) \qquad (12\text{-}18)$$

$$S_y = -k.\gamma_I.\Delta.\sin(\theta).cos(\varphi) \qquad (12\text{-}19)$$

$$\sigma_c = \gamma_I.\Delta.2\hat{I}_z\hat{S}_y$$

$$\downarrow \hat{I}_z\hat{S}_z \qquad \text{Effet de } J \text{ pendant } 1/2J$$

$$\sigma_d = -\gamma_I.\Delta.\hat{S}_x$$

Figure 12-15 Analyse, entre l'instant c et l'instant d, de la séquence INEPT de la figure 12-13 à partir du formalisme de l'opérateur densité pour un système de deux spins couplés.

Comme le montrent les équations 12-18 et 12-19, le signal est proportionnel à γ_I et non à γ_S. Entre b et c, la polarisation de I a été transférée sur S. Ce qui correspondant à une observation des spins S avec une sensibilité augmenté d'un facteur $\left(\frac{\gamma_I}{\gamma_S}\right)$ par rapport à une séquence à une impulsion.

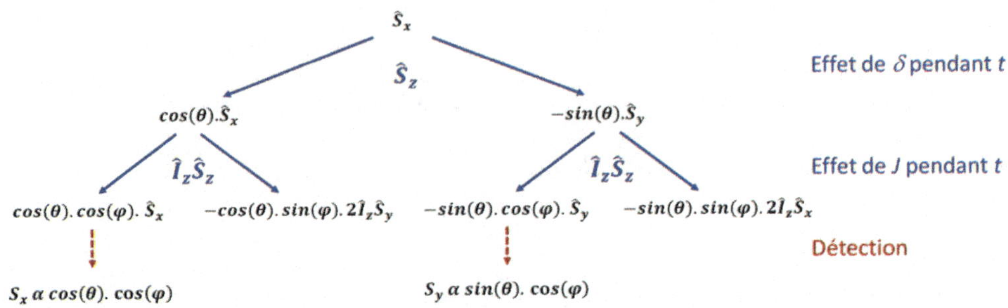

Figure 12-16 Analyse, pour la période d'échantillonnage du signal, de la séquence INEPT refocalisée à partir du formalisme de l'opérateur densité pour un système de deux spins couplés. ($\theta = \omega_0 t$ et $\varphi = \pi.J_{IS}.t$).

12.4. Pour aller plus loin

- *La RMN : concepts, méthodes et applications.* Daniel Canet, Jean-Claude Boudel et Emmanuelle Canet Soulas. Dunod, Paris, 2002. Chapitre 2 et annexes A1-1 et A2-1.
- *SpinChoreography: Basic steps in high resolution NMR*. Ray Freeman. Oxford University Press, Oxford, 1998. Chapitre 3.
- *Spin dynamics: basic of nuclear magnetic resonance*. Malcolm H. Levitt. Wiley-Blackwell, Chichester, 2008. 3^{éme} partie.
- *Comprendre la RMN*. James Keeler. Presses polytechniques et universitaires romandes. Lausanne, 2015. Chapitres 6 et 7.

Références

1- D. Canet, J.-C. Boudel, E. Canet Soulas. *La RMN : concepts et méthodes.* Dunod, Paris (2002)

2- M. H. Levitt. *Spin dynamics: basic of nuclear magnetic resonance.* Wiley, Chichester (2001)

3- R. Freeman. *Spin Choreography: Basic steps in high resolution NMR.* Oxford University Press, Oxford (1998)

4- F. Bloch et al. *Phys. Rev.* 69, 127 (1946)

5- E.M. Purcell et al. *Phys. Rev.* 69, 37 (1946)

6- R.R. Ernst et W.A. Anderson. *Rev. Sci. Instr.* 37, 93 (1966)

7- F. Bloch et al. *Phys. Rev.* 70, 460 (1946)

8- E.L. Hahn. *Phys. Rev.* 80, 580 (1950)

9- J.T. Arnold et al. *J. Chem. Phys.* 19, 507 (1951)

10- H. Günther. *La spectroscopie de RMN. Principes de bases, concepts et applications de la spectroscopie de résonance magnétique nucléaire du proton et du carbone-13 en chimie.* Masson, Paris (1996)

11- J. S. Waugh et R. W. Fessenden. *J. Am. Chem. Soc.* 79, 846 (1957)

12- M. Balci. *Basic ^{1}H-^{13}C-NMR Spectroscopy.* Elsevier, Amsterdam (2005)

13- A. Randazzo. *Guide to NMR Spectral Interpretation. A problem approach to Determining the Structures of Small Organic Molecules.* Loghia, Napoli (2018)

14- E.L. Hahn et D.E. Maxwell. *Phys. Rev.* 88, 1070 (1952)

15- H.S. Gutowsky et al. *J. Chem. Phys.* 21, 279 (1953)

16- M. Barfield et D.M. Grant. *Theory of nuclear spin-spin coupling in organic coumpound. In Advances in Magnetic Resonance (Ed. J.S. Waugh) Chap. IV.* Academic Press, New-York (1965)

17- A.A. Bothner-By. *Geminal and vicinal proton-proton coupling constants in organic compounds. In Advances in Magnetic Resonance (Ed. J.S. Waugh) Chap. V.* Academic Press, New-York (1965)

18- M. Barfield et Chakrabarti. *Chem. Phys.* 69, 757 (1969)

19- M. Karplus. *J. Chem. Phys.* 30, 11 (1959)

20- E.D. Becker. *High Resolution NMR.* Academic Press, New-York (1969)

21- M.L. Martin et G.J. Martin. *Manuel de Résonance Magnétique Nucléaire.* Azoulay, Paris (1971)

22- J.A. Pople et D.P. Santry. *Mol. Phys.* 8, 1 (1964)

23- J.K.M. Sanders et B. K. Hunter. *Modern NMR spectroscopy. A Guide for Chemists.* Oxford University Press, Oxford (1993)

24- G. Turrell. *Mathematics for Chemistry and Physics.* Academic Press, London (2001)

25- T.D.W. Claridge. *High-Resolution NMR Techniques In Organic Chemistry.* Elsevier (2016)

26- M.B. Comisarow. *J. Magn. Reson.* 58, 209 (1984)

27- R.R. Ernst. *Adv. Mag. Reson.* 2, 1 (1966)

28- A.G. Ferrige et J.C. Lindon. *J. Magn. Reson.* 31, 337 (1978)

29- J.W. Cooley et J.W. Tukey. *Math. Comp.* 19, 297 (1965)

30- E. Bartholdi et R.R. Ernst. *J. Magn. Reson.* 11, 9 (1973)

31- J.J. Led et H. Gesmar. *Chem. Rev.* 91, 1413 (1991)

32- S.G. Hyberts et al. *J. Magn. Reson. 241*, (2014)

33- R.R. Ernst, G Bodenhausen et A. Wokaun. *Principles of Nuclear Magnetic Resonance in one and two dimensions.* Oxford University Press, Oxford (1997)

34- B. Blumich. *Trends Analyt. Chem.* 83, 2 (2016)

35- W.E. Hull. *Bruker SpinReports* 154/155, 15 (2004)

36- G.N. Chmurny et D.I. Hoult. *Concept. Magn. Reson.* 2, 131 (1990)

37- W.R. Dolbier Jr. *Guide to Fluorine NMR for Organic Chemists, Second Edition.* Wiley, Chichester (2016)

38- W.A. Anderson et R. Freeman. *J. Chem. Phys.* 37, 85 (1962)

39- K.L. Kuhlman et D. M. Grant. *J. Am. Chem.* Soc. 90,7355 (1968)

40- J. Keeler. *Comprendre la RMN.* Presses polytechniques et universitaires romandes, Lausanne (2015)

41- R. Freeman, H.D.W. Hill. *J. Chem. Phys.* 54, 3140 (1969)

42- S. Meiboom et D. Gill. *Rev. Sci. Instr.* 29, 688 (1958)

43- H. Y. Carr et E. M. Purcell. *Phys. Rev.* 94, 530(1954)

44- F.-K. Pei et R. Freeman. *J. Magn. Reson.* 48, 318 (1982)

45- G. Bodenhausen et al. *J. Chem. Phys.* 65, 4226 (1976)

46- G.A. Morris et R. Freeman. *J. Am. Chem. Soc.* 101, 760 (1979)

47- D.M. Doddrell et al. *J. Magn. Reson.* 48, 323 (1982)

48- D.P. Burum et R.R. Ernst. *J. Magn. Reson.* 39, 163 (1980)

49- I. Solomon. *C. R. Acad. Sci. Paris.* 248, 92 (1959)

50- S. L. Hartmann et E.L. Hahn. *Phys. Rev.* 128, 2042 (1962)

51- R. Freeman et al. *J. Magn. Res.* 42, 341 (1981)

52- G. Bodenhausen et al. *J. Magn. Reson.* 27, 511 (1977)

53- D.I. Hoult et R.E. Richards. *Proc. R. Soc. London.* A.344, 311 (1975)

54- L. Muller. *J Am Chem Soc* 101, 4481 (1979)

55- G. Bodenhausen et D. Ruben. *Chem. Phys. Lett.* 69, 185 (1980)

56- J. Jeener. *Ampere International Summer School.* Basko. Polje Yougoslavie (1971)

57- W.P. Awe et al. *J. Chem. Phys.* 64, 2229 (1976)

58- S. Berger et S. Braun. *200 and More NMR Experiments, a practical course.* Wiley-VCH, Weinheim (2004)

59- R. Freeman. *Proc. R. Soc. London.* A.373, 149 (1980)

60- A. Bax et al. *J. Magn. Reson.* 42, 164 (1981)

61- D. Marion et K. Wüthrich. *Biochem. Biophys. Res. Commun.* 113, 967 (1983)

62- D. J. States et al. *J. Magn. Reson.* 48, 286 (1982)

63- A. Bax et G.A. Morris. *J. Magn. Reson.* 42, 501 (1981)

64- L. Müller et al. *J. Chem. Phys.* 63, 5490 (1975)

65- A. Bax et M.F. Summers. *J. Am. Chem. Soc.* 108, 2093 (1986)

66- A. Bax et R. Freeman. *J. Magn. Reson.* 44, 542 (1981)

67- M. Rance et al. *Biochem. Biophys. Res. Commun.* 117, 479 (1983)

68- L. Braunschweiler et R. R. Ernst. *J. Magn. Reson.* 53, 521 (1983)

69- W.P. Aue et al. *J. Chem. Phys.* 64, 4226 (1976)

70- J. Jeener et al. *J. Chem. Phys.* 71, 4546 (1979)

71- A. Bax, R. Freeman et S.P. kempsell. *J. Am. Chem. Soc.* 102, 4849 (1975)

72- P.A. Keifer. *Concepts Magn. Reson.* 11, 165 (1999)

73- S. Akoka et G.S. Remaud. *Prog. NMR Spect.* 120–121, 1 (2020)

74- N. Karabulut, et al. *Anal. Lett.* 35, 2549 (2002)

75- E. Tenailleau et al. *Instrum. Sci . Technol.* 33, 391 (2005)

76- M.H. Levitt et R. Freeman. *J. Magn. Reson.* 33, 473 (1979)

77- M.H. Levitt et R. Freeman. *J. Magn. Reson.* 43, 65 (1981)

78- J. Simbrunner et G. Zieger. *J. Magn. Reson.* B 106, 142 (1995)

79- M.H. Levitt et R. Freeman. *J. Magn. Reson.* 43, 502 (1981)

80- A.J. Shaka et al. *J. Magn. Reson.* 53, 313 (1983)

81- A.J. Shaka et al. *J. Magn. Reson.* 64, 547 (1985)

82- S.P. Rucker et A.J. Shaka. *Mol. Phys*. 68, 509 (1989)

83- G.A. Morris et R. Freeman. *J. Magn. Reson*. 29, 433 (1978)

84- P. Plateau et M. Gueron. *J. Am. Chem. Soc*. 104, 7310 (1982)

85 P.J. Hore. *J. Magn. Reson*. 54, 539 (1983)

86- R. Freeman. *Prog. NMR Spectrosc.* 32, 59 (1998)

87- C. Bauer et al. *J. Magn. Reson*. 58, 442 (1984)

88- W.S. Warren. *J. Chem. Phys.* 81, 5437 (1984)

89- L. Emsley et G. Bodenhausen. *Chem. Phys. Lett.* 165, 469 (1990)

90- H. Geen et R. Freeman. *J. Magn. Reson*. 93, 93 (1991)

91- J.-M. Nuzillard et R. Freeman. *J. Magn. Reson. (A)* 110, 252 (1994)

92- M.A. Smith et al. *J. Magn. Reson*. 151, 269 (2001)

93- T.E. Skinner et al. *J. Magn. Reson.* 179, 241 (2006)

94- J.M. Bohlen et G. Bodenhausen. *J. Magn. Reson. (A)* 102 (1993)

95- E. Kupce et R. Freeman. *J. Magn. Reson. (A)* 115 (1995)

96- M. S. Silver et al. *Phys. Rev. A.* 31(4), 2753 (1985).

97- M. Garwood et Y. Ke. *J. Magn. Reson.* 94, 511 (1991)

98- M.R. Bendall et D.T. Pegg. *J. Magn. Reson.* 67, 376 (1986).

99- A. Tannus et M. Garwood. *J. Magn. Reson. (A)* 120, 133 (1996)

100- T.-L. Hwang et al. *J. Magn. Reson.* 124, 250 (1997)

101- R. Tycko et A. Pines. *Chem. Phys. Lett.* 111, 462 (1984)

102- E. Tenailleau et S. Akoka. *J. Magn. Reson.* 185, 50 (2007)

103- A. Menditto, et al. *Accred. Qual. Assur.* 12, 45 (2007)

104- T. Saito et al. *Metrologica* 41, 213 (2004)

105- T. Schoenberger et al. *Anal. Chem.* 88, 3836 (2016)

106- G.S. Remaud et al. *Isotope ratio monitoring by NMR. Part 1: Recent advances, in: G. Webb (Ed.). Modern Magnetic Resonance.* Springer, Cham (2017)

107- R. Laatikainen et al. *Encyclopedia of Magnetic Resonance on line.* John Wiley & Sons (2011)

108- S. Sokolenko, et al. *J. Magn. Reson.* 298, 91 (2019)

109- P. Giraudeau et al. *J. Pharm. Biomed. Anal.* 93, 3 (2014)

110- G. Wider et L. Dreier. *J. Am. Chem. Soc.* 128, 2571 (2006)

111- E. Bartholdi et R.R. Ernst. *J. Magn. Reson.* 11, 9 (1973)

112- S. Akoka et al. *Anal. Chem.* 71, 2554 (1999)

113- S. Gillet et J.-J. Delpuech. *J. Magn. Reson.* 38, 433(1980)

114- D.J. Cookson et B.E. Smith. *Anal. Chem.* 54 2591 (1982)

115- R. Freeman et al. *J. Magn. Reson.* 7, 327 (1972)

116- T. Jézéquel et al. *Magn. Reson. Chem.* 55, 77 (2017)

117- E. Tenailleau et S. Akoka. *J. Magn. Reson.* 185, 50 (2007)

118- U. Bussy et al. *Talanta* 85, 1909 (2011)

119- N. Merchak et al. *Talanta* 156–157, 239 (2016)

120- R. W. Brown et al. *Magnetic Resonance Imaging: Physical Principles and sequence design, 2ème édition.* Wiley-Liss, New York (2014)

121- A. Kumar et al. *J. Magn. Reson.* 18, 69 (1975)

122- P.C. Lauterbur. *Nature* 242, 190 (1973)

123- W.A. Eldenstein et al. *Med. Biol.* 25, 748 (1980)

124- B. Kastler et D. Vetter. *Comprendre l'IRM. Manuel d'auto-apprentissage, 8ème édition.* Masson, Paris (2018)

125- A. Haase et al. *J. Magn. Reson.* 67, 258 (1986)

126- A. Haase. *Magn. Reson. Med.* 13, 77 (1990)

127- P. Mansfield. *J. Phys. C10*, L55 (1977)

128-P. Mansfield et I.L. Pykett. *J. Magn. Reson.* 29, 335 (1978)

129- J. Hennig et al. *Magn. Reson. Med.* 3, 823 (1986)

130- P.S. Melki et al. *J. Magn. Reson. Imaging.* 1, 319 (1991)

131- P.A. Bottomley. *Ann. N.Y. Acad. Sci.* 508, 333 (1987)

132- J. Frahm et al. *J. Magn. Reson.* 72, 502 (1987)

133- T.K. Brown et al. *Proc. Natl. Acad. Sci.* 79, 3523 (1982)

134- A. Haase et J. Frahm. *Phys. Med. Biol.* 30, 341 (1985)

135- R. Feynman et al. *Le cours de physique de Feynman. Mécanique Quantique.* Dunod, Paris (2021)

136- D. Canet. *Précis de mécanique quantique*. Dunod, Paris (1979)

137- O.W. Sorensen et al. *Prog. NMR Spectrosc.* 16, 163 (1983)

Index

A

B

C

D

E

F

G

H

I

J

K

L

M

N

O

P

T

V

W

Z

Made in the USA
Monee, IL
18 October 2026

66039207R00188